Histologie
Les tissus

Chez le même éditeur

Sciences humaines et sociales, par S. Bimes-Arbus, Y. Lazorthes, D. Rougé et coll., Collection *Abrégés PCEM 1*, 2006.

Biochimie génétique, biologie moléculaire, par É. Clauser, J. Étienne, C. Housset, P. Roingeard, Collection *Abrégés PCEM 1*, 9e édition, 2006.

Physiologie, par J.-L. Ader, F. Carré, A. T. Dinh-Xuan, M. Duclos, N. Kubis, J. Mercier, F. Mion, C. Préfaut, S. Roman, Collection *Abrégés PCEM 1*, 2e édition, 2006.

Biologie Cellulaire, par M. Maillet, Collection *Abrégés PCEM 1*, 10e édition, 2006.

Embryologie. Développement précoce chez l'humain, par M. Catala, Collection *Abrégés PCEM 1*, 3e édition, 2006.

Biomathématiques, par S. Bénazeth, M. Boniface, I. Nicolis, V. Lasserre, C. Demarquilly, M. Lemdani, Collection *Abrégés cours+exos*, 2e édition, 2004.

Chimie analytique – chimie des solutions, par M. Beljean-Leymarie, J.-P. Dubost, M. Galliot-Guilley, Collection *Abrégés Pharma 1*, 2006.

Chimie organique, par H. Galons, Collection *Abrégés cours+exos*, 2e édition, 2003.

Chimie physique, par Ph. Courrière, G. Baziard, J.-L. Stigliani, Collection *Abrégés cours+exos*, 2002.

Évolution de l'organisation animale, par J. Bailenger, Collection *Abrégés cours+exos*, 2001.

Chimie générale, par G. Germain, R. Mari, D. Burnel, Collection *Abrégés cours+exos*, 2001.

Probabilités et statistique, par A.-J. Valleron, Collection *Abrégés cours+exos*, 2001.

Initiation à la connaissance du médicament, par J.-M. Aiache, S. Aiache, R. Renoux, Collection *Abrégés cours+exos*, 2001.

Biophysique. Radiobiologie, radiopathologie, par R. Paulin, P. Galle, Collection *Abrégés cours+exos*, 2000.

Anatomie générale, par J.-P. Chevrel, J.-L. Dumas, J.-P. Guéraud, J.-B. Lévy, Collection *Abrégés cours+exos*, 2000.

Dans la collection QCM

Physiologie, 320 QCM, par J.-L. Ader, F. Carré, A. T. Dinh-Xuan, M. Duclos, N. Kubis, J. Mercier, F. Mion, C. Préfaut, S. Roman, 2004.

Biochimie génétique, biologie moléculaire, 300 QCM et exercices, par É. Clauser, S. Conchon, 2004.

Initiation à la connaissance du médicament, 330 QCM et exercices, par J.-M. Aiache, E. Beyssac, J.-M. Cardot, 2004.

Chimie générale, 330 QCM et exercices, par G. Germain, 2003.

Anatomie, 265 QCM, Tome 1, par J.-P. Chevrel, 2002.

Anatomie, 300 QCM, Tome 2, par J.-P. Chevrel, 2002.

Embryologie, 300 QCM, par M. Catala, 2002.

Histologie, 300 QCM, par J. Poirier, M. Catala, J.-M. André, J.-F. Bernaudin et R.K. Gherardi, 2002.

Biologie cellulaire, 300 QCM, par Marc Maillet, 2002.

Chimie organique, 120 QCM et exercices, par H. Galons, 2002.

Histologie
Les tissus

J. Poirier
Professeur d'histologie-embryologie-cytogénétique
au Groupe hospitalier Pitié-Salpêtrière
(Paris VII)

M. Catala
Professeur d'histologie-embryologie-cytogénétique
au Groupe hospitalier Pitié-Salpêtrière
(Paris VII)

J.-M. André
Assitant d'histologie-embryologie-cytogénétique
au Groupe hospitalier Pitié-Salpêtrière
(Paris VII)

R. Gherardi
Professeur d'histologie-embryologie-cytogénétique
au CHU Henri-Mondor,
(Paris XII)

J.-F. Bernaudin
Professeur d'histologie-embryologie-cytogénétique
au CHU Saint-Antoine
(Paris VI).

3e édition

MASSON

Maquette intérieure de Pascal Plottier

978-2-294-10257-8

ELSEVIER MASSON S.A.S. – 62, rue Camille-Desmoulins, 92442 Issy-les-Moulineaux Cedex

Table des matières

Avant-propos à la troisième édition

Six ans, déjà, séparent la première édition de notre *Histologie, les tissus* et cette nouvelle édition. Pour certains, l'histologie est une discipline figée et il pourrait leur paraître surprenant de voir publier une nouvelle édition. Toutefois, ces six dernières années ont été le témoin de véritables révolutions dans les connaissances et dans les approches permettant de les cerner. Il suffit, pour s'en persuader, de feuilleter des revues scientifiques de très haut niveau. Le gène a largement laissé sa place prépondérante aux protéines et aux approches plus globales (transcriptome, protéome...) s'intéressant à la dynamique des interactions entre molécules. Le séquençage du génome humain a été réalisé et a montré que notre espèce ne possède pas autant de gènes que ce qu'il était jusqu'alors suspecté. Il a bien fallu admettre que la complexité réside dans la possibilité pour une protéine d'exercer plusieurs fonctions (selon la cellule dans laquelle elle s'exprime). L'inflation des connaissances rend désormais illusoire un catalogue encyclopédique des molécules et nous avons choisi de ne présenter ces dernières que très partiellement et partialement. Nous avons privilégié les molécules dont les fonctions sont connues (ou sont censées l'être) afin de ne présenter que des molécules pouvant servir d'exemple paradigmatique d'une fonction.

Parallèlement à cette évolution scientifique, notre discipline universitaire s'est transformée. Jacques Poirier a pris sa retraite fin août 2005. Nous avons, avec son accord, gardé son nom comme premier auteur. En effet, cette édition lui doit beaucoup. De nombreux textes et dessins sont de sa main ; mais, plus important encore, il a su nous insuffler sa rigueur qui a présidé aux modifications de cette nouvelle édition. Nous espérons que le résultat lui plaira et qu'il ne regrettera pas les nouveaux choix éditoriaux.

Le plan de cet ouvrage reste identique à celui de la deuxième édition. Par contre, nous avons transformé l'iconographie. D'abord, les étudiants, les utilisateurs de ce manuel, nous ont fait remarquer que la présence des schémas interrogatifs au milieu du texte rendait la lecture plus difficile et l'apprentissage moins aisé. Nous avons donc décidé de présenter les schémas légendés dans le texte pour que les acquisitions en soient facilitées. Ensuite, nous avons voulu rendre compte de la réalité de l'Histologie. L'étude des tissus passe par l'observation de coupes en microscopie. Nous avons donc adjoint à certains schémas, une microphotographie en couleurs telle qu'elle peut être observée directement au microscope. Nous avons sciemment omis les légendes des photographies car l'étudiant doit faire un travail actif afin de retrouver les éléments pointés sur le schéma. Nous pensons que ce travail actif est de nature à renforcer l'apprentissage mnésique. Ainsi, à l'issue de la lecture de ces chapitres, nous espérons que nos étudiants auront acquis les patrons morphologiques des différents tissus. Nous avons utilisé les microphotographies en noir et blanc pour servir de base à certains QCM.

Les microphotographies proviennent de la collection histologique de l'ancienne faculté Pitié-Salpêtrière qui s'est muée, après fusion avec la faculté de médecine Saint-Antoine, en faculté de médecine Pierre-et-Marie-Curie. La numérisation des documents a été assurée par Jean-Michel André qui a reçu l'aide de Georges Katsanis et de Jean-Jacques Morère. Qu'il nous soit permis de les remercier pour ce qu'ils ont fait et qu'ils acceptent l'assurance de notre très sincère gratitude.

Enfin, et ce n'est pas négligeable à nos yeux, il nous reste à remercier nos éditeurs qui nous ont fait confiance une fois de plus. Ils ont accepté l'idée de produire un livre en quadrichromie pour le PCEM1 malgré les rumeurs et menaces qui pèsent sur cette année médicale. Ils ont été, comme toujours, très patients acceptant nos retards (inhérents à nos nombreuses tâches et à notre intrinsèque procrastination). Sans eux, un tel résultat n'aurait pas été possible.

Nous terminions notre premier avant-propos en citant les quatre fées qui se sont penchées sur la gestation de notre livre ; aujourd'hui, nous pensons qu'un tel résultat nous a été inspiré par la *Fairy Queen* de Shakespeare, sans laquelle nous n'aurions jamais trouvé la force d'achever.

Les auteurs

Avant-propos à la première édition

Encore un livre d'histologie, diront certains. Et, qui plus est, diront d'autres, pourquoi, un an après la parution de leur *Histologie moléculaire*, les mêmes auteurs, chez le même éditeur, récidivent-ils ?

Un premier élément de réponse est que c'est un plaisir sans cesse renouvelé d'écrire l'histologie pour les étudiants et notamment pour ceux de PCEM1.

Une deuxième explication réside dans le fait que les voies de la pédagogie sont multiples et variées. Nous autres enseignants, n'en avons jamais fini de tourner et de retourner dans tous les sens les mêmes faits, les mêmes notions, les mêmes concepts, dans l'espoir de mieux aider les étudiants à les comprendre et à retenir ce qui en est essentiel, soit pour leur futur métier de médecin, de pharmacien, de vétérinaire ou de biologiste, soit plus prosaïquement pour leurs examens et concours.

Un troisième mobile est le souhait que cette *Histologie des tissus* soit véritablement complémentaire de notre *Histologie moléculaire*, à laquelle nous renvoyons le lecteur qui aurait envie d'en savoir plus. Certes, nous avons bien conscience que, malgré la chasse acharnée que nous leur avons faite, nous n'avons certainement pas totalement évité les doublons, les répétitions et les redondances. Mais nous espérons les avoir réduits au minimum. Quant aux contradictions, s'il en apparaît, elles seront pour le moins involontaires, voire inconscientes. Notre objectif dans ce nouvel ouvrage spécialement destiné aux étudiants de première année de premier cycle des études médicales n'est pas de renier la révolution de la biologie moléculaire, mais d'apporter le plus clairement possible, sous une forme moderne – et si possible attrayante – les notions traditionnelles, mais néanmoins indispensables, de la morphologie des tissus qui entrent dans la composition des organes (de l'espèce humaine, sauf exception signalée). Notre guide a donc été ici la démarche de l'histologiste usant de son outil familier, le microscope. Nous avons suivi son cheminement concret, ce qui se traduit en pratique par un plan identique pour tous les chapitres (sauf pour le premier, qui est bien à part) :

1) la morphologie au microscope optique d'abord – avec les techniques usuelles, puis avec les techniques spéciales,

2) la morphologie au microscope électronique ensuite,

3) puis la caractérisation des molécules *in situ*, principalement par l'immunocytochimie, mais aussi par l'hybridation *in situ*,

4) et enfin quelques données fondamentales d'histophysiologie.

Nous nous sommes focalisés sur l'histologie et l'histophysiologie des tissus, en faisant l'économie de la cytologie car l'ouvrage *Biologie cellulaire* paru dans la même collection sous la plume de Marc Maillet répond à ce besoin fondamental ; nous y renvoyons donc le lecteur.

La quatrième ligne de défense – la dernière, mais non la moindre – est que notre ouvrage s'inscrit dans une nouvelle collection des éditions Masson, collection qui se veut promouvoir une pédagogie interactive. Chaque chapitre est donc suivi d'un certain nombre de questions à choix multiples (QCM) et de questions à réponse ouverte et courte (QROC). De plus, les figures, constituées de dessins au trait de préparations microscopiques d'optique et d'électronique, sont légendées de façon aveugle : l'étudiant, après avoir travaillé le texte et étudié les dessins, devra inventer lui-même les légendes appropriées et les faire correspondre aux lettres fléchées. Les réponses à ces divers questionnements sont regroupées à la fin de l'ouvrage, pour éviter la tentation de lire les réponses en même temps que les questions.

Plaisir, Pédagogie, Complémentarité et Interactivité, telles sont donc les quatre fées qui ont présidé à la naissance de cette *Histologie des tissus* et qui se sont penchées sur son berceau. Puisse-t-elle combler les aspirations de ses lecteurs, c'est le vœu que nous formulons.

Les auteurs

Liste des abréviations

fg	faible grandissement
Fg	fort grandissement
HE	coloration par l'hématéine-éosine
MB	membrane basale
ME	microscopie électronique
MEC	matrice extracellulaire
MO	microscopie optique
QCM	questions à choix multiples
QROC	questions à réponse ouverte et courte
SB	substance blanche
SG	substance grise
SN	système nerveux
SNC	système nerveux central
SNE	système nerveux entérique
SNP	système nerveux périphérique

1

Le concept de tissu

I. La différenciation cellulaire
II. Les cellules souches
III. Définition des tissus
IV. Les quatre grandes familles de tissus
V. Trois remarques importantes

« Une bonne classification des tissus est chose difficile. (…) Les classifications des tissus qu'on trouve dans les auteurs modernes diffèrent beaucoup les unes des autres, ce qui se conçoit facilement, quand on songe que les histologistes sont loin de s'accorder sur la signification du mot tissu. » Cette phrase, écrite par Kölliker en 1868 dans son *Traité d'histologie*, reste vraie aujourd'hui. La difficulté provient essentiellement du fait que dans l'histoire de la médecine et de la biologie, le concept de tissu a précédé celui de cellule. Le premier, dû à Bichat, dans les toutes premières années du XIXe siècle, a été élaboré à partir de dissections anatomiques réalisées à l'œil nu, sans recours au microscope. Dans un deuxième temps, en 1838, Schleiden et Schwann, utilisant le microscope optique, ont édifié la théorie cellulaire postulant que l'organisme était fait de cellules et rien que de cellules et de produits élaborés par celles-ci. Vingt ans plus tard, Virchow a complété la théorie cellulaire en affirmant que toute cellule provient d'une cellule préexistante. Ainsi, alors que Bichat considérait que les tissus étaient les constituants élémentaires de l'organisme (analogues aux corps simples de la chimie), avec la théorie cellulaire, la cellule est devenue l'unité élémentaire de vie.

I. La différenciation cellulaire

Les tissus sont donc faits de cellules ainsi que de substances élaborées par celles-ci, notamment celles qui constituent la matrice extracellulaire (MEC) des tissus. En définitive, le concept de tissu devient inséparable de la notion de différenciation et de spécialisation fonctionnelle des cellules. Chez les métazoaires – animaux constitués de plusieurs cellules, contrairement aux protozoaires qui sont unicellulaires –, la nécessaire division du travail entre les diverses cellules constituant l'organisme a conduit à la spécialisation de certaines cellules ou de certains groupes de cellules dans telle ou telle fonction (contractilité, absorption, excrétion, protection, réception sensorielle, etc.). Cette spécialisation fonctionnelle est sous-tendue par une différenciation cellulaire, d'abord biochimique (moléculaire, se traduisant par l'expression de protéines différentes), puis morphologique (se traduisant par l'apparition de structures différenciées, comme les cils, les bordures en brosse, les vésicules de sécrétion, etc., donnant lieu à des phénotypes différents).

A. Quelques exemples de différenciations cellulaires morphologiquement évidentes

Selon les techniques utilisées et selon les niveaux d'observation, on peut décrire des différenciations cellulaires différentes. En MO, par les techniques usuelles, il est aisé de distinguer une cellule musculaire striée squelettique d'un neurone, d'un chondrocyte ou d'une cellule épithéliale ciliée. La ME permet de distinguer différentes variétés de cellules glandulaires, par exemple d'après le diamètre de leurs vésicules de sécrétion.

B. Reconnaissance de la différenciation cellulaire par la mise en évidence de la nature biochimique d'un constituant

La reconnaissance par la forme a ses limites et la visualisation *in situ* par un procédé technique plus ou moins sophistiqué de la nature d'un constituant biochimique de la cellule est rapidement nécessaire. Déjà, en MO, le recours à diverses colorations spéciales permet d'aller plus loin : la MEC d'un tissu cartilagineux est colorée spécifiquement par le bleu alcian alors que celle d'un tissu osseux est colorée par le rouge alizarine ; l'histoenzymologie permet de distinguer parmi des cellules musculaires striées squelettiques ayant le même aspect morphologique plusieurs types différents ; l'histochimie permet de caractériser le type de lipide synthétisé par telle cellule.
Actuellement, c'est surtout par la caractérisation de leur contenu protéique ou de leurs ARNm que l'on met en évidence dans la plupart des cas la différenciation cellulaire. Avec l'avènement des techniques immunologiques et des techniques de biologie moléculaire, il est possible de montrer qu'une cellule se différencie de ses voisines par le fait qu'elle exprime une protéine particulière ou un ARNm. Les techniques d'immunohistochimie permettent de visualiser les protéines *in situ* sur des coupes tissulaires et l'hybridation moléculaire *in situ* permet de mettre en évidence les ARNm spécifiques. On s'aperçoit ainsi que deux cellules morphologiquement semblables peuvent différer quant à leur contenu protéique. L'interprétation des résultats requiert toutefois une grande prudence et beaucoup de sagacité. En effet, la présence d'une protéine dans la cellule ne signifie pas nécessairement que cette protéine a été synthétisée par cette cellule. Réciproquement, la présence d'ARNm spécifiques n'autorise pas à conclure que la protéine correspondante est présente, il existe en effet de nombreux exemples où l'ARNm est présent mais n'est pas traduit (fait dont la signification biologique reste à établir). Quoi qu'il en soit une cellule qui transcrit un gène est différente d'une cellule qui ne le transcrit pas.

C. Marqueurs de lignage et spécificité

Pour qu'un marqueur soit spécifique, il faut qu'il ne soit exprimé que par les cellules du lignage considéré et par aucune cellule d'un autre lignage. Dans un tel cas, la constatation de la présence de ce marqueur permet d'affirmer la nature de la cellule et son absence permet d'affirmer la non-appartenance au lignage. Malheureusement, le plus souvent, les marqueurs ne sont pas spécifiques de lignage. Ils ne sont pourtant pas inutiles et il est intéressant de les multiplier, car des combinaisons de marqueurs peuvent devenir spécifiques.

> ▶ Les marqueurs de lignage sont établis sur des cellules normales. Aussi faut-il être encore plus circonspect dans l'interprétation des marqueurs quand il s'agit de cellules pathologiques, car une cellule dysrégulée peut exprimer des gènes que son lignage n'a pas pour habitude d'exprimer.

II. Les cellules souches

Il n'y a pas pour l'instant de consensus de la communauté scientifique internationale sur la définition d'une *cellule souche*. On peut toutefois, d'une façon évidemment très schématique et réductrice, retenir qu'une cellule souche est une cellule capable de s'autorenouveler indéfiniment et de donner naissance à au moins un lignage de cellules différenciées (propriété clonogénique). Pour qu'une cellule souche puisse se maintenir dans cet état, il lui faut résider dans un micro-environnement particulier appelé niche et dont la connaissance sur le plan cellulaire et moléculaire commence à peine à être entrevue.

On réserve habituellement le terme de *progéniteur* à une cellule dont les potentialités de différenciation sont plus restreintes que celle d'une cellule souche. Le terme de *précurseur* est un terme plus souple qui peut être employé pour toute cellule située en amont dans la voie de différenciation d'une cellule.

On distingue plusieurs catégories de cellules souches susceptibles d'être isolées et cultivées en boîte de Pétri.

A. Les cellules souches issues de tissus embryonnaires

On en connaît trois variétés :

- les *cellules souches embryonnaires*, dites cellules ES (pour *Embryonic Stem cells*), qui correspondent aux cellules de la masse cellulaire interne du blastocyste pré-implantatoire ;
- les *cellules embryonnaires germinales*, dites cellules EG (pour *Embryonic Germ cells*), cellules germinales primordiales de la gonade des embryons post-implantatoires ;
- les *cellules de carcinome embryonnaire*, dites cellules EC (pour *Embryonal Carcinoma cells*).

Uniquement présentes dans les tissus embryonnaires, ces cellules souches peuvent être pluripotentes ou totipotentes. Les *cellules souches pluripotentes* (cellules ES, EG et EC) peuvent théoriquement donner naissance à tous les types cellulaires constituant l'organisme entier. Les *cellules souches totipotentes* peuvent théoriquement donner un organisme entier ; ce sont les blastomères issus des premières mitoses de segmentation de l'œuf fécondé ; dès le stade 64 blastomères, c'est-à-dire après la compaction de la morula, ces cellules souches cessent d'être totipotentes et deviennent pluripotentes.

> ▶ On commence à comprendre certains des mécanismes moléculaires impliqués dans le maintien des caractères de ces cellules. Ainsi, le gène *Oct4* qui code un facteur de transcription à domaine POU est indispensable pour que les cellules maintiennent leur pluripotence.

B. Les cellules souches des organismes adultes

Les cellules de certains organes d'un organisme adulte sont renouvelées en permanence, ce qui permet de décrire des cycles de vie cellulaire. C'est le cas de la moelle osseuse, de l'épiderme ou de l'épithélium de revêtement intestinal. De plus, la transplantation d'une ou de plusieurs cellules de ces tissus en cas de lésion permet sa réparation intégrale. C'est la stratégie thérapeutique utilisée en cas de brûlures graves (greffe de peau) ou pour régénérer une moelle osseuse après irradiation par exemple (greffe de moelle osseuse). Cette propriété suggère qu'il existe des cellules capables de renouveler le tissu tout au long de la vie de l'individu, ce sont les cellules souches adultes.

Ces cellules souches des organismes adultes ne peuvent être qu'unipotentes ou multipotentes. Les *cellules souches unipotentes* ne sont à l'origine que d'un seul type de cellule différenciée (exemple : les spermatogonies présentes dans les tubes séminifères des testicules de l'adulte et qui ne sont à l'origine que des spermatozoïdes). Les *cellules souches multipotentes* sont à la source de plusieurs variétés cellulaires différentes (exemples : les cellules souches hématopoïétiques donnant les différents lignages conduisant aux globules rouges, aux plaquettes et aux diverses variétés de leucocytes ; les cellules souches épidermiques capables de donner naissance aux kératinocytes et aux cellules des glandes sébacées ; les cellules souches intestinales qui peuvent générer tous les types de cellules épithéliales de l'intestin ; les cellules souches mésenchymateuses susceptibles de donner des fibroblastes, des cellules musculaires, des cellules osseuses, des chondrocytes ou des adipocytes ; les cellules souches nerveuses donnant naissance aux neurones qui se renouvellent en permanence comme les neurones du bulbe olfactif, les neurones du *gyrus dentatus* de l'hippocampe ainsi qu'à certaines cellules gliales).

► Les cellules souches suscitent un réel espoir thérapeutique assorti de problèmes éthiques considérables. En effet, de nombreux travaux scientifiques récents conduisent à penser que dans un avenir plus ou moins proche, pourront être mises en œuvre des thérapies cellulaires visant à réparer des tissus mal formés, lésés ou sénescents, à partir de cellules souches soit embryonnaires soit adultes. L'utilisation de cellules souches embryonnaires pose le problème éthique de l'usage scientifique d'embryons humains soit surnuméraires (créés au cours de procréations médicalement assistées) soit réalisés à cette fin par clonage thérapeutique (transfert du noyau d'une cellule de l'individu à traiter dans un ovocyte débarrassé de son propre noyau, puis culture de l'embryon jusqu'au stade blastocyste, isolement, prélèvement et culture *in vitro* de cellules de la masse cellulaire interne).

III. Définition des tissus

On reconnaît, dans l'organisme, différents niveaux d'organisation structurale qui correspondent, en allant du plus complexe vers le plus élémentaire, aux systèmes et appareils, aux organes, aux tissus, aux cellules, aux organites, aux macromolécules et aux petites molécules. Les tissus sont faits exclusivement de cellules et de MEC. Seules varient d'un tissu à

l'autre la nature des cellules, la composition moléculaire de la MEC et la proportion relative des cellules et de la MEC.
Ainsi, les tissus – 1er niveau d'organisation supracellulaire – peuvent donc être définis comme des ensembles coopératifs de cellules différenciées qui forment une triple association : territoriale, fonctionnelle et biologique.

A. Association territoriale

En effet, les tissus forment habituellement des ensembles topographiquement bien individualisés, souvent même par une limite précise comme par exemple la membrane basale (MB) qui sépare les épithéliums du tissu conjonctif sous-jacent ou environnant.

B. Association fonctionnelle

Qu'il s'agisse d'un ensemble de cellules toutes semblables (comme dans la plupart des tissus cartilagineux) ou de cellules différentes (comme par exemple les neurones, les astrocytes, les oligodendrocytes... constituant le tissu nerveux du système nerveux central), un tissu remplit un rôle qui procède de l'intégration cohérente quantitative et/ou qualitative de la fonction des cellules qui le composent.

C. Association biologique

Chaque tissu a des caractéristiques biologiques qui lui sont propres, sous l'angle du renouvellement cellulaire, des contacts entre ses cellules, de son comportement en culture de tissu, etc.

IV. Les quatre grandes familles de tissus

A. On peut reconnaître 4 grandes familles de tissus

Il s'agit des épithéliums, des tissus conjonctifs, des tissus musculaires et du tissu nerveux. Dans chacune de ces familles de base, on distingue des tissus différents (tableau 1.I). De plus, à ces 4 grandes familles tissulaires, il faut adjoindre les populations cellulaires libres qui se distribuent dans tout l'organisme, les unes dans le sang et/ou la lymphe, les autres dans les différents organes du système immunitaire ainsi que dans le tissu conjonctif et beaucoup d'épithéliums. Enfin, les cellules de la lignée germinale (partant des gonies pour aboutir aux gamètes) occupent une place à part.

B. Les organes comprennent plusieurs variétés de tissus

Sauf quelques rares exceptions (comme le cristallin de l'œil qui n'est fait que de cellules épithéliales de revêtement plus ou moins modifiées), les organes comprennent plusieurs variétés de tissus (tableau 1.II).

V. Trois remarques importantes

A. Quelques mots à expliciter

Un certain nombre de termes mal définis, qui se rencontrent souvent dans le langage histologique et médical courant, méritent d'être explicités : viscère, parenchyme, stroma, mésenchyme, métaplasie.

Tableau 1.I. **Les différents éléments constitutifs de l'organisme.**

Les 4 grandes familles de tissus	Épithéliums	Épithéliums de revêtement
		Épithéliums glandulaires
	Tissus conjonctifs	Tissu conjonctif lâche (= tissu conjonctivo-vasculaire)
		Tissu réticulaire
		Tissu muqueux (gelée de Wharton)
		Tissu lymphoïde
		Tissu adipeux
		Tissus conjonctifs denses
		Tissu cartilagineux
		Tissu osseux
	Tissu musculaire	Tissu musculaire lisse
		Tissu musculaire strié squelettique
		Tissu musculaire strié cardiaque
	Tissu nerveux	Tissu du système nerveux central
		Tissu du système nerveux périphérique
Populations cellulaires libres	Cellules immunitaires	Granulocytes neutrophiles
		Granulocytes éosinophiles
		Granulocytes basophiles
		Lymphocytes
		Monocytes
		Plasmocytes
		Macrophages
		Mastocytes
Liquides biologiques	Hématies (ou globules rouges ou érythrocytes)	
	Plaquettes (ou thrombocytes)	
	Sang circulant	
	Lymphe	
	LCR (liquide céphalorachidien ou liquide cérébrospinal)	
Lignée germinale	Spermatogonies, spermatocytes, spermatides, spermatozoïdes Ovogonies, ovotide, ovocyte	

1. Viscères

Les viscères (dont l'étude constitue la splanchnologie, du grec *splanchnon* – viscère – et *logos* – science) ont une définition plus ou moins extensive selon les auteurs. La plus large est celle qui définit les viscères comme les organes logés dans les trois cavités splanchniques de l'organisme, à savoir la tête, le thorax et l'abdomen. On distingue ainsi les viscères creux (comme le cœur, l'estomac ou l'intestin) et les viscères pleins (comme le cerveau, les poumons, le foie, la rate).

Tableau 1.II. **Les différents tissus composant les organes, à partir de quelques exemples**

		Organes					
		Peau	Estomac	Trachée	Fémur	Cornée (œil)	Cristallin (œil)
Tissus	Épithéliums de revêtement	+	+	+	+	+	+
	Épithéliums glandulaires	+	+	+			
	Tissu conjonctif	+	+	+	+	+	
	Tissu adipeux	+	+	+	+		
	Tissu cartilagineux			+	+		
	Tissu osseux				+		
	Tissu musculaire	+	+	+	+		
	Tissu nerveux	+	+	+	+	+	
	Populations cellulaires libres	+	+	+	+		

▶ Le concept de viscères pleins et de viscères creux est macroscopique : on parle de viscère creux quand la coupe met en évidence une lumière macroscopiquement visible. Ainsi, cette notion ne préjuge pas du caractère microscopique. Par exemple, le rein, viscère plein, est constitué d'unités microscopiques creuses formant les néphrons.

2. Parenchyme et stroma

Les termes de parenchyme et de stroma ont changé de sens au fil des siècles. Actuellement, on appelle parenchyme le tissu propre d'un viscère plein alors que le terme de stroma s'applique au tissu conjonctif contenant les vaisseaux sanguins et les nerfs destinés au parenchyme. Sur les coupes histologiques, le parenchyme d'un organe apparaît souvent comme divisé en plages, lobules, cordons ou autres îlots par le stroma conjonctivo-vasculaire. C'est surtout dans le vocabulaire de l'anatomie pathologique que s'utilisent ces deux termes qui, de ce fait, s'appliquent fréquemment aux tumeurs : on parle du parenchyme tumoral (pour désigner le tissu tumoral lui-même) par opposition au stroma tumoral (désignant le tissu conjonctivo-vasculaire nourrissant le tissu tumoral). Par extension et laxisme sémantique, le terme de parenchyme est parfois employé comme synonyme de tissu (dans son sens le plus vague) : parenchyme cérébral, parenchyme hépatique, parenchyme pulmonaire, etc.

3. Mésenchyme

Le terme de mésenchyme (ou de tissu mésenchymateux) doit être compris de façon purement descriptive. Il désigne un tissu – quelle que soit son origine embryologique, souvent mésodermique mais pas toujours – dont les cellules sont séparées par une abondante MEC. Le phénotype mésenchymateux s'oppose au phénotype épithélial caractérisé par le fait que les cellules sont au contraire étroitement juxtaposées et jointives, la matrice extracellulaire y étant extrêmement réduite. En pratique, les expressions « tissus mésenchymateux » et « tissus conjonctifs » apparaissent donc comme synonymes.

▶ Pour les embryologistes, on réserve le terme de mésenchyme à un tissu conjonctif lâche, immature, très pauvre en fibres ; le mésenchyme peut se différencier et former les différents types de tissus conjonctifs.

▶ Ainsi, pour les embryologistes, les deux termes ne sont pas synonymes.

4. Métaplasie

La métaplasie se définit comme la transformation d'un type de tissu en un autre type de tissu. À titre d'exemple, on parle de métaplasie osseuse au sein d'un tissu conjonctif lâche ou bien de métaplasie malpighienne à propos d'une zone d'épithélium malpighien dans un épithélium prismatique. La métaplasie suppose qu'une cellule différenciée d'un lignage puisse changer de différenciation et adopter le phénotype d'un autre lignage. On parle alors de transdifférenciation.

B. L'origine embryologique des tissus n'est pas univoque (tableau 1.III)

Malgré des assonances éventuellement trompeuses, il faut se garder de faire systématiquement correspondre un type de tissu et une origine embryologique. Tous les épithéliums ne sont pas d'origine ectodermique, loin de là : il en est d'origine mésodermique, endodermique, ou neurectodermique. Les endothéliums ne sont pas d'origine endodermique. Les tissus conjonctifs ne sont pas tous d'origine mésodermique : certains proviennent de la crête neurale. Toutes les cellules musculaires striées (squelettiques ou cardiaques) sont d'origine mésodermique alors que les cellules musculaires lisses ont une origine mésodermique ou proviennent des cellules de la crête neurale.

C. Les acquisitions de la biologie moléculaire tendent à atténuer les démarcations classiques entre les différents tissus

▶ Du fait de recouvrements phénotypiques fréquents entre différents types cellulaires, les frontières classiques entre les 4 familles tissulaires tendent à s'atténuer. Ainsi, les adipocytes (cellules du tissu conjonctif), certaines cellules myocardiques (cellules du tissu musculaire), les astrocytes (cellules du tissu nerveux) sécrètent des hormones (apanage traditionnel des cellules épithéliales glandulaires endocrines). Les cellules de Schwann (cellules du tissu nerveux) et les cellules musculaires synthétisent et sécrètent du collagène, comme les fibroblastes. Les cellules neuroendocrines ont des caractéristiques des cellules épithéliales endocrines et des neurones.

Tableau 1.III. **L'origine embryologique des 4 grandes familles de tissus.**

<table>
<tr><th colspan="2" rowspan="2"></th><th colspan="2">Épithéliums</th><th rowspan="2">Tissus conjonctifs</th><th rowspan="2">Tissu musculaire</th><th rowspan="2">Tissu nerveux</th></tr>
<tr><th>De revêtement</th><th>Glandulaire</th></tr>
<tr><th rowspan="2">Ectoderme</th><th>Ectoderme de surface</th><td>Épiderme
Émail des dents</td><td>Glandes sudoripares, sébacées, mammaires</td><td></td><td>Certains muscles lisses
Cellules myoépithéliales</td><td>Placodes
Certains neurones du SNP</td></tr>
<tr><th>Neurec-toderme</th><td>Épithélium épendymaire
Rétine</td><td>Médullosurrénale</td><td>Dérivés ectomésenchymateux de la face</td><td>Certains muscles lisses</td><td>Tout le système nerveux sauf les placodes</td></tr>
<tr><th colspan="2">Mésoderme</th><td>Épithélium des cavités cœlomiques
Appareils urogénitaux</td><td>Corticosurrénale</td><td>Fibroblastes
Ostéocytes
Chondrocytes
Adipocytes
Populations cellulaires libres</td><td>Muscles striés somitiques
Muscle cardiaque
Muscles lisses</td><td></td></tr>
<tr><th colspan="2">Endoderme</th><td>Épithélium du tube digestif
Épithélium des voies aériennes</td><td>Glandes digestives
Foie
Pancréas
Glandes trachéobronchiques
Cellules neuroendocrines</td><td></td><td></td><td></td></tr>
</table>

POINTS CLÉS

- ▶ La cellule est l'unité élémentaire de la vie.
- ▶ Le tissu est le premier niveau d'organisation supracellulaire.
- ▶ On distingue quatre grandes familles de tissus : les épithéliums, le tissu conjonctif, le tissu musculaire et le tissu nerveux.

ENTRAÎNEMENT

QCM

1. Parmi les propositions suivantes relatives aux tissus mésenchymateux, laquelle (lesquelles) est (sont) exacte(s) ?

- ❑ **A.** Ils peuvent être d'origine mésodermique.
- ❑ **B.** Ils peuvent être d'origine autre que mésodermique.
- ❑ **C.** Leurs cellules sont étroitement juxtaposées et jointives.
- ❑ **D.** La matrice extracellulaire y est abondante.
- ❑ **E.** On en rencontre dans les viscères pleins.

2. Parmi les propositions suivantes relatives aux tissus, laquelle (lesquelles) est (sont) exacte(s) ?

- ❑ **A.** Historiquement, le concept de cellule a précédé celui de tissu.
- ❑ **B.** Le concept de tissu a été édifié par Schleiden et Schwann.
- ❑ **C.** Les tissus correspondent au premier niveau d'organisation supracellulaire.
- ❑ **D.** La plupart des cellules migratrices peuvent se rencontrer dans le tissu conjonctif.
- ❑ **E.** Les termes de parenchyme et de mésenchyme sont synonymes.

3. Parmi les propositions suivantes relatives aux tissus, laquelle (lesquelles) est (sont) exacte(s) ?

- ❑ **A.** Les endothéliums sont d'origine endodermique.
- ❑ **B.** Certains mésothéliums sont d'origine neurectodermique.
- ❑ **C.** Le foie est un viscère plein.
- ❑ **D.** Le stroma d'un organe est dépourvu de vaisseaux sanguins.
- ❑ **E.** Le stroma d'un viscère plein est dépourvu de nerfs

QROC

Conseils généraux pour répondre aux QROC

1) Lisez très attentivement la question.
2) Répondez à toute la question, mais seulement à la question (pas de digression hors sujet).
3) Écrivez très lisiblement (le correcteur ne cherchera pas à déchiffrer des hiéroglyphes illisibles).
4) N'abusez pas du style télégraphique (réservez-le pour les énumérations).
5) N'utilisez aucune abréviation.

1. Donner la définition d'un tissu.
2. Quelles sont les quatre grandes familles de tissus ?
3. Quelle est la définition d'un viscère ?
4. Qu'est-ce qu'une métaplasie ?
5. Quelles sont les origines embryologiques possibles des cellules musculaires lisses ?
6. Énumérer les tissus dérivés de l'endoderme.
7. Donner la définition de parenchyme.
8. Donner la définition de stroma.
9. Donner la définition de mésenchyme.

Pour les corrections, se reporter à la page 189

Les épithéliums de revêtement

2

I. **Microscopie optique (MO)**
II. **Microscopie électronique (ME)**
III. **Caractérisations moléculaires *in situ***
IV. **Données histophysiologiques**

« Le terme épithélium a été créé par Ruysch, qui nommait ainsi la pellicule, comparable à l'épiderme, que l'ébullition faisait lever sur les papilles de la langue – d'où la dénomination (*epi*, sur et *thélè*, mamelon, papille) d'épithélium, que l'on a généralisée depuis aux revêtements analogues des autres surfaces naturelles. » (J. Renaut, *Traité d'histologie pratique*, 1897).

On appelle épithéliums de revêtement les tissus faits de cellules étroitement juxtaposées et jointives revêtant l'extérieur du corps et les cavités de l'organisme.
Le corps humain est entièrement limité par le revêtement cutané (la peau) qui constitue une interface fondamentale entre l'organisme (« monde intérieur ») et le milieu extérieur (« monde extérieur »). À l'intérieur du corps, existent de nombreuses cavités qui sont de plusieurs types (tableau 2.I) : les unes représentent des prolongements du monde extérieur à l'intérieur du corps (comme, par exemple, les voies aériennes, le tube digestif, les voies urinaires et les voies génitales ; le revêtement de ces cavités s'appelle une *muqueuse*), les autres sont entièrement closes et correspondent soit aux cavités cardiovasculaires (dont le revêtement s'intitule *endocarde* pour le cœur et *intima* pour les vaisseaux), soit aux cavités cœlomiques (dont les principales sont les cavités pleurales, péritonéale et péricardique et dont le revêtement porte le nom de *séreuse*).

I. Microscopie optique (MO)

Les épithéliums de revêtement sont aisés à reconnaître et à identifier en MO par les techniques histologiques les plus courantes (fixation par le formol, inclusion en paraffine, coloration par l'hématéine-éosine ou par les trichromes).

Tableau 2.I. **Relations épithélioconjonctives. Terminologie.**

<table>
<tr><th colspan="3">Revêtements</th><th>Épithélium</th><th>Tissu conjonctif sous jacent</th><th>Ensemble Épithélium + tissu conjonctif</th></tr>
<tr><td colspan="3">Surfaces extérieures du corps
(en contact avec le milieu extérieur)</td><td>Épiderme +</td><td>Derme =</td><td>Peau</td></tr>
<tr><td rowspan="3">Cavités de l'organisme</td><td colspan="2">Cavités prolongeant le milieu extérieur (tube digestif, voies respiratoires, voies urinaires et génitales)</td><td>Épithélium +</td><td>Chorion =</td><td>Muqueuse</td></tr>
<tr><td rowspan="2">Cavités closes</td><td>Cavités cœlomiques (péritoine, péricarde, plèvres)</td><td>Mésothélium +</td><td>Couche sous-mésothéliale =</td><td>Séreuse</td></tr>
<tr><td>Cavités cardio-vasculaires</td><td>Endothélium +</td><td>Couche sous endothéliale =</td><td>Intima
(pour les vaisseaux)

Endocarde
(pour le cœur)</td></tr>
</table>

A. La polarisation des épithéliums de revêtement

1. Face basale

Par leur face basale, les épithéliums de revêtement reposent sur le tissu conjonctif sous-jacent par l'intermédiaire d'une membrane basale (MB), dont la mise en évidence en MO nécessite le recours à des colorations spéciales. La méthode du PAS (réaction à l'acide périodique-Schiff, colorant en rouge les groupements glycols) la montre comme une ligne colorée en rouge et les imprégnations argentiques la visualisent sous l'aspect d'un trait noir.

2. Face apicale

Leur face apicale fait face à la lumière de l'organe revêtu par l'épithélium et présente des différenciations reconnaissables en MO, comme des cils avec leurs corpuscules basaux, des stéréocils, une bordure en brosse ou un plateau strié (voir plus loin).

3. Faces latérales

Les faces latérales des cellules qui composent un épithélium de revêtement sont étroitement juxtaposées et jointives ; les jonctions intercellulaires ne se manifestent en MO que par la présence éventuelle d'un point sombre situé sous l'extrémité apicale de la limite entre deux cellules adjacentes : le cadre épicellulaire.

B. Classification morphologique des épithéliums de revêtement (tableaux 2.II et 2.III)

La classification morphologique des épithéliums de revêtement fait appel à trois critères : la forme des cellules les plus superficielles, le nombre des couches cellulaires et le type de différenciation des cellules qui le composent.

Tableau 2.II. **Épithéliums de revêtement.**

Nombre de couches de cellules / Forme des cellules	Épithéliums simples (1 seule couche de cellules)	Épithéliums stratifiés (plusieurs couches de cellules)	Épithéliums pseudo-stratifiés (noyaux étagés, mais toutes les cellules reposent sur la lame basale)
Épithéliums pavimenteux (cellules plus larges que hautes)	 Ép. pavimenteux simple	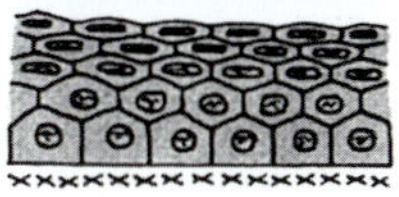 Ép. pavimenteux stratifié	
Épithéliums cubiques (cellules aussi hautes que larges)	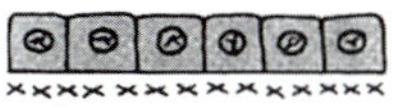 Ép. cubique simple	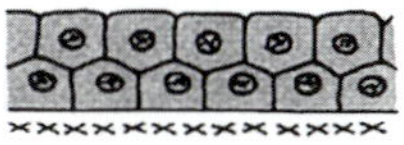 Ép. cubique stratifié	
Épithéliums prismatiques (cellules plus hautes que larges)	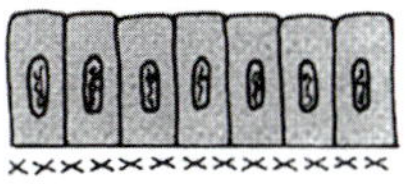 Ép. prismatique simple	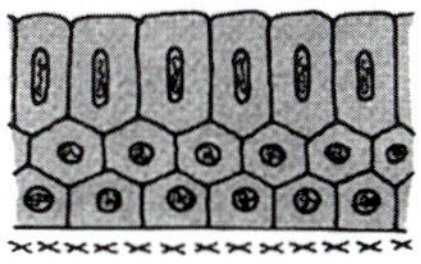 Ép. prismatique stratifié	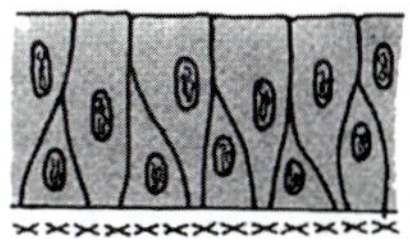 Ép. prismatique pseudo-stratifié
Épithéliums particuliers où les cellules ont des formes trop variées pour entrer dans la classification précédente	 Épithélium interne de la capsule de Bowman du rein	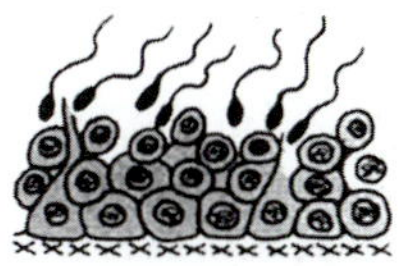 Épithélium des tubes séminifères du testicule	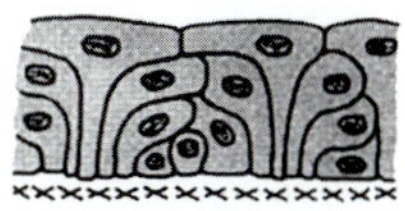 Épithélium polymorphe des voies urinaires excrétrices ou urothélium

1. La forme des cellules superficielles

a. Les épithéliums pavimenteux

Les épithéliums pavimenteux, dont les cellules les plus superficielles sont aplaties, plus larges que hautes, sont principalement représentés par l'épiderme, l'épithélium œsophagien, l'épithélium vaginal, les endothéliums (épithéliums de revêtement du cœur et des vaisseaux sanguins et lymphatiques, fig. 2.1) et les mésothéliums (épithéliums de revêtement des cavités séreuses, fig. 2.2).

b. Les épithéliums cubiques

Leurs cellules les plus superficielles sont aussi larges que hautes. Les exemples les plus représentatifs sont les épithéliums des canaux excréteurs intralobulaires des glandes exocrines (comme la sous-maxillaire) ou les tubes collecteurs du rein (fig. 2.3).

c. Les épithéliums prismatiques

Les épithéliums prismatiques – ou cylindriques – dont les cellules les plus superficielles sont plus hautes que larges, sont principalement représentés par l'épithélium intestinal et l'épithélium gastrique (fig. 2.4).

Tableau 2.III. **Quelques exemples d'épithéliums de revêtement et leurs caractéristiques principales.**

Exemples	Forme des cellules	Nombre de couches	Différenciation cellulaire	Autres populations cellulaires
Épiderme	Pavimenteux	Stratifié	Kératinisé	C. de Langerhans Mélanocytes C. de Merkel Terminaisons nerveuses
Épithélium antérieur de la cornée	Pavimenteux	Stratifié	Non kératinisé	Terminaisons nerveuses
Œsophage	Pavimenteux	Stratifié	Non kératinisé	
Vagin	Pavimenteux	Stratifié	Non kératinisé	
Estomac	Prismatique	Simple	À pôle muqueux fermé	
Intestin grêle	Prismatique	Simple	Entérocytes à plateau strié C. caliciformes C. neuroendocrines	
Trachée	Prismatique	Pseudostratifié	Cellules ciliées C. caliciformes C. neuroendocrines	
Trompes utérines	Prismatique	Simple	Cellules ciliées Cellules glandulaires	
Canal déférent	Prismatique	Pseudostratifié	Cellules à stéréocils	
Vessie	Polymorphe	Discuté	Cellules à membrane apicale épaissie	
Canaux excréteurs intralobulaires de glandes exocrines	Cubique	Simple		
Capillaires sanguins	Pavimenteux	Simple		

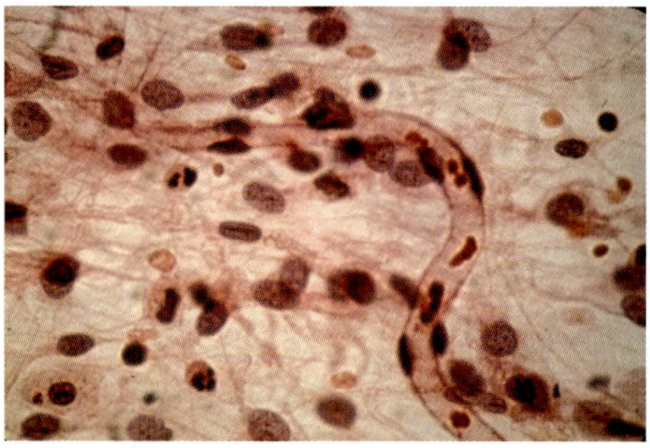

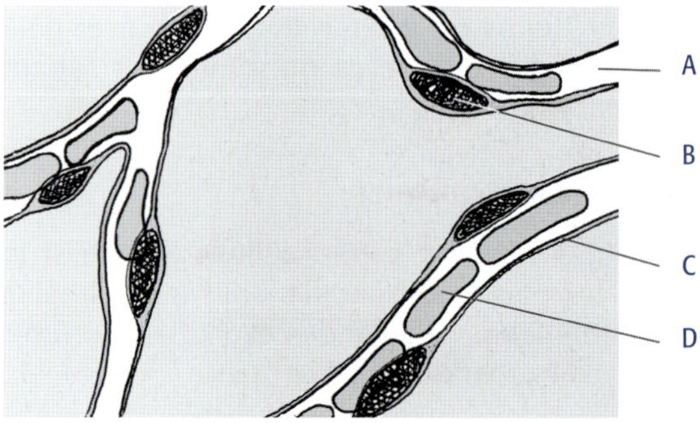

Fig. 2.1.
Capillaire sanguin. Épithélium pavimenteux simple. Étalement. MO.
A. Lumière d'un capillaire sanguin. B. Noyau d'une cellule endothéliale du capillaire. C. Cytoplasme d'une cellule endothéliale du capillaire. D. Globule rouge.

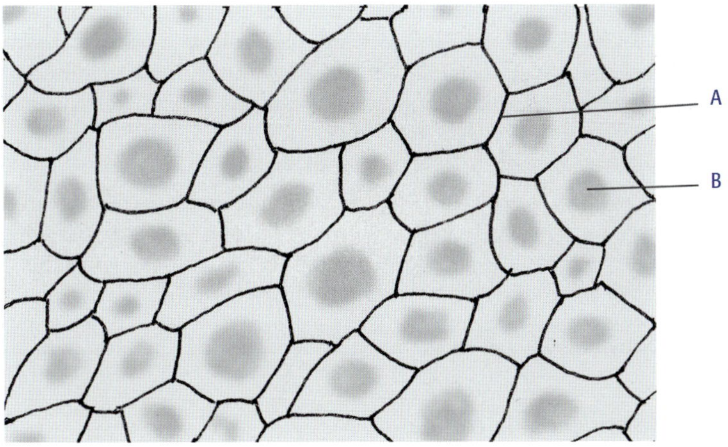

Fig. 2.2.

Mésentère. Épithélium pavimenteux simple. Nitratation après étalement. MO.

A. Limites cellulaires visualisées par la nitratation.
B. Noyau.

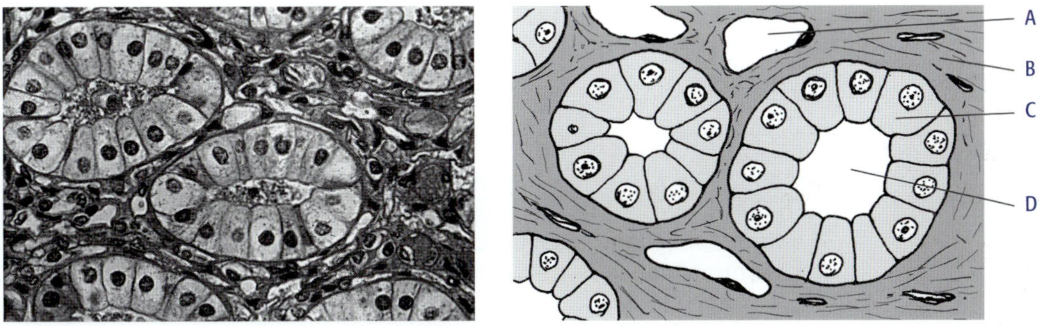

Fig. 2.3.

Tube collecteur du rein. Épithélium cubique simple. MO.

A. Capillaire sanguin. B. Tissu conjonctif. C. Cellule épithéliale du tube collecteur. D. Lumière du tube collecteur.

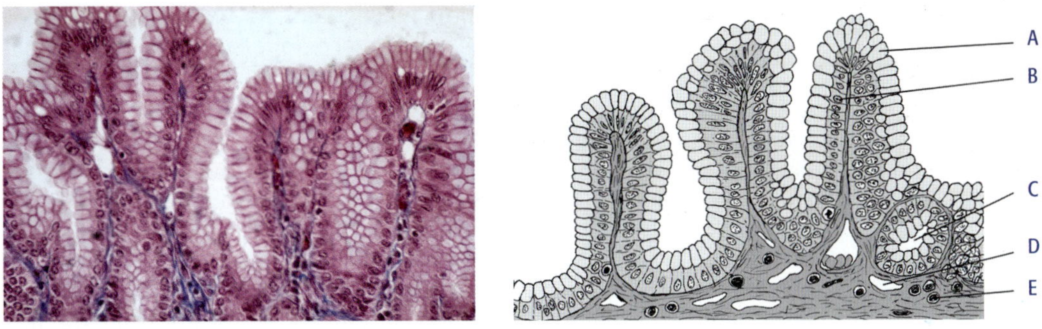

Fig. 2.4.

Estomac. Épithélium prismatique simple. MO.

A. Boule de mucus au pôle apical des cellules à pôle muqueux fermé. B. Noyau d'une cellule épithéliale. C. Crypte gastrique coupée transversalement. D. Capillaire sanguin. E. Lymphocyte dans le chorion.

▶ Dans certaines conditions pathologiques, les cellules endothéliales et mésothéliales se comportent plus comme des cellules conjonctives que comme des cellules épithéliales et les classifications anatomopathologiques rangent les tumeurs des endothéliums et des mésothéliums dans le cadre des sarcomes (cancers des tissus conjonctifs) et non dans celui des carcinomes (cancers des tissus épithéliaux).

▶ Notons à ce propos que l'expression malheureuse d'« épithélium mésenchymateux » s'applique à l'épithélium qui borde les cavités creusées en plein tissu conjonctif, comme les bourses séreuses des articulations ; il est fait de cellules mésenchymateuses qui se sont aplaties et juxtaposées.

2. Le nombre de couches de cellules

a. Les épithéliums simples

Ils ne possèdent qu'une seule couche de cellules, comme par exemple les endothéliums, les mésothéliums, les épithéliums des canaux excréteurs intralobulaires des glandes exocrines (comme la sous-maxillaire), les tubes collecteurs du rein (fig. 2.3) ou encore l'épithélium gastrique (fig. 2.4).

b. Les épithéliums pseudostratifiés

Les épithéliums pseudostratifiés paraissent présenter plusieurs couches de cellules, mais en réalité le pôle basal de toutes les cellules repose sur la MB. L'épithélium respiratoire, c'est-à-dire celui des voies aériennes trachéobronchiques (fig. 2.5), est de ce type.

c. Les épithéliums stratifiés

Les épithéliums stratifiés possèdent plusieurs couches de cellules. Compte tenu des critères précédents concernant la forme des cellules les plus superficielles, on en distingue trois variétés :

- les *épithéliums pavimenteux stratifiés*, souvent appelés épithéliums malpighiens, comprennent deux sous-groupes : les épithéliums malpighiens kératinisés, dont le seul représentant dans l'espèce humaine est l'épiderme (fig. 2.6) et les épithéliums malpighiens non kératinisés, comme ceux de la cavité buccale, de la langue, de l'œsophage (fig. 2.7), du canal anal, du vagin ou comme l'épithélium antérieur de la cornée ;
- les *épithéliums cubiques stratifiés* (bistratifiés, c'est-à-dire possédant 2 couches de cellules) se rencontrent au niveau des canaux excréteurs des glandes sudoripares, de certaines glandes salivaires (fig. 2.8) ou encore au niveau de l'iris et des procès ciliaires ;
- les *épithéliums prismatiques stratifiés* se voient au niveau de l'urètre membraneux (fig. 2.9) et de la conjonctive, par exemple. La conjonctive est la muqueuse qui recouvre la partie antérieure de la sclérotique (correspondant au « blanc de l'œil ») et se réfléchit à la face postérieure des paupières ; son épithélium, prismatique stratifié, contient des cellules muqueuses caliciformes.

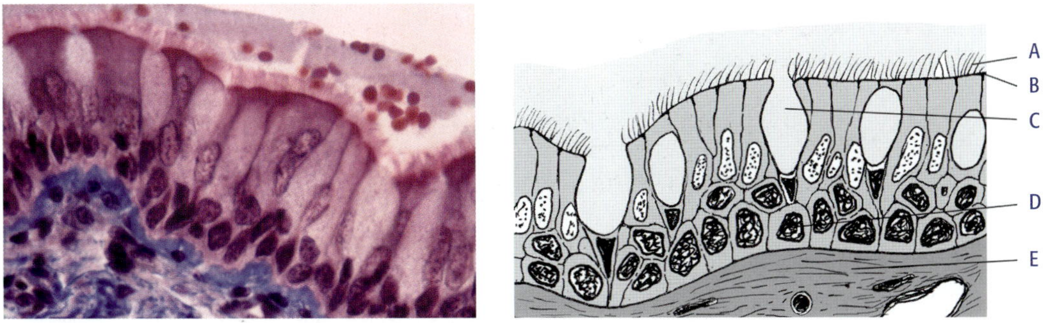

Fig. 2.5.

Épithélium de la trachée. Épithélium prismatique pseudostratifié. MO.

A. Cils vibratiles. B. Ligne des corpuscules basaux. C. Cellule muqueuse caliciforme. D. Noyau d'une cellule de remplacement. E. Chorion de tissu conjonctif.

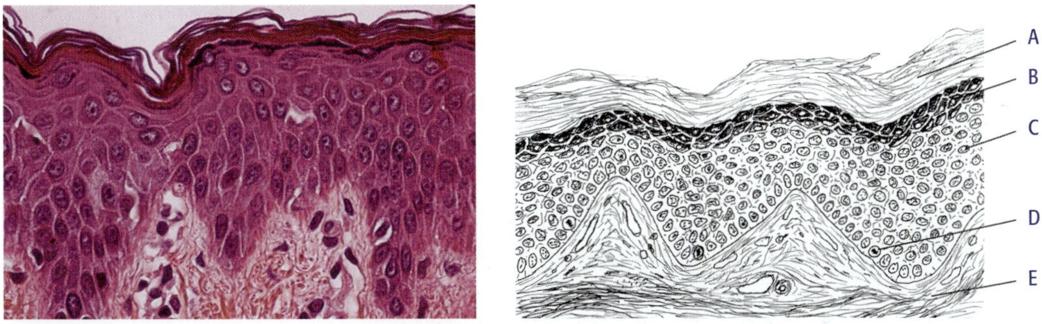

Fig. 2.6.

Épiderme. Épithélium pavimenteux stratifié kératinisé. MO.

A. Couche cornée. B. Couche granuleuse. C. Couche à épines. D. Mitose dans la couche germinative. E. Tissu conjonctif du derme.

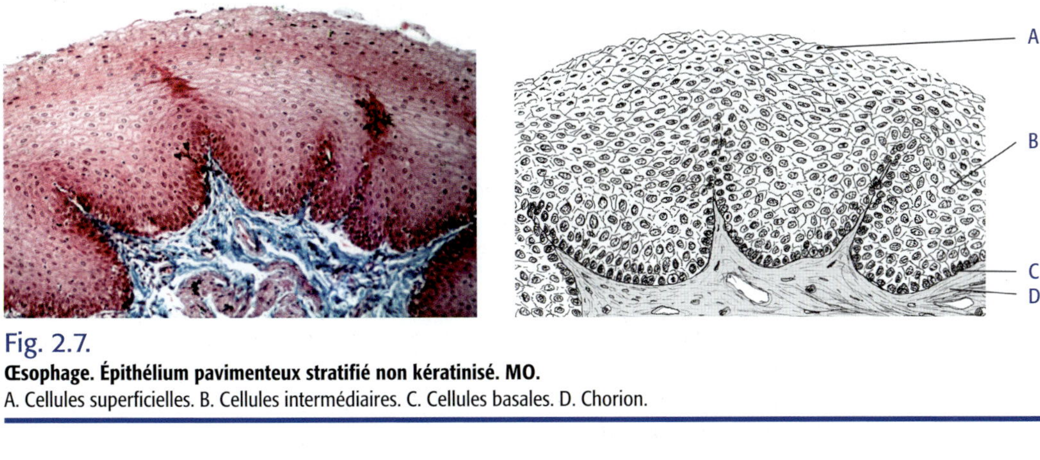

Fig. 2.7.

Œsophage. Épithélium pavimenteux stratifié non kératinisé. MO.

A. Cellules superficielles. B. Cellules intermédiaires. C. Cellules basales. D. Chorion.

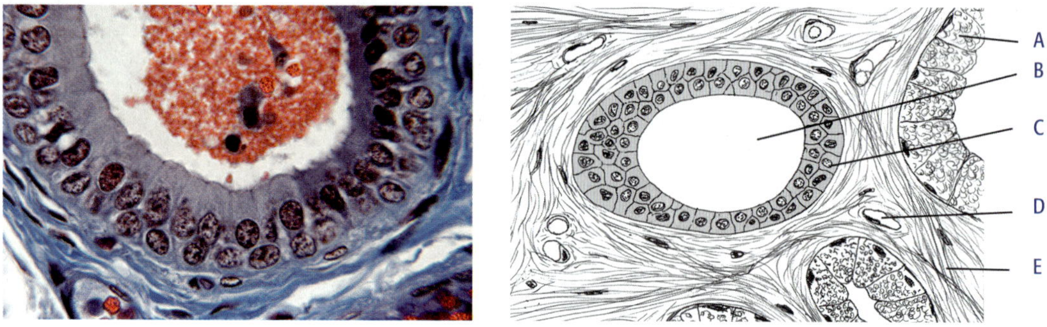

Fig. 2.8.

Canal excréteur d'une glande salivaire. Épithélium cubique bistratifié. MO.
A. Cellule sécrétrice de mucus. B. Lumière du canal excréteur. C. Épithélium cubique bi-stratifié. D. Capillaire sanguin. E. Fibres de collagène.

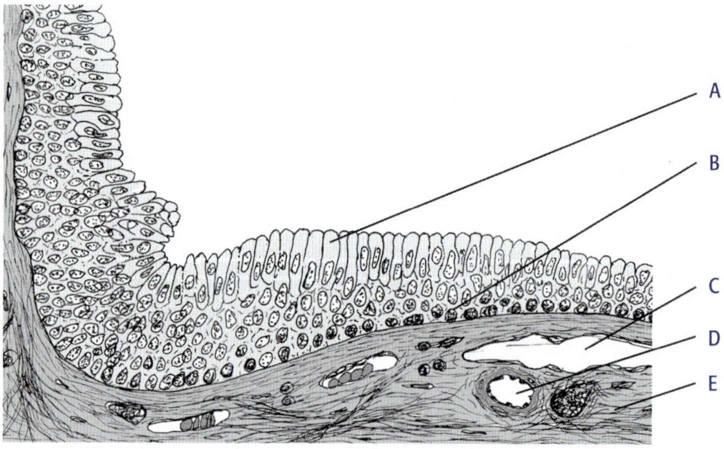

Fig. 2.9.

Épithélium de l'urètre membraneux. Épithélium prismatique stratifié. MO.
A. Cellule épithéliale superficielle prismatique. B. Noyau d'une cellule épithéliale basale cubique. C. Veinule. D. Artériole. E. Tissu conjonctif.

3. Les différenciations cellulaires

La MO permet de reconnaître les différenciations apicales des cellules épithéliales et donc de classer les épithéliums en fonction de celles-ci :

- *épithéliums ciliés*, comme celui de la trachée (fig. 2.5) ou des trompes utérines (fig. 2.10) ;
- *épithéliums à stéréocils*, comme celui du canal épididymaire et du canal déférent (fig. 2.11) ;
- *épithéliums à plateau strié*, comme celui de l'intestin (fig. 2.12) ;
- *épithéliums à bordure en brosse*, comme celui du tube contourné proximal du rein (fig. 2.13) ;
- *épithélium à pôle muqueux fermé*, dont le représentant unique dans l'espèce humaine est l'épithélium gastrique (fig. 2.4) et qui se présente en MO bien différemment des cellules muqueuses caliciformes, même quand elles sont très nombreuses, comme dans l'épithélium du côlon.

Dans d'autres cas, il ne s'agit pas de différenciations seulement apicales, mais de différenciations cellulaires plus globales.

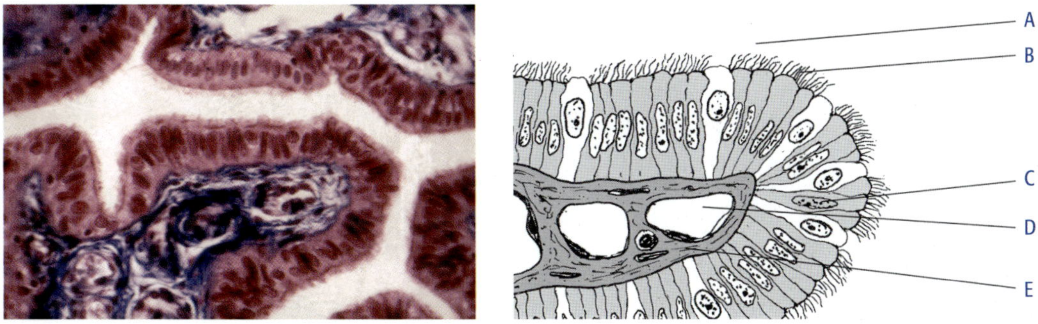

Fig. 2.10.

Épithélium de la trompe utérine. Cils vibratiles. MO.

A. Cellule épithéliale sécrétrice. B. Cils vibratiles. C. Cellule ciliée. D. Capillaire sanguin. E. Chorion de la muqueuse tubaire.

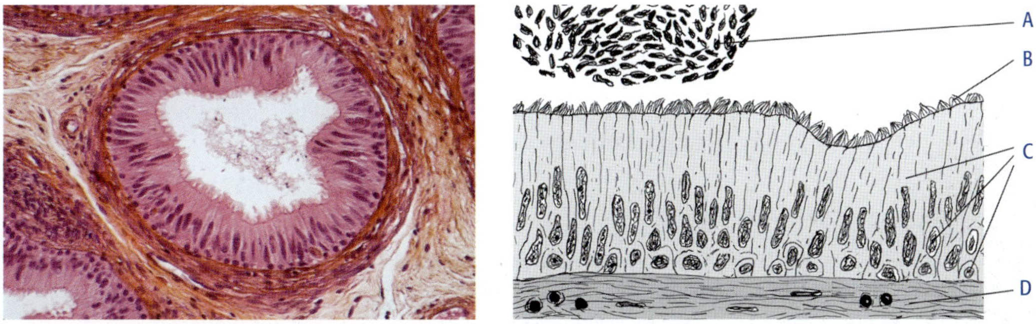

Fig. 2.11.

Épithélium du canal déférent. Stéréocils. MO.

A. Spermatozoïdes dans la lumière du canal déférent. B. Stéréocils. C. Cellules épithéliales. D. Chorion.

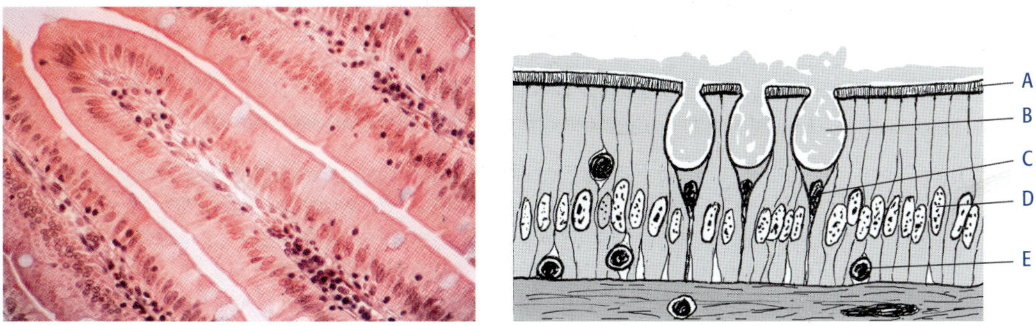

Fig. 2.12.

Épithélium intestinal. Plateau strié. MO.

A. Plateau strié. B. Cellule muqueuse caliciforme. C. Noyau d'une cellule muqueuse caliciforme. D. Noyau d'un entérocyte. E. Lymphocyte intraépithélial.

a. Les épithéliums pigmentaires

Les épithéliums pigmentaires, comme l'épithélium pigmentaire de la rétine, synthétisent de la mélanine.

b. Les épithéliums kératinisés

L'épiderme est un épithélium pavimenteux stratifié kératinisé fait de cellules portant le nom de kératinocytes. Les kératinocytes subissent en permanence une évolution morphologique témoignant de leur kératinisation. Cette évolution se fait de la profondeur vers la superficie et permet de distinguer sur une coupe d'épiderme quatre couches superposées de la profondeur vers la superficie. La couche la plus profonde, ou couche germinative, est celle qui sert à assurer, par les mitoses de ses cellules, le renouvellement de l'épiderme ; ses cellules, cubiques ou prismatiques, contiennent de nombreux grains de mélanine phagocytés qui permettent à l'épiderme d'assurer son rôle de protection de la lumière et qui sous-tendent le rôle de régulation de la pigmentation cutanée qu'ont les kératinocytes. Dans les couches sus-jacentes (couche à épines, couche granuleuse, puis couche cornée), on assiste à d'importantes modifications progressives des cellules, aboutissant à une kératinisation complète ; les kératinocytes, devenus des cornéocytes qui vont desquamer, ont perdu leur noyau et sont entièrement kératinisés (fig. 2.6).

c. Cas particuliers

Certains épithéliums ont une morphologie tellement particulière qu'ils échappent à la classification précédente.

4. L'épithélium des voies urinaires

Il tapisse les bassinets, les uretères, la vessie et la partie proximale de l'urètre. Ses cellules les plus superficielles ont une forme en poire ou en ombrelle, d'où sa dénomination d'épithélium polymorphe. En microscopie optique, il est bien difficile de déterminer le nombre de couches cellulaires. On l'appelle également épithélium de transition ou – mieux – urothélium (fig. 2.14).

5. L'épithélium interne de la capsule de Bowman

Le feuillet interne de la capsule de Bowman du glomérule rénal est fait de cellules appelées podocytes parce qu'elles possèdent de multiples prolongements cytoplasmiques ramifiés en « pieds » et « pédicelles » qui s'appliquent, en s'intriquant les uns avec les autres, sur la face externe de la MB des capillaires glomérulaires.

6. L'épithélium des tubes séminifères

Les cellules épithéliales des tubes séminifères du testicule sont les cellules de Sertoli. Elles ménagent entre elles des interstices dans lesquels se logent les cellules de la lignée germinale (spermatogonies, spermatocytes, spermatides et spermatozoïdes).

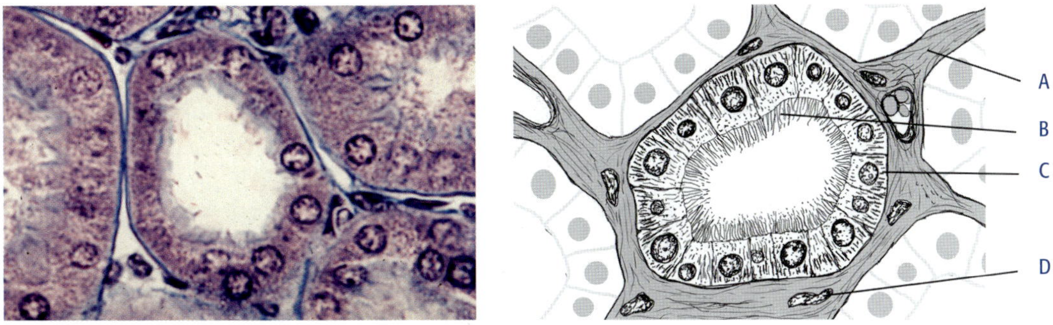

Fig. 2.13
Épithélium du tube contourné proximal du rein. Bordure en brosse. MO.
A. Tissu conjonctif. B. Bordure en brosse. C. Cellule épithéliale. D. Noyau de fibroblaste.

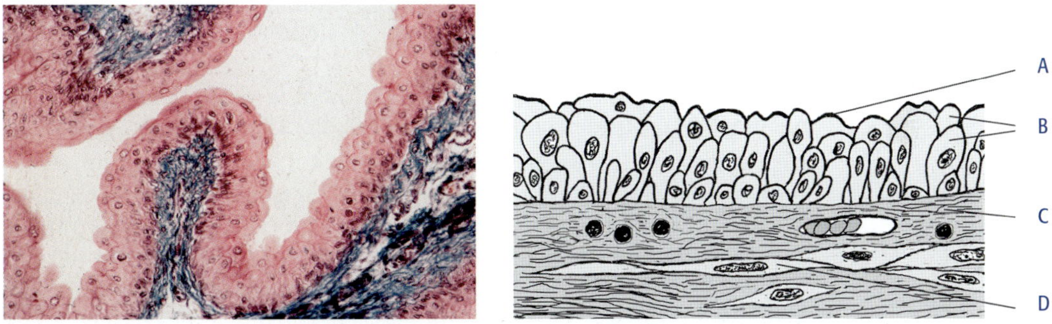

Fig. 2.14
Épithélium de la vessie. Urothélium. MO.
A. Membrane apicale épaissie des cellules superficielles. B. Cellules épithéliales. C. Chorion. D. Cellule musculaire lisse.

7. Les épithéliums sensoriels et neurosensoriels

a. Les bourgeons du goût

Situés dans l'épithélium des papilles fongiformes et caliciformes du dos de la langue, les bourgeons du goût sont des formations ovoïdes, faites d'une vingtaine de cellules fusiformes disposées en « douve de tonneau », affleurant la surface de l'épithélium au niveau des pores gustatifs. Ces cellules comprennent des cellules de soutien et surtout des cellules sensorielles.

b. Les cellules sensorielles (vestibulaires et auditives) de l'oreille interne

Elles sont toutes organisées selon un même patron de base : il s'agit de cellules portant une rangée de stéréocils très particuliers à leur extrémité apicale. Ces stéréocils baignent dans le liquide contenu dans les cavités de l'oreille interne, c'est-à-dire dans l'endolymphe.

c. L'épithélium olfactif

Il tapisse une toute petite zone située à la partie postérosupérieure de chaque fosse nasale. C'est un épithélium prismatique, pseudostratifié, qui ne ressemble à aucun autre. Il comporte des cellules basales, des cellules de soutien et des cellules neurosensorielles olfactives. Celles-ci présentent un corps cellulaire fusiforme d'où part un prolongement périphérique dendritique qui se termine à la surface de l'épithélium par un petit renflement sphérique couvert de cils et un prolongement central axonal qui entre dans le chorion et rejoint le bulbe olfactif.

d. Les photorécepteurs de la rétine

La couche la plus externe de la rétine est formée par les prolongements sensoriels des cellules photoréceptrices (cônes et bâtonnets). La couche sous-jacente (ou couche granulaire externe) est celle des noyaux des photorécepteurs. Dans la couche suivante (plexiforme externe), les cellules photoréceptrices font synapse avec les neurones bipolaires.

C. Colonisation des épithéliums par des cellules venues d'ailleurs

Un épithélium n'est pas toujours formé par un seul lignage cellulaire. Dans de nombreux cas, des cellules d'un autre lignage peuvent pénétrer dans un épithélium et se mêler aux cellules épithéliales. Deux situations peuvent être distinguées :

- soit les cellules colonisent l'épithélium durant la vie fœtale (comme les mélanocytes, issus des crêtes neurales et colonisant l'épiderme) ;
- soit l'épithélium est le siège d'une circulation continuelle et ne représente qu'une étape d'un cycle plus général ; ainsi, de nombreux lymphocytes colonisent la plupart des épithéliums de revêtement, notamment ceux du tube digestif et des voies respiratoires ; c'est également le cas des cellules de Langerhans de l'épiderme, cellules dendritiques parties de la moelle osseuse et retournant dans les ganglions lymphatiques.

D. Absence de capillaires sanguins dans les épithéliums

Une caractéristique générale des épithéliums de revêtement est d'être totalement dépourvus de capillaires sanguins. Leur nutrition est assurée par les capillaires du tissu conjonctif sur lequel ils reposent. La seule exception à cette règle fondamentale est représentée par l'épithélium de la strie vasculaire du canal cochléaire (sécrétant l'endolymphe).

E. Innervation des épithéliums

L'innervation des épithéliums de revêtement est en revanche souvent très développée. C'est le cas pour l'épiderme, qui renferme de nombreuses terminaisons sensitives : terminaisons nerveuses libres et complexes de Merkel. C'est également le cas de la cornée, dont l'innervation sensitive est très riche et dont l'épithélium antérieur est pourvu de très nombreuses terminaisons nerveuses libres, d'où la sensibilité extrême de la cornée.

II. Microscopie électronique (ME)

A. Les dispositifs de jonction

La ME permet de reconnaître les différents types de jonctions entre cellules (jonctions serrées, jonctions communicantes, *zonula adhaerens* et desmosomes) (fig. 2.15) et entre cellules et MEC (contacts focaux et hémidesmosomes).

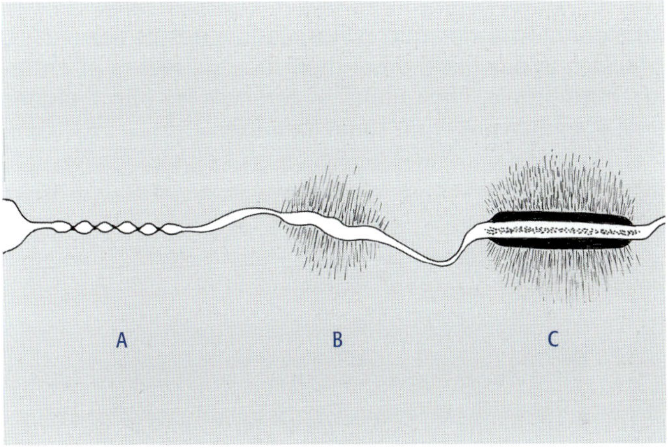

Fig. 2.15.
Exemples de jonctions intercellulaires. ME.
A. Zonula occludens. B. Macula adhaerens. C. Desmosome.

B. Les différenciations cellulaires

La ME permet d'analyser la structure fine des différenciations cellulaires déjà parfaitement identifiées par la MO.

1. Les microvillosités

Selon leur abondance, leur longueur, leur régularité et leur disposition, on individualise plusieurs types de microvillosités.

a. Microvillosités banales

Elles constituent de petites expansions cytoplasmiques peu nombreuses, de longueur et de disposition irrégulières. On en trouve au pôle apical des cellules de nombreux épithéliums.

b. Plateau strié (fig. 2.16)

Le plateau strié est constitué par un grand nombre de microvillosités rectilignes de même calibre (0,1 µm) et de même longueur (1 à 2 µm), disposées parallèlement de façon très ordonnée. Leur centre cytoplasmique contient un petit faisceau longitudinal de microfilaments d'actine, disposés parallèlement et se terminant au niveau du plateau terminal. À la face externe de leur membrane plasmique, le feutrage du glycocalyx est bien visible. Les cellules à plateau strié les plus typiques sont les entérocytes de l'épithélium intestinal.

c. Bordure en brosse (fig. 2.17)

Les termes de plateau strié et de bordure en brosse sont utilisés indifféremment dans la littérature de langue anglaise, mais les auteurs français réservent le terme de bordure en brosse aux arrangements où les microvillosités sont habituellement plus longues et moins régulièrement disposées que dans le plateau strié. La fonction d'absorption est analogue à celle du plateau strié. Les cellules à bordure en brosse les plus typiques sont celles du tube contourné proximal du rein.

d. Stéréocils (fig. 2.18)

Les stéréocils correspondent à des microvillosités longues et flexueuses, qui, bien que parallèles à leur base, deviennent très sinueuses et entremêlées à leur extrémité distale. Les cellules à stéréocils les plus typiques sont celles du canal épididymaire et du canal déférent.

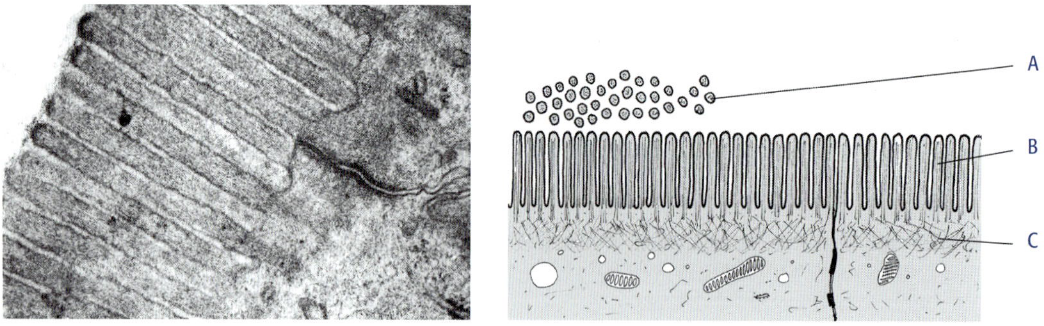

Fig. 2.16

Plateau strié. ME.

A. Microvillosité du plateau strié (avec les microfilaments qu'elle contient), en coupe transversale. B. Microvillosité du plateau strié (avec les microfilaments qu'elle contient), en coupe longitudinale. C. Plateau terminal.

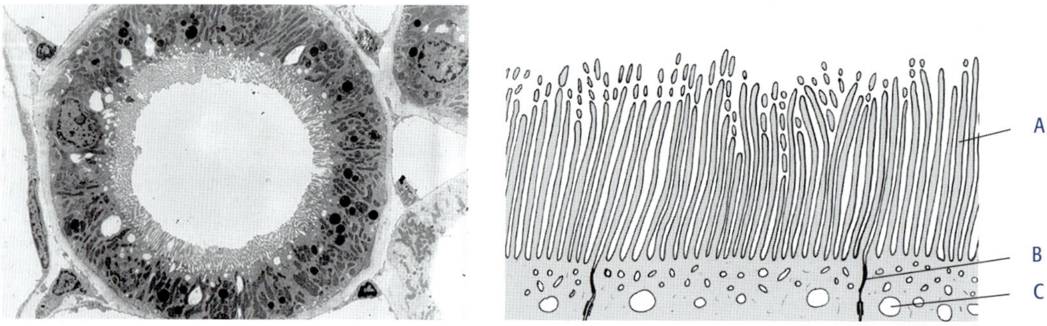

Fig. 2.17

Bordure en brosse. ME.

A. Microvillosité de la bordure en brosse. B. Zonula occludens. C. Vésicule apicale.

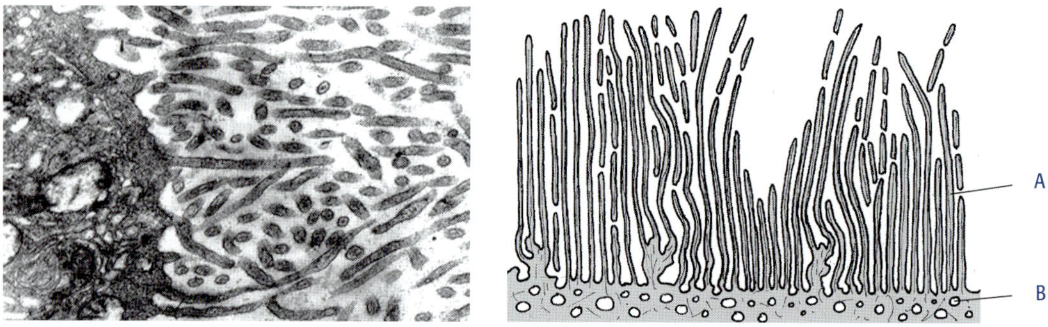

Fig. 2.18

Stéréocils. ME.

A. Stéréocil. B. Vésicule apicale.

2. Les cils vibratiles (fig. 2.19)

Les cellules ciliées permettent à certains épithéliums de mettre en mouvement les éléments du contenu de la cavité qu'ils bordent. On les rencontre surtout au niveau de l'épithélium des voies respiratoires et de l'épithélium de certains segments des voies génitales (trompes utérines chez la femme, canaux efférents chez l'homme). L'appareil ciliaire comprend trois éléments :

- le cil proprement dit, expansion cytoplasmique en doigt de gant limitée par la membrane plasmique de la cellule et contenant 9 paires de microtubules périphériques et 2 microtubules centraux, tous parallèles au grand axe du cil ;
- le corpuscule basal, de structure voisine de celle des centrioles dont il dérive, avec ses 9 triplets de microtubules périphériques sans microtubules centraux ;
- la racine ciliaire, inconstante et de signification fonctionnelle inconnue, partant de la base du corpuscule basal et s'enfonçant dans le cytoplasme sous-jacent.

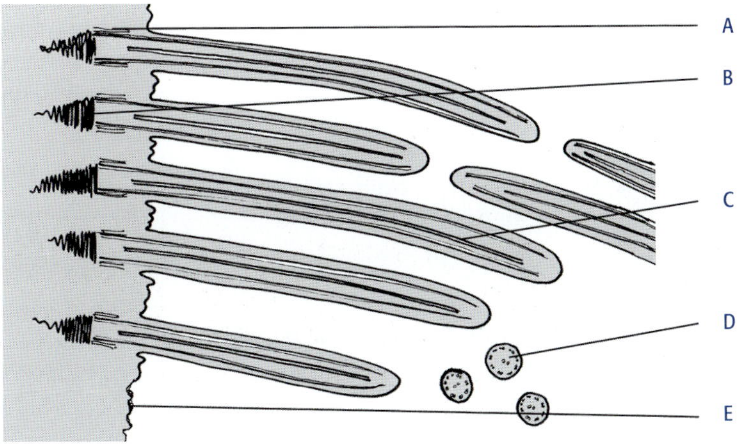

Fig. 2.19.
Cils vibratiles. ME.
A. Corpuscule basal. B. Racine ciliaire. C. Paire de microtubules centraux. D. Cil en coupe transversale. E. Membrane plasmique apicale de la cellule ciliée.

▶ On peut rapprocher des cellules ciliées les cellules sensorielles et neurosensorielles (voir plus loin) dont le pôle apical est le siège de dérivés ciliaires plus ou moins sophistiqués, ainsi que, pour certaines d'entre elles, de stéréocils particuliers.

3. Les sécrétions apicales

Un certain nombre de cellules des épithéliums de revêtement ont une fonction glandulaire et se caractérisent morphologiquement par la présence de vésicules de sécrétion accumulées à leur pôle apical. Il s'agit habituellement de cellules glandulaires exocrines (muqueuses ou séreuses) isolées (glande unicellulaire) ou groupées (glande intraépithéliale, épithélium sécrétoire).

4. L'urothélium

Même s'il persiste un certain doute pour déterminer s'il s'agit d'un épithélium stratifié vrai ou d'un épithélium pseudostratifié, sa description en trois zones cellulaires reste valable :

- une couche basale de cellules prismatiques reposant sur la membrane basale ;
- une zone intermédiaire faite d'un nombre variable de couches de cellules en fonction du degré de remplissage de la lumière ;
- une couche superficielle ou luminale faite de cellules intermédiaires et de cellules en ombrelle, fréquemment binucléées, et caractérisées par la présence de *zonula occludens* ainsi que par l'existence à leur face apicale de plaques spécialisées de membrane asymétrique.

5. Les cellules sensorielles et neurosensorielles

a. Les cellules auditives et vestibulaires

L'ultrastructure des cellules sensorielles de l'oreille interne, ainsi que les rapports étroits qu'elles affectent avec les terminaisons nerveuses permettent de distinguer trois types cellulaires : les cellules sensorielles vestibulaires de type I et de type II (situées dans le vestibule) et les cellules sensorielles auditives (situées dans l'organe de Corti). Retenons surtout ici leurs points communs essentiels :

- l'existence de microvillosités formant des stéréocils à base étroite disposés d'une façon régulière au pôle apical ;
- la présence d'un cil ou d'un résidu ciliaire sous forme d'un corpuscule basal ;
- l'existence de contacts avec des terminaisons nerveuses afférentes ;
- la présence d'un entourage intime par des cellules de soutien.

b. Les photorécepteurs

Qu'il s'agisse des cônes ou des bâtonnets, les photorécepteurs ont, à quelques détails près, une ultrastructure analogue, avec, de la périphérie vers le centre du globe oculaire :

- l'article externe, très allongé et cylindrique pour les bâtonnets (fig. 2.20), plus court et conique pour les cônes, fait de disques membranaires aplatis empilés, supports des pigments visuels (la rhodopsine pour les bâtonnets et une des différentes isoformes de l'iodopsine pour les cônes) ;
- le cil connectif, reliant l'article externe à l'article interne sous-jacent ;
- l'article interne, contenant le corpuscule basal d'où naît le cil connectif, un centriole, de nombreuses mitochondries et un volumineux appareil de Golgi ;
- le corps cellulaire, avec en son centre le noyau ;
- l'expansion interne, fine et plus ou moins longue, se terminant par un renflement présynaptique qui s'articule avec les dendrites des cellules bipolaires.

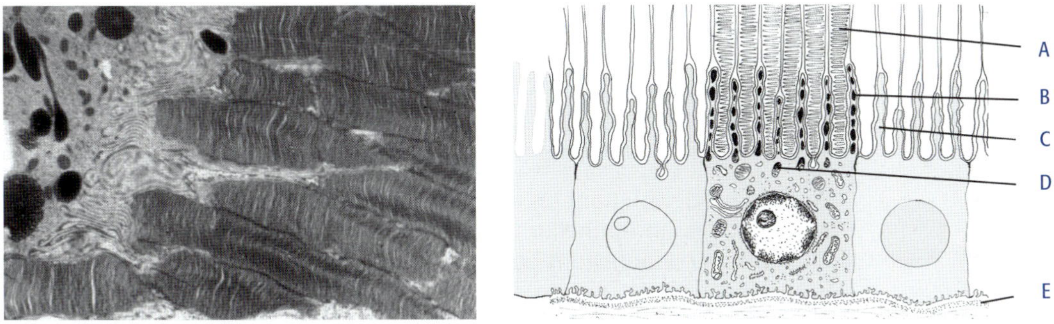

Fig. 2.20
Épithélium pigmentaire de la rétine. ME.
A. Bâtonnet. B. Grain de mélanine. C. Expansion cytoplasmique d'une cellule pigmentaire. D. Mélanosome. E. Membrane basale.

6. Les kératinocytes

Dans la couche à épines de l'épiderme, les kératinocytes commencent à s'aplatir, mais le noyau et les organites cytoplasmiques sont intacts, les filaments intermédiaires de cytokératine groupés en faisceaux denses, les desmosomes normaux ; dans la couche granuleuse, le kératinocyte s'aplatit, le noyau commence à dégénérer et surtout apparaissent au sein du réseau des filaments intermédiaires de nombreux grains de kératohyaline ; enfin, dans la couche cornée, le kératinocyte est complètement aplati, le noyau et les organites cytoplasmiques ont totalement disparu et le cytoplasme est rempli de trousseaux de fibres de kératine (formés à partir des filaments intermédiaires et des grains de kératohyaline). Les membranes plasmiques sont devenues très denses et épaisses et les desmosomes sont profondément modifiés ; en superficie de la couche cornée, les cellules (ou cornéocytes) mortes, entièrement kératinisées, se détachent de l'épiderme (desquamation). Les granules lamellaires (kératinosomes ou corps d'Oadland) synthétisent dans les cellules à épines une substance excrétée dans les espaces intercellulaires de la couche granuleuse où elle joue un rôle cimentant.

7. Les mélanocytes

On peut observer en ME les stades successifs de la biosynthèse de la mélanine par les mélanocytes. La synthèse de la tyrosinase est assurée par le réticulum endoplasmique granulaire ; puis l'appareil de Golgi isole des quanta de molécules enzymatiques dans des vésicules ou mélanosomes, qui deviennent des petits organites ovoïdes entourés d'une membrane et contenant un système membranaire interne dans lequel les molécules de tyrosinase s'alignent. Ensuite l'oxydation de la tyrosine par les molécules ordonnées de tyrosinase commence et de la mélanine apparaît sur les membranes internes des mélanosomes. Finalement, le dépôt de mélanine devient complet et on arrive à un véritable grain de sécrétion de mélanine. L'intensité de la pigmentation cutanée dépend de la quantité de mélanine synthétisée par les mélanocytes (et non pas des modifications de leur nombre).

III. Caractérisations moléculaires *in situ*

A. Les dispositifs de jonction

1. Les jonctions étanches

Le schéma-clef mettant en exergue la polarité des épithéliums de revêtement – dans un épithélium intestinal, par exemple – montre l'existence d'un anneau de jonctions étanches situé à l'extrémité apicale des espaces intercellulaires. Au niveau des jonctions étanches (ou jonctions imperméables, jonctions serrées, *tight junctions, zonula occludens*), les deux membranes cellulaires adjacentes sont fusionnées le long des crêtes linéaires formées par une succession de protéines intramembranaires (dont la plus spécifique est l'occludine) engrenées les unes avec les autres à la façon d'une fermeture Éclair. Ces lignes de fermeture (ou crêtes jonctionnelles ou chaînes de scellage) sont plus ou moins nombreuses et s'entrecroisent de façon variable si bien qu'elles constituent un réseau plus ou moins dense réalisant une barrière d'autant plus efficace qu'il est plus dense.

2. Les jonctions communicantes

Les jonctions communicantes (ou *gap junctions* ou *nexus*) permettent des passages directs d'électrolytes et de petites molécules (jusqu'à 1 500 daltons) d'une cellule à ses voisines par des sortes de petits chenaux tubulaires, ou connexons, formés par des protéines membranaires de la famille des connexines.

3. Les jonctions d'ancrage

Leur principe général est identique : assurer la cohésion entre cellules et/ou entre cellules et MEC, en solidarisant les éléments du cytosquelette d'une cellule soit avec leurs analogues d'une cellule adjacente soit avec les protéines de la MEC. On se trouve donc en face d'une chaîne de molécules dont les éléments constitutifs communs, dans un cas comme dans l'autre, sont :

- des *molécules d'adhérence* (glycoprotéines transmembranaires) ;
- des éléments du *cytosquelette* ;
- des *protéines intracytoplasmiques* (nombreuses et variées) faisant le lien entre les molécules d'adhérence et les éléments du cytosquelette.

Selon la nature cellule-cellule ou cellule-MEC de la jonction et selon la nature des éléments cytosquelettiques concernés, on peut distinguer 4 variétés principales de jonctions d'ancrage (tableau 2.IV).

Tableau 2.IV. **Les principaux types de jonction.**

Dispositifs de jonction	Jonctions cellule-cellule	Jonctions cellule-MEC
	Jonctions *occludens*	
Jonctions d'ancrage	Jonctions *adhaerens*	Contacts focaux
	Desmosomes	Hémidesmosomes
	Jonctions communicantes	

a. Jonctions cellule-cellule de type *adhaerens* (ceinture d'adhérence ou *zonula adhaerens* et *macula adhaerens*)

Ces jonctions répondent aux caractéristiques suivantes :
- les molécules d'adhérence transmembranaires appartiennent à la famille des cadhérines ;
- les éléments du cytosquelette sont les microfilaments d'actine ;
- les protéines intracytoplasmiques faisant le lien entre les molécules d'adhérence et les éléments du cytosquelette sont les caténines et l'α-actinine.

b. Jonctions cellule-cellule de type desmosome

Elles ont les caractéristiques suivantes :
- les molécules d'adhérence transmembranaires appartiennent à la famille des cadhérines desmosomales (desmogléines et desmocollines) ;
- les éléments du cytosquelette sont les filaments intermédiaires ;
- les protéines intracytoplasmiques faisant le lien entre les molécules d'adhérence et les éléments du cytosquelette sont les protéines de la plaque (desmoplakines et plakoglobine).

c. Jonctions cellule-MEC de type *adhaerens* (contacts focaux ou plaques d'adhérence)

Elles ont les caractéristiques suivantes :
- les molécules de la MEC en cause sont essentiellement la fibronectine, protéine fibreuse d'adhérence ;
- les molécules d'adhérence transmembranaires appartiennent à la famille des intégrines ;
- les éléments du cytosquelette sont les microfilaments d'actine ;
- les protéines intracytoplasmiques faisant le lien entre les molécules d'adhérence et les éléments du cytosquelette sont diverses et variées.

d. Jonctions cellule-MEC de type hémidesmosome

Elles ont les caractéristiques suivantes :
- les molécules de la MEC en cause sont essentiellement la laminine 5 (ou épiligrine ou kalinine/nicéine) ;
- les principales molécules d'adhérence transmembranaires sont l'intégrine $\alpha_6\beta_4$ et l'antigène de la pemphigoïde bulleuse ;
- les éléments du cytosquelette sont les filaments intermédiaires ;
- les protéines intracytoplasmiques faisant le lien entre les molécules d'adhérence et les éléments du cytosquelette cellulaire ne sont pas toutes bien identifiées.

B. Les molécules d'adhérence

Elles sont bien visualisées par des immunomarquages avec des anticorps spécifiques dirigés contre leurs différentes variétés. Pour les jonctions cellule-cellule, les *cadhérines* (dépendantes du calcium) et la superfamille des *immunoglobulines* (indépendantes du calcium) sont responsables d'une adhérence stable, tandis que les *sélectines* sont responsables, à l'intérieur du compartiment vasculaire sanguin, d'interactions adhésives

▶ Attention : les épithéliums ne sont pas – et de loin – les seuls tissus présentant des jonctions (tableau 2.V). Les dispositifs de jonction sont toujours étudiés à propos des épithéliums, et ceci pour deux raisons :

– parce que la tradition veut que l'on commence l'étude des tissus par celle des épithéliums ;

– parce que les épithéliums sont définis comme des tissus faits de cellules juxtaposées et jointives.

▶ Il n'en reste pas moins que les dispositifs de jonction ne sont pas spécifiques des épithéliums et que l'on en rencontre dans tous les types de tissus. Ainsi, par exemple, des jonctions communicantes existent entre les fibroblastes des tendons, entre les prolongements cytoplasmiques des ostéocytes, entre les cellules musculaires lisses, entre les cardiomyocytes, entre les neurones, entre les astrocytes, entre les neurones et les astrocytes ; des jonctions d'ancrage (des diverses variétés) sont présentes au niveau des cellules réticulaires dendritiques des follicules lymphoïdes des ganglions lymphatiques, des ostéoclastes, des cellules musculaires lisses et striées.

Tableau 2.V. **Les jonctions présentes dans les différents tissus.**

			Jonctions			
			Jonctions cellule-cellule		Jonctions cellule-MEC	
			Zonula occludens	Jonctions d'ancrage	Gap junctions	Jonctions d'ancrage
Tissus	Épithéliums	Revêtement	+	+	+	+
		Glandulaires	+	+	+	+
	Tissus conjonctifs	Fibroblastes			+	
		Ostéocytes			+	
	Tissus musculaires	Lisse			+	+
		Strié squelett.				+
		Myocardique		+	+	+
	Tissu nerveux	Neurones			+	
		Astrocytes			+	
		Cellules de Schwann		+/–	+	

transitoires entre les leucocytes et l'endothélium vasculaire ainsi qu'entre les leucocytes et les plaquettes. Au niveau des jonctions cellule-MEC, les molécules d'adhérence principales sont des protéines de la famille des *intégrines*.

C. Les cytokératines

Les kératines (ou cytokératines) sont exprimées dans toutes les cellules épithéliales. Chaque type de cellule épithéliale exprime une combinaison caractéristique de 2 à 10 isotypes de cytokératines. Ainsi, les cellules épithéliales normales, *in vivo* ou *in vitro*, peuvent être identifiées en fonction de leur profil d'isotypes de cytokératines (mis en évidence par immunocytochimie avec des anticorps monoclonaux spécifiques).

D. Les uroplakines

La membrane plasmique apicale des cellules les plus superficielles de l'urothélium est asymétrique. En effet, son feuillet externe, contenant des protéines transmembranaires de la famille des uroplakines, est deux fois plus épais que son feuillet interne.

E. Les mucus

Les mucus sont des gels viscoélastiques impliqués dans la protection, l'hydratation et la lubrification des voies respiratoires, du tube digestif et du tractus génital. Ils sont sécrétés par l'épithélium à pôle muqueux fermé de l'estomac, par les cellules muqueuses caliciformes de l'épithélium respiratoire et de l'épithélium intestinal ainsi que par les glandes muqueuses de la tunique muqueuse et/ou sous-muqueuse des voies respiratoires, du tube digestif et des voies urogénitales. Les *mucines*, glycoprotéines de haut poids moléculaire, en constituent le composant majeur. De nombreux gènes de mucines sont normalement exprimés dans les tissus sécréteurs de mucus.

F. Un exemple : différencier les cellules endothéliales des capillaires lymphatiques de celles des capillaires sanguins

Par un choix de techniques histoenzymologiques et immunocytochimiques, il est possible de mettre en évidence des différences entre ces deux types cellulaires dont la morphologie en MO et en ME est extrêmement voisine (tableau 2.VI). Il est même actuellement possible, grâce à la mise en évidence de certaines molécules membranaire, de différencier les cellules endothéliales d'une artère de celles d'une veine, montrant la complexité des phénomènes de classification.

Tableau 2.VI. **Caractéristiques différentielles des cellules endothéliales des capillaires sanguins et lymphatiques.**

		Cellules endothéliales des capillaires	
		Sanguins	Lymphatiques
Histoenzymologie	5'-nucléotidase	+/-	+++
	Phosphatase alcaline	+++	+/-
	Dipeptidylaminopeptidase	+++	+/-
Immunocytochimie	Anticorps monoclonaux dirigés contre les cellules endothéliales lymphatiques		+
	Anticorps dirigés contre les constituants de la membrane basale (collagène IV, laminine)	+	

IV. Données histophysiologiques

Selon les spécialisations fonctionnelles et les différenciations qui les soustendent, les rôles physiologiques des épithéliums de revêtement peuvent être extrêmement variés.

A. Le rôle de barrière

Les barrières tissulaires empêchent la pénétration des agents infectieux d'une part grâce à l'organisation des épithéliums, d'autre part du fait de sécrétions recouvrant ces épithéliums. Les exemples sont nombreux. *L'épithélium gastrique* contribue par sa sécrétion muqueuse à lubrifier la paroi gastrique et à la protéger de l'attaque du suc gastrique. *L'épithélium intestinal* joue un rôle de défense, en particulier antibactérienne. *L'épiderme*, dont la surface est recouverte par la sueur – bactériostatique – et le sébum, assure une barrière de protection mécanique, chimique, antibactérienne et photique. *L'urothélium* constitue une barrière à la réabsorption de l'urine et s'adapte à des changements importants du volume intraluminal, permettant ainsi d'éviter sa rupture pendant la phase de remplissage de la vessie. Les *épithéliums de revêtement des voies génitales féminines* sont caractérisés par la présence d'un glycocalyx apical, riche en mucines qui jouent un double rôle :

- elles maintiennent la muqueuse utérine dans un état de non-réceptivité vis-à-vis du blastocyste, sauf pendant la période de la « fenêtre de l'implantation » où son expression est diminuée par l'action des stéroïdes ovariens ;
- elles se comportent comme une importante barrière contre les infections bactériennes des voies génitales féminines.

L'anneau (ou ceinture ou *zonula*, par opposition à des jonctions portant sur des surfaces membranaires limitées et dites alors de type *macula*) de jonctions étanches qui entoure complètement les faces latérales des cellules épithéliales (par exemple dans l'intestin) assez près de leur pôle apical a un triple rôle :

- il permet aux cellules adjacentes d'adhérer les unes aux autres ;
- il constitue une barrière qui régule le flux des molécules à travers l'espace paracellulaire ;
- il sépare les deux domaines différents de la membrane plasmique (le domaine apical et le domaine basolatéral) en empêchant la libre diffusion des lipides et des protéines de chaque domaine dans l'autre.

B. Le rôle d'échanges

De par leur localisation, les épithéliums jouent un rôle majeur dans les échanges entre milieu extérieur et milieu intérieur. Ces échanges peuvent se faire dans une direction ou dans l'autre, mais la plupart des épithéliums sont capables de réaliser des échanges bidirectionnels. Ils peuvent se faire par diffusion simple, par endocytose, par des canaux membranaires ou par des molécules transporteuses.

1. Le tube contourné proximal du rein

Les cellules épithéliales qui constituent le tubule contourné proximal du rein sont caractérisées par :

- la bordure en brosse de leur pôle apical ;
- les complexes de jonction qui relient les cellules entre elles ;
- les profonds replis de la membrane de leur pôle basal qui déterminent des prolongements cytoplasmiques interdigités avec ceux issus des cellules voisines ;
- les nombreuses mitochondries allongées qui se disposent perpendiculairement à la membrane du pôle basal et se situent entre les replis de celle-ci ;
- un appareil de Golgi bien développé ainsi que de nombreux lysosomes et vésicules d'endocytose.

Le tube contourné proximal réabsorbe 60 à 70 % de l'urine primitive (eau, électrolytes) grâce, d'une part, à l'organisation polarisée de la membrane plasmique, d'autre part, à la présence de la pompe Na^+/K^+ ATPase dépendante localisée au niveau de la membrane plasmique basolatérale. Les cellules épithéliales unies par des complexes jonctionnels délimitent deux voies de transport pour l'eau et les solutés : la voie transcellulaire et la voie paracellulaire. La richesse du système d'endocytose et lysosomial permet la réabsorption de l'albumine et des protéines de petit poids moléculaire. Les enzymes et les transporteurs de la bordure en brosse assurent la réabsorption des acides aminés et des sucres.

2. Le tube collecteur du rein

L'épithélium des tubes collecteurs assure la réabsorption de l'eau dans les vaisseaux sanguins grâce aux *aquaporines*, glycoprotéines transmembranaires assurant le rôle de canaux hydriques qui permettent le passage rapide d'eau à travers la membrane plasmique.

L'acidification de l'urine est le fait des *cellules intercalaires* (ou cellules α). Ces cellules acidifiantes :

- fabriquent des ions H^+ grâce à une enzyme cytoplasmique, l'anhydrase carbonique, qui catalyse l'hydratation du CO_2 et produit des ions H^+ et des bicarbonates,
- excrètent dans la lumière les ions H^+ grâce à des pompes à protons de type H^+/ATPase situées sur leur membrane plasmique apicale,
- réabsorbent les bicarbonates grâce à un échangeur basolatéral Cl^-/HCO_3^-.

3. Les entérocytes

Le plateau strié augmente considérablement la surface membranaire du pôle apical de la cellule et, de ce fait, joue un rôle considérable dans les phénomènes d'absorption.

4. L'endothélium des capillaires sanguins

La perméabilité de l'endothélium des capillaires varie selon les organes dans lesquels ils se situent. Elle diffère selon qu'il s'agit de capillaires continus, avec ou sans pores, ou de capillaires discontinus (ou capillaires sinusoïdes). Dans les capillaires continus sans pores, la perméabilité dépend de la nature des jonctions intercellulaires (*occludens* ou *adhaerens*, *zonula* ou *macula*) et de l'abondance des vésicules de pinocytose.

C. Le rôle de mouvement

Ce rôle est dévolu aux épithéliums ciliés, comme celui des voies respiratoires supérieures, des trompes utérines ou des canaux efférents de la tête de l'épididyme.

D. Le rôle de réception sensorielle

L'épiderme est le lieu privilégié de la réception des informations sensitives provenant du monde extérieur (tact, température, douleur) par des terminaisons nerveuses libres et des complexes de Merkel. Les autres informations sensorielles sont le fait d'épithéliums spécifiques contenant des cellules sensorielles (bourgeons du goût, épithéliums sensoriels vestibulaires et auditifs) ou des cellules neurosensorielles (épithélium olfactif, photorécepteurs rétiniens).

E. Les épithéliums de revêtement, cibles hormonales

L'exemple le plus démonstratif est celui de l'épithélium du vagin et de l'exocol de l'utérus, tissus cibles des hormones sexuelles féminines. Les modifications cytologiques de l'épithélium cervicovaginal au cours du cycle menstruel se traduisent sur les frottis vaginaux (ou plus exactement cervicovaginaux) et permettent d'estimer le degré de stimulation œstrogénique (pourcentage des cellules éosinophiles, des cellules à noyau pycnotique et de la teneur en glycogène des cellules). Après la ménopause, l'épithélium vaginal s'atrophie.

▸ En pratique médicale, cette cytologie cervicovaginale hormonale a perdu son intérêt avec l'apparition des dosages hormonaux. L'intérêt majeur des frottis cervicovaginaux est en fait le dépistage précoce des cancers du col utérin.

F. Cicatrisation, réparation des épithéliums de revêtement

Nous prendrons l'exemple de la cornée. Le renouvellement des cellules de l'épithélium antérieur de la cornée (exposé à de multiples agressions) est très rapide : son renouvellement total (par mitoses des cellules des couches basales) se fait en 7 jours (alors que celui de l'épiderme a lieu en 19 à 35 jours). Ainsi, une érosion de 2 mm^2 peut être recouverte en 24 heures, la surface totale d'une cornée en 4 à 7 jours.

G. Le cas unique du cristallin

Le cristallin (fig. 2.21) est un massif épithélial plein, non vascularisé, transparent. Ses cellules se caractérisent principalement par trois points :

- elles ont la forme de longs prismes hexagonaux tassés les uns contre les autres et à grand axe grossièrement antéropostérieur ;
- leur noyau a en général disparu ;
- leur cytoplasme contient des protéines spécifiques (ou cristallines) synthétisées sur place pendant la différenciation et se présentant en ME sous forme de nombreux microfilaments.

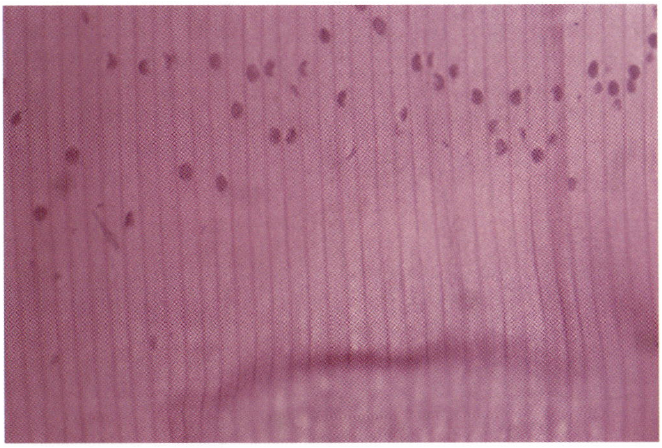

Fig. 2.21.
Cristallin

▶ La définition des épithéliums comme tissus faits de cellules étroitement juxtaposées et jointives est somme toute imprécise ou insuffisante : la substance grise comme la substance blanche du système nerveux central répondent à cette définition et – d'une certaine façon – le myocarde également, et pourtant nul ne les classe dans les épithéliums !

POINTS CLÉS

▶ Un épithélium est un tissu composé de cellules juxtaposées et jointives.

▶ Une cellule épithéliale est polarisée selon l'axe apicobasal.

▶ Le classement des épithéliums se fait selon trois critères : (1) la forme des cellules les plus superficielles, (2) le nombre de couche de cellules et (3) le type de différenciation apicale.

ENTRAÎNEMENT

DOC

Inscrire les légendes correspondant aux structures désignées par les lettres portées en légende du schéma

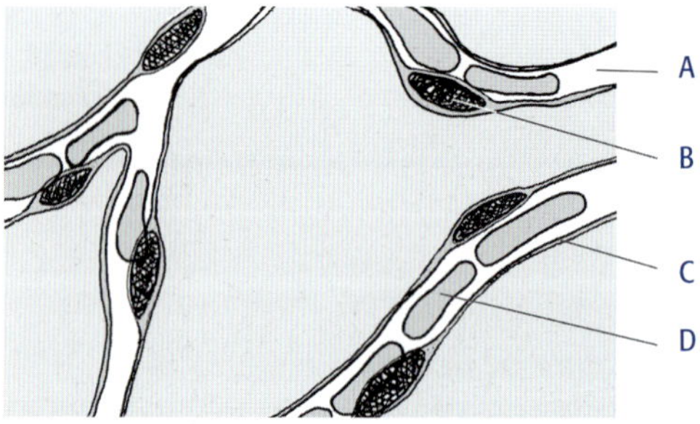

Fig. 2.1 Capillaire sanguin. Épithélium pavimenteux simple. Étalement. MO.

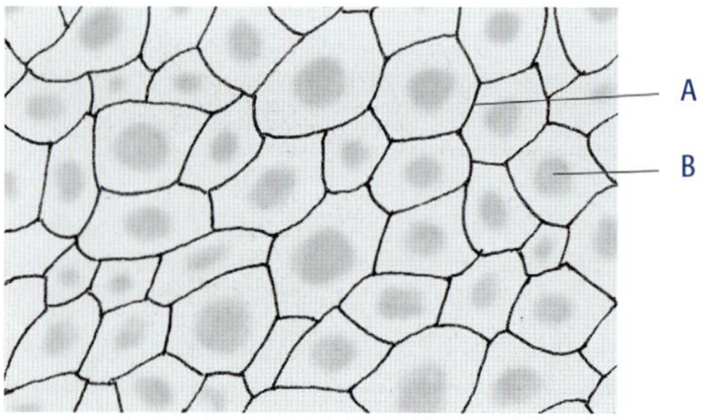

Fig. 2.2 Mésentère. Épithélium pavimenteux simple. Nitratation après étalement. MO.

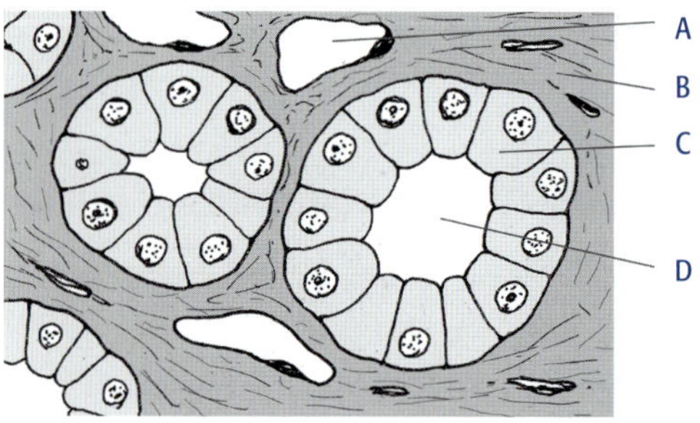

Fig. 2.3 Tube collecteur du rein. Épithélium cubique simple. MO.

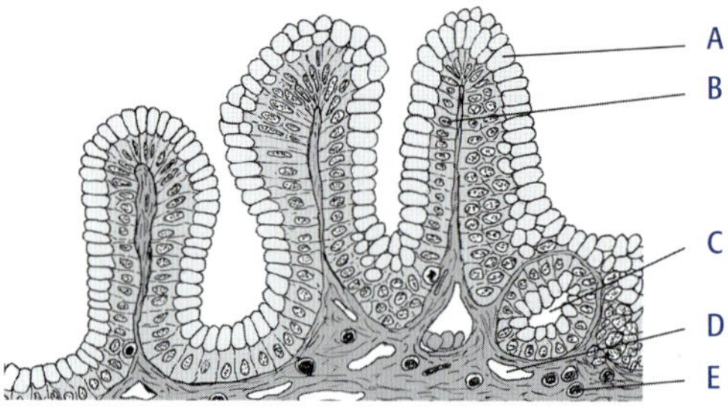

Fig. 2.4 Estomac. Épithélium prismatique simple. MO.

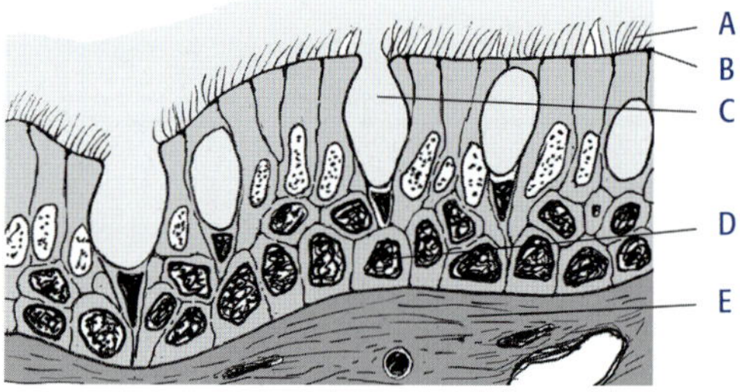

Fig. 2.5 Épithélium de la trachée. Épithélium prismatique pseudostratifié. MO.

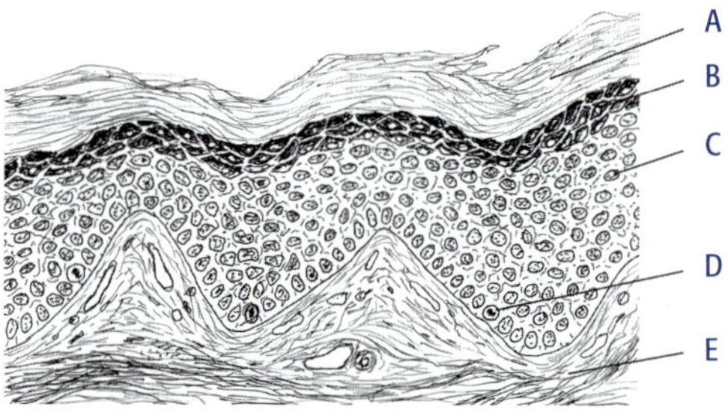

Fig. 2.6 Canal excréteur d'une glande salivaire. Épithélium cubique bistratifié. MO.

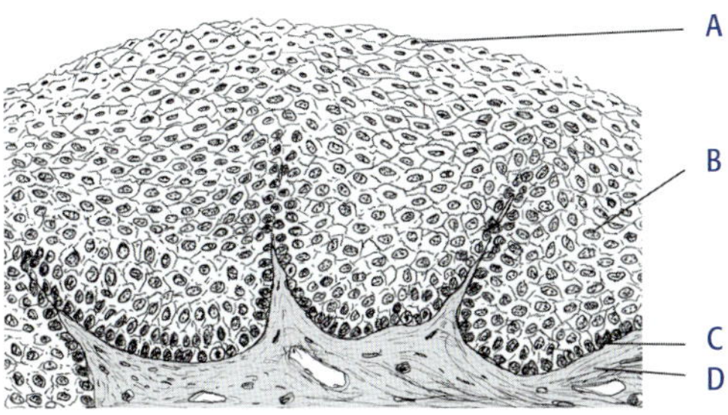

Fig. 2.7 Épiderme. Épithélium pavimenteux stratifié kératinisé. MO.

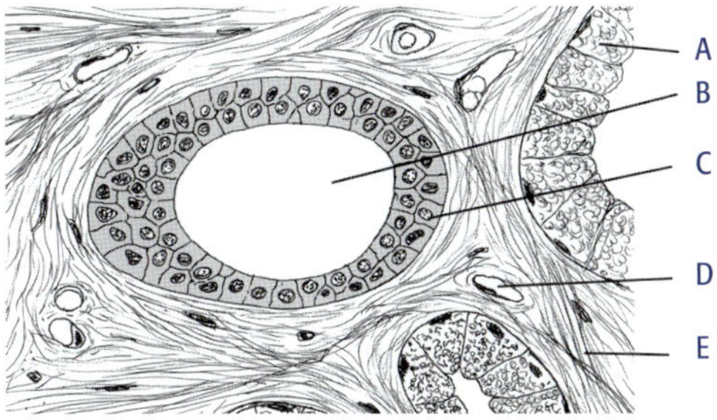

Fig. 2.8 Œsophage. Épithélium pavimenteux stratifié non kératinisé. MO.

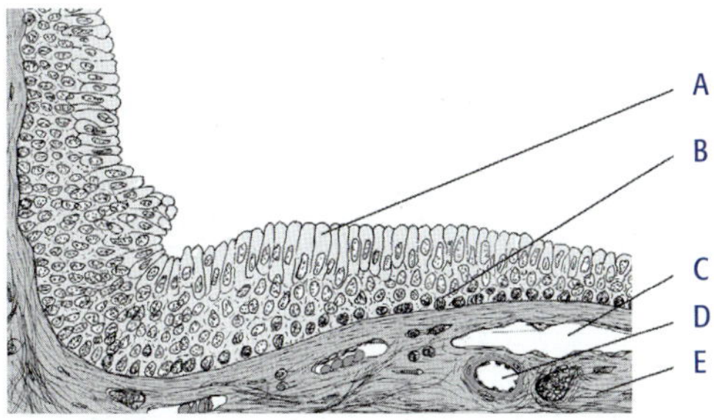

Fig. 2.9 Épithélium de l'urètre membraneux. Épithélium prismatique stratifié. MO.

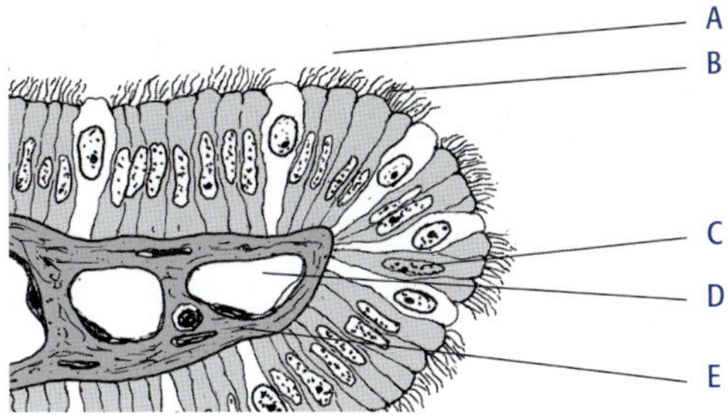

Fig. 2.10 Épithélium de la trompe utérine. Cils vibratiles. MO.

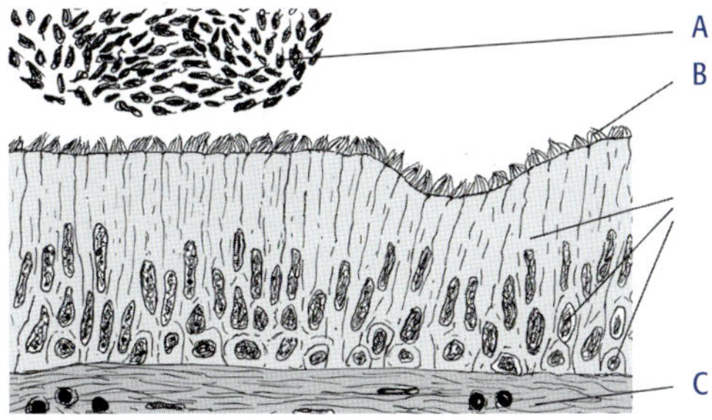

Fig. 2.11 Épithélium du canal déférent. Stéréocils. MO.

Fig. 2.12 Épithélium intestinal. Plateau strié. MO.

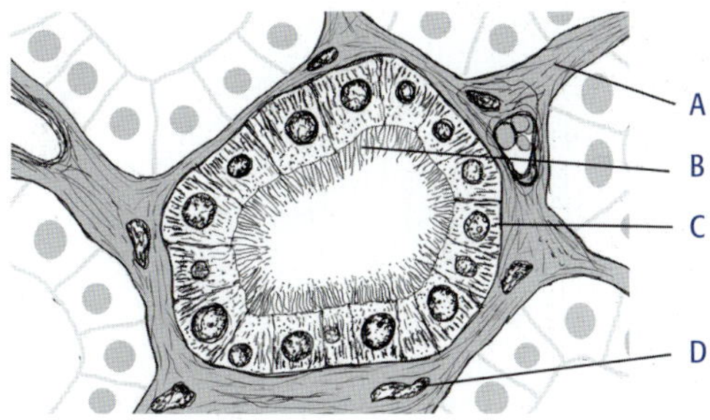

Fig. 2.13 Épithélium du tube contourné proximal du rein. Bordure en brosse. MO.

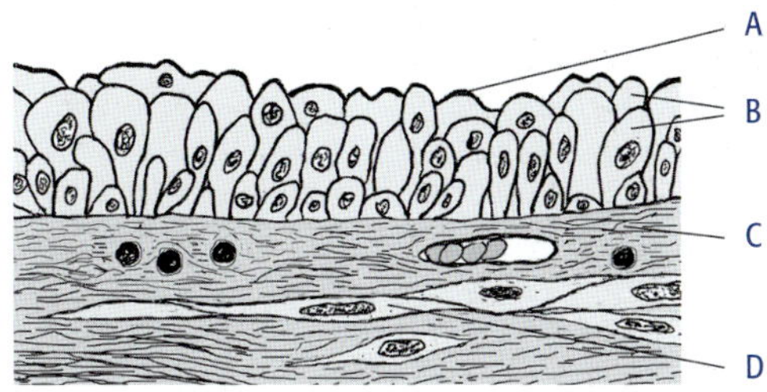

Fig. 2.14 Épithélium de la vessie. Urothélium. MO.

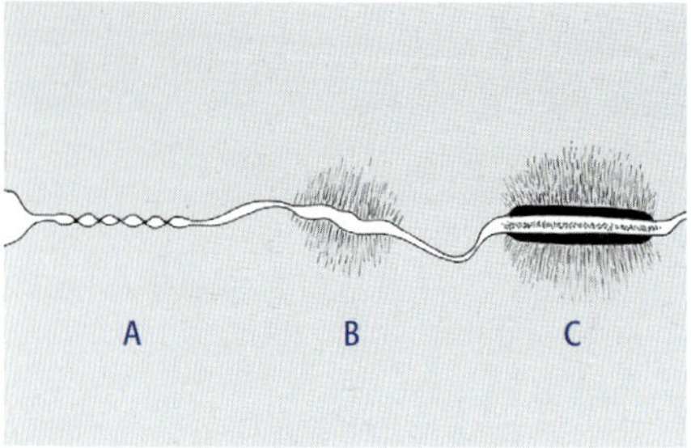

Fig. 2.15 Exemples de jonctions intercellulaires. ME.

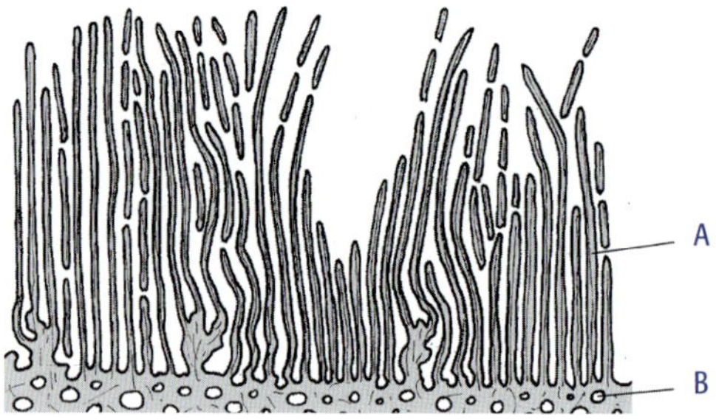

Fig. 2.18 Stéréocils. ME.

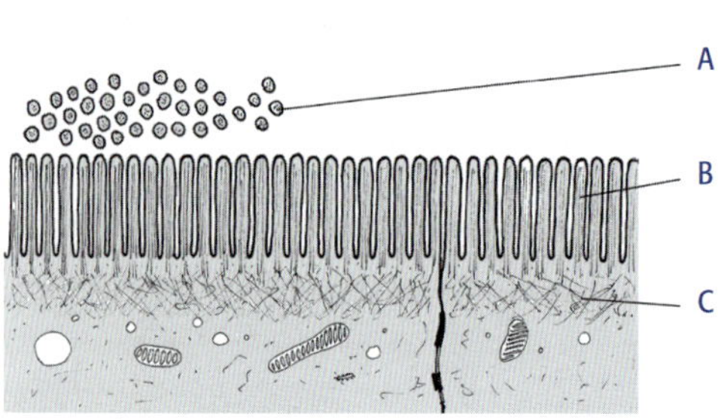

Fig. 2.16 Plateau strié. ME.

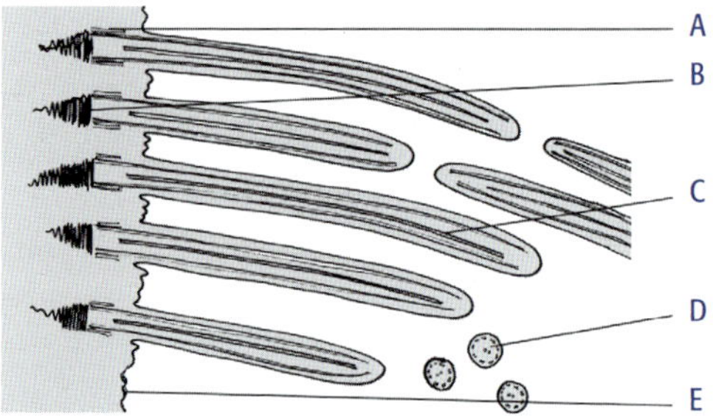

Fig. 2.19 Cils. ME.

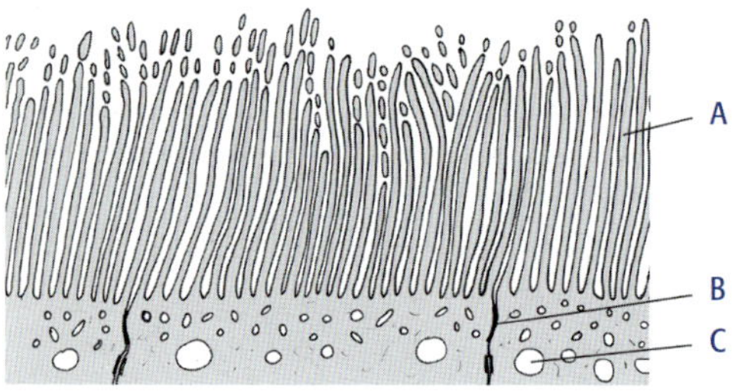

Fig. 2.17 Bordure en brosse. ME.

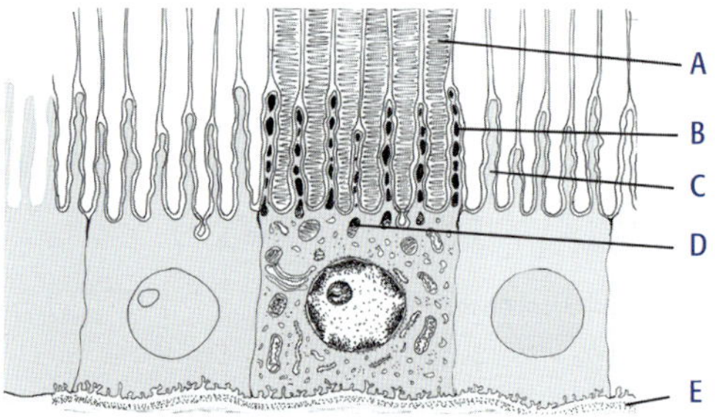

Fig. 2.20 Épithélium pigmentaire de la rétine. ME.

QCM

1. Parmi les propositions suivantes relatives aux jonctions serrées, laquelle (lesquelles) est (sont) exacte(s) ?

- ❑ **A.** Il en existe entre les cellules des épithéliums de revêtement.
- ❑ **B.** On les appelle aussi jonctions d'ancrage.
- ❑ **C.** Leurs molécules principales sont des connexines.
- ❑ **D.** Elles contiennent de la laminine 5.
- ❑ **E.** Lorsqu'elles siègent entre deux neurones, ce sont des synapses électriques.

2. Parmi les propositions suivantes relatives aux contacts focaux, laquelle (lesquelles) est (sont) exacte(s) ?

- ❑ **A.** Ce sont des jonctions entre cellules.
- ❑ **B.** Ce sont des jonctions entre cellule et matrice extracellulaire.
- ❑ **C.** Ils sont riches en élastine.
- ❑ **D.** À leur niveau, les molécules d'adhérence qui entrent en jeu sont des cadhérines.
- ❑ **E.** On les appelle également *zonula adhaerens*.

3. Parmi les propositions suivantes relatives aux cellules acidifiantes des épithéliums de revêtement, laquelle (lesquelles) est (sont) exacte(s) ?

- ❑ **A.** Elles produisent des ions HCO_3^-.
- ❑ **B.** L'épithélium des tubes collecteurs du rein en contient.
- ❑ **C.** Leur cytoplasme contient une anhydrase carbonique.
- ❑ **D.** Elles sont spécialisées dans la sécrétion de protons.
- ❑ **E.** Elles sont spécialisées dans la sécrétion de neutrons.

4. L'examen en microscopie optique d'une coupe d'uretère montre un épithélium de revêtement :

- ❑ **A.** Simple.
- ❑ **B.** Prismatique.
- ❑ **C.** Polymorphe.
- ❑ **D.** Malpighien.
- ❑ **E.** Cilié.

5. En microscopie optique, les cellules les plus superficielles de l'épithélium de la vessie sont :

- ❑ **A.** En forme de poire ou d'ombrelle.
- ❑ **B.** À pôle muqueux fermé.
- ❑ **C.** Des podocytes.
- ❑ **D.** Juxtaposées et jointives.
- ❑ **E.** Kératinisées.

6. Parmi les propositions suivantes relatives à l'épithélium des trompes utérines, laquelle (lesquelles) est (sont) exacte(s) ?

- ❑ **A.** Il est prismatique.
- ❑ **B.** Il contient des cellules muqueuses caliciformes.
- ❑ **C.** Il comprend des cellules glandulaires.
- ❑ **D.** Il est malpighien.
- ❑ **E.** Il est stratifié.

7. Parmi les propositions suivantes relatives à l'épiderme, laquelle (lesquelles) est (sont) exacte(s) ?

- ❑ **A.** C'est un épithélium malpighien.
- ❑ **B.** Il contient des cellules de Langerhans.
- ❑ **C.** Il est riche en capillaires sanguins.
- ❑ **D.** Il est dépourvu de capillaires lymphatiques.
- ❑ **E.** Il est dépourvu de terminaisons nerveuses.

8. Parmi les propositions suivantes relatives au plateau strié des entérocytes, laquelle (lesquelles) est (sont) exacte(s) ?

- ❑ **A.** Il comporte des stéréocils.
- ❑ **B.** Ses microvillosités sont rectilignes.
- ❑ **C.** Ses microvillosités ont le même calibre.
- ❑ **D.** Ses microvillosités ont la même longueur.
- ❑ **E.** Il n'est pas visible en microscopie optique.

9. Parmi les propositions suivantes relatives à la bordure en brosse, laquelle (lesquelles) est (sont) exacte(s) ?

- ❑ **A.** Elle est visible en microscopie optique.
- ❑ **B.** Ses microvillosités sont disposées très régulièrement.
- ❑ **C.** Elle a une fonction d'absorption.
- ❑ **D.** Il s'agit d'une différenciation de la membrane basale des cellules épithéliales.
- ❑ **E.** On en observe au niveau des cellules du tube contourné proximal du rein.

10. Parmi les propositions suivantes relatives aux mucus, laquelle (lesquelles) est (sont) exacte(s) ?

- ❑ **A.** Ce sont des gels viscoélastiques.
- ❑ **B.** Les cellules caliciformes en sécrètent.
- ❑ **C.** Les cellules de l'épithélium gastrique en sécrètent.
- ❑ **D.** Les mucines en sont le composant majeur.
- ❑ **E.** Des gènes de mucines sont normalement exprimés dans les tissus sécréteurs de mucus.

11. Parmi les propositions suivantes relatives aux cytokératines, laquelle (lesquelles) est (sont) exacte(s) ?

- ❑ **A.** Les cellules de l'épithélium intestinal expriment des cytokératines.
- ❑ **B.** Les kératinocytes contiennent des cytokératines.
- ❑ **C.** Les cellules de l'épithélium gastrique synthétisent des cytokératines.
- ❑ **D.** Les cytokératines peuvent être détectées par immunocytochimie.
- ❑ **E.** Des cytokératines sont sécrétées par les cellules de l'épithélium de la vessie.

12. Concernant le tissu épithélial illustré sur la photographie ci-dessous, quelle (quelles) proposition (s) est (sont) exacte(s) ?

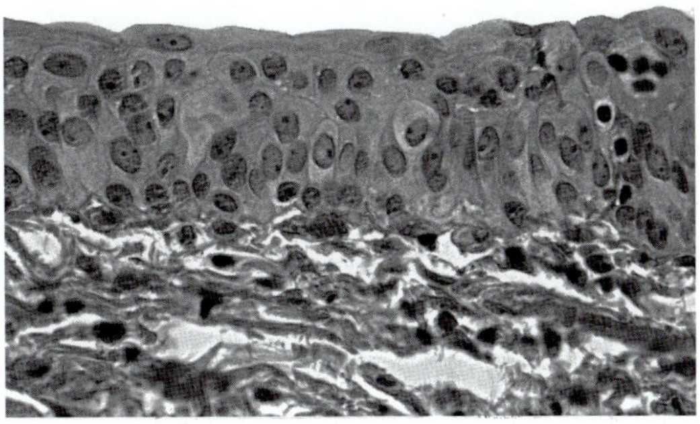

- ❑ **A.** Ce type d'épithélium tapisse les voies urinaires.
- ❑ **B.** Cet épithélium est qualifié de polymorphe.
- ❑ **C.** Les cellules superficielles sont pavimenteuses.
- ❑ **D.** Les cellules superficielles présentent des cils.
- ❑ **E.** Ce type d'épithélium tapisse les voies aériennes.

13. **Concernant le tissu épithélial des tubes illustrés sur la photographie ci-dessous, quelle (quelles) proposition (s) est (sont) exacte(s) ?**

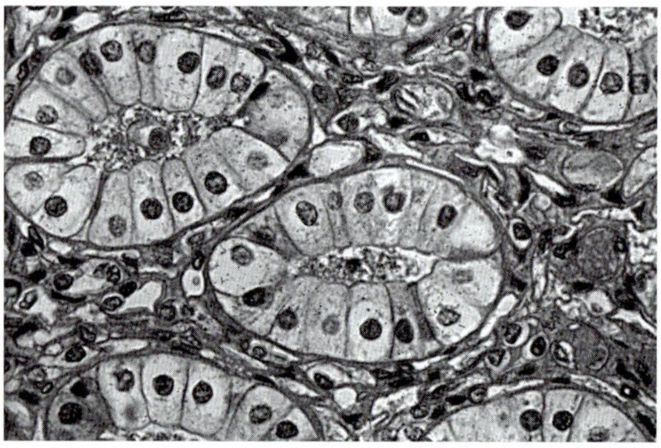

- ❑ **A.** Il est pseudostratifié.
- ❑ **B.** Il est pavimenteux.
- ❑ **C.** Les cellules présentent une bordure en brosse apicale.
- ❑ **D.** Cet épithélium forme une glande
- ❑ **E.** Cet aspect épithélial peut être observé au niveau des tubes collecteurs du rein.

14. **Concernant le tissu épithélial illustré sur la photographie ci-dessous, quelle (quelles) proposition (s) est (sont) exacte(s) ?**

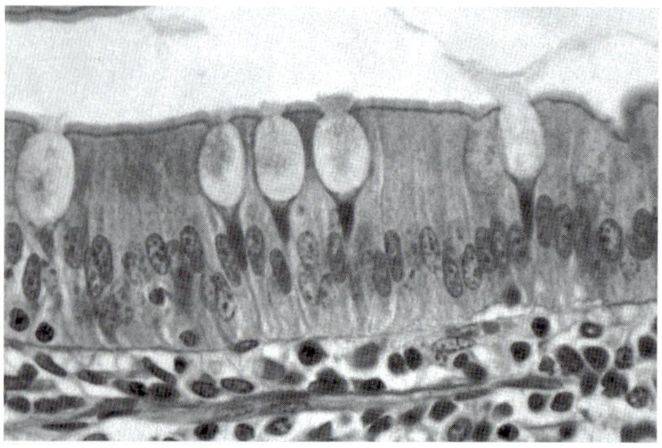

- ❑ **A.** Il est simple.
- ❑ **B.** Il est prismatique.
- ❑ **C.** Il contient des cellules caliciformes.
- ❑ **D.** Il contient des cellules avec une bordure en brosse.
- ❑ **E.** On peut observer des lymphocytes intra-épithéliaux.

15. **Concernant le tissu épithélial illustré sur la photographie sous-jacente, quelle (quelles) proposition (s) est (sont) exacte(s) ?**

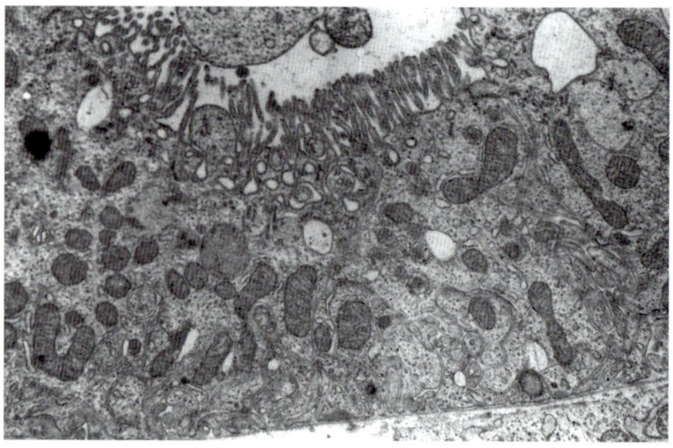

- ❑ **A.** L'épithélium est psuedostratifié.
- ❑ **B.** Les différenciations sont des cils.
- ❑ **C.** Cette microphotographie provient d'une région du tube digestif.
- ❑ **D.** Il existe de nombreuses mitochondries visibles dans le cytoplasme.
- ❑ **E.** On note la présence de nombreux capillaires.

16. **Concernant le tissu épithélial illustré sur la photographie sous-jacente, quelle (quelles) proposition (s) est (sont) exacte(s) ?**

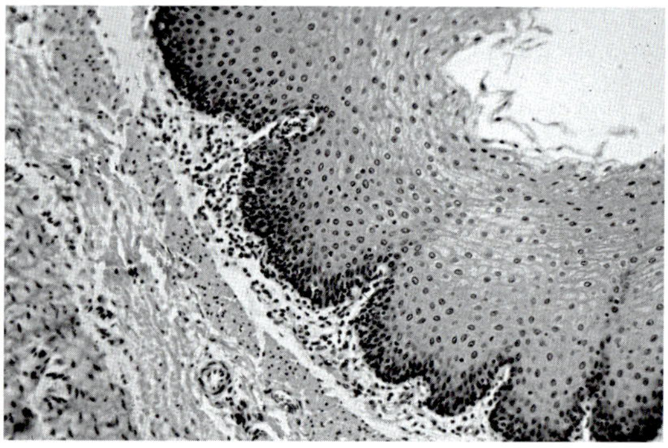

- ❑ **A.** L'épithélium est pseudostratifié.
- ❑ **B.** Les différenciations apicales sont des stéréocils.
- ❑ **C.** Cette microphotographie provient d'une région du tube digestif.
- ❑ **D.** Cet épithélium est soumis aux UV.
- ❑ **E.** Il explique la grande capacité de résorption de cet organe.

QROC

1. Donner la définition d'un mésothélium.

2. Donner la définition d'un endothélium.

3. Donner la définition d'une muqueuse.

4. Donner la définition d'une séreuse.

5. Quelles sont les principales caractéristiques morphologiques de l'épiderme en microscopie optique ?

Pour les corrections, se reporter à la page 189

6. Donner un exemple d'épithélium prismatique stratifié.

7. Citer un épithélium prismatique simple à pôle muqueux fermé.

8. Par quelles techniques peut-on visualiser la membrane basale en microscopie optique ?

3 Les épithéliums glandulaires

Toutes les cellules synthétisent des molécules, en particulier des protéines, qui ne sortent pas de la cellule et assurent sa vie et son fonctionnement.
On appelle cellule sécrétrice, une cellule spécialisée qui synthétise et rejette en dehors d'elle des molécules, donc qui exporte son produit de sécrétion. De très nombreuses cellules entrent dans ce cadre (tableau 3.I).
L'appellation de cellules glandulaires est réservée aux cellules sécrétrices de nature épithéliale.

Tableau 3.I. **Quelques exemples de cellules sécrétrices non glandulaires.**

Cellules	Molécules sécrétées
Fibroblastes	Molécules de la MEC du tissu conjonctif Cytokines
Chondrocytes	Molécules de la MEC du tissu cartilagineux Cytokines
Ostéoblastes	Molécules de la MEC du tissu osseux Cytokines
Plasmocytes	Immunoglobulines (anticorps)
Mastocytes	Histamine Héparine Cytokines
Adipocytes	Leptine (hormone) Cytokines
Neurones	Neurotransmetteurs Neurohormones Cytokines

I. Microscopie optique (MO)

A. Glandes endocrines, glandes exocrines, glandes amphicrines

Selon le lieu où se déverse leur produit de sécrétion, on distingue deux grandes catégories de glandes (et de cellules glandulaires) : les endocrines et les exocrines. S'y ajoutent les glandes amphicrines, qui sont à la fois endocrines et exocrines.

1. Les glandes endocrines

Elles déversent leur produit de sécrétion, appelé hormone, dans les capillaires sanguins, directement, sans canal excréteur. L'hormone est ensuite transportée par le sang vers un ou des récepteurs au niveau desquels l'effet se manifeste (organes cibles) ; la structure générale des glandes endocrines est centrée par la présence de cellules épithéliales glandulaires et de capillaires sanguins. Le plus souvent, les cellules glandulaires se disposent en travées (fig. 3.1), en cordons ou îlots au sein d'un stroma conjonctif contenant de nombreux capillaires sanguins de type fenestré. La disposition des cellules glandulaires en follicules est propre à la thyroïde (fig. 3.2). Par ailleurs, rappelons qu'il peut exister dans certains organes des cellules endocrines dispersées (fig. 3.3).
Les cellules endocrines sécrétrices d'hormones protéiques ou glycoprotéiques (comme l'adénohypophyse par exemple) ont les caractéristiques générales des cellules sécrétrices de protéines en MO (noyau possédant un gros nucléole, cytoplasme basophile du fait de l'abondance de l'ergastoplasme, présence de vésicules de sécrétion en plus ou moins grand nombre). Les cellules sécrétant des hormones stéroïdes (comme les corticosurrénales, par exemple) ont souvent un aspect spongieux (qui leur a parfois fait donner le nom générique de « spongiocytes ») car en MO, l'utilisation de solvants des graisses dans la préparation des coupes vide leurs vacuoles cytoplasmiques de leur contenu lipidique.

2. Les glandes exocrines

Elles déversent leur produit de sécrétion dans le milieu extérieur (ou dans une cavité de l'organisme en continuité avec le milieu extérieur) par un canal excréteur (à l'exception des cellules glandulaires exocrines des épithéliums de revêtement qui ne possèdent évidemment pas de canal excréteur et dont le produit de sécrétion est directement déversé dans le milieu extérieur ou dans une cavité en continuité avec lui). Portions sécrétrices et canaux excréteurs sont enveloppés par un stroma de tissu conjonctif contenant de nombreux capillaires sanguins ; dans les glandes composées, le stroma délimite des lobules.

a. Glandes simples ou composées, acineuses, tubuleuses ou alvéolaires (tableau 3.II)

La MO permet une première classification purement morphologique des glandes exocrines à partir des caractéristiques des portions sécrétrices et des canaux excréteurs :
- *glande simple*, si le canal excréteur est unique ;
- *glande composée*, si le canal excréteur est ramifié ;
- *glande tubuleuse*, si la portion sécrétrice a la forme d'un tube allongé ;

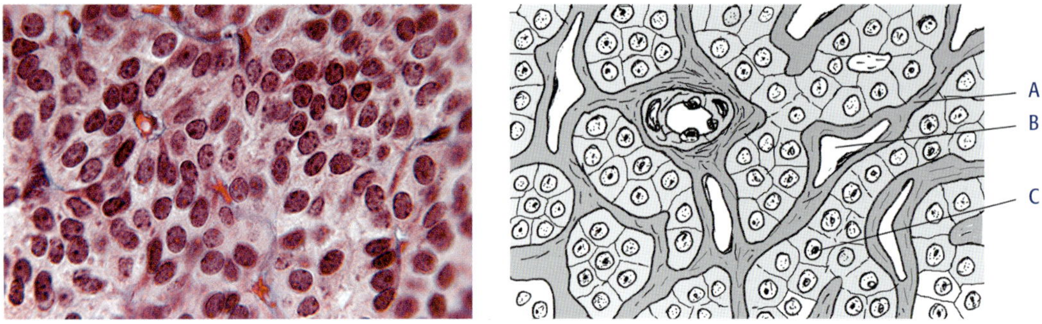

Fig. 3.1

Parathyroïde. MO.

A. Travée de tissu conjonctif. B. Capillaire sanguin. C. Nucléole du noyau d'une cellule glandulaire.

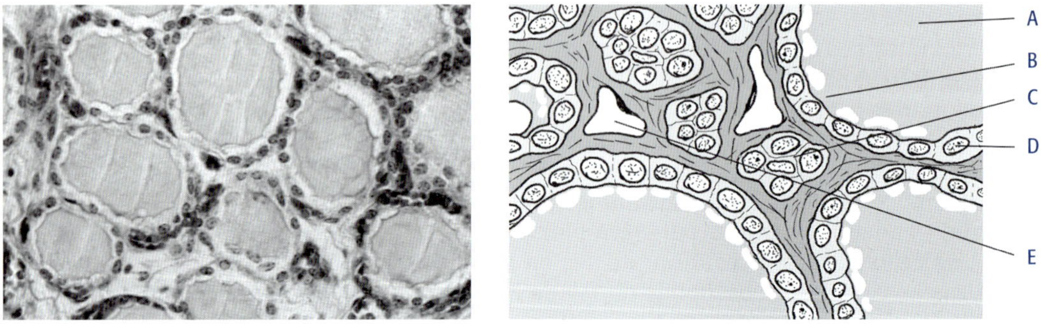

Fig. 3.2

Thyroïde. MO.

A. Colloïde. B. Vacuole de résorption. C. Follicule thyroïdien en coupe tangentielle. D. Noyau d'un thyréocyte. E. Capillaire sanguin, au sein du tissu conjonctif.

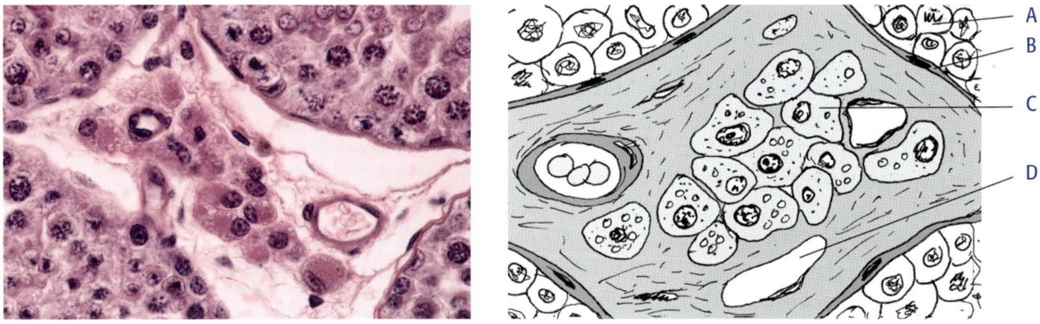

Fig. 3.3

Testicule. Cellules de Leydig. MO.

A. Cellules germinales du tube séminifère. B. Cellule péritubulaire. C. Cellule de Leydig. D. Capillaire sanguin.

• *glande acineuse*, si la portion sécrétrice a la forme d'une petite sphère à lumière réduite ;

• *glande alvéolaire*, si la portion sécrétrice a la forme d'un sac arrondi à lumière importante.

Une telle classification est évidemment trop rigide et tous les intermédiaires sont possibles, d'où les qualificatifs de *tubulo-acineux ou tubulo-alvéolaire.*

Tableau 3.II. **Morphologie des glandes exocrines.**

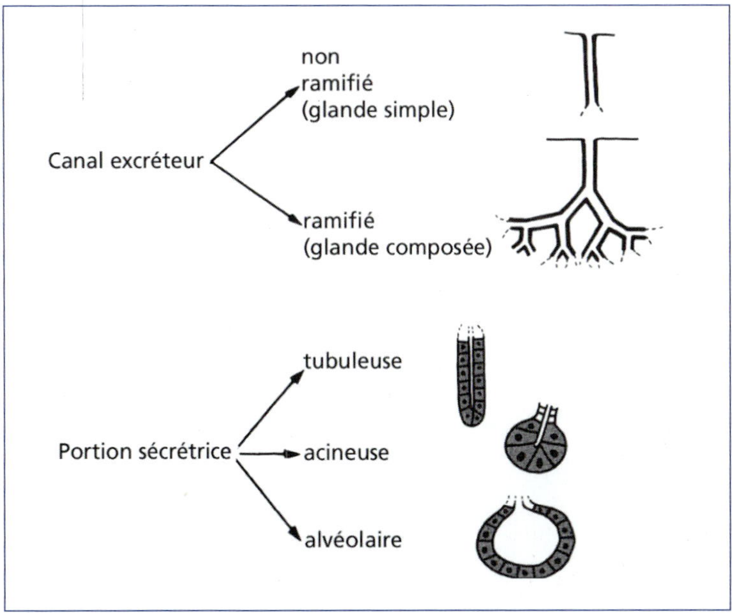

b. Glandes séreuses, muqueuses ou autres (tableau 3.III)

Selon la nature du produit de sécrétion, on oppose traditionnellement les glandes (ou cellules glandulaires) séreuses et les glandes (ou cellules glandulaires) muqueuses. Les premières sécrètent des protéines enzymatiques (comme l'amylase salivaire dans les parotides, le pepsinogène dans les glandes de l'estomac fundique ou le trypsinogène dans les acinus pancréatiques) ; les secondes sécrètent des mucus (comme la glande sublinguale ou les glandes œsophagiennes, par exemple) (voir chapitre 2). Typiquement, après une coloration de routine comme l'hématéine-éosine, dans un acinus séreux – dont le type de description est l'acinus pancréatique (fig. 3.4) –, la lumière est petite, les limites cellulaires sont mal visibles, les cellules glandulaires sont hautes, leur noyau, arrondi, bien structuré, avec un gros nucléole, se situe au tiers basal de la cellule, la cellule est sombre et sa région apicale est remplie de vésicules de sécrétion. À l'inverse, dans un acinus ou tubulo-acinus muqueux – comme dans une glande sous-maxillaire par exemple (fig. 3.5) –, la lumière est grande, les limites cellulaires sont très bien visibles, les cellules sont plus cubiques que prismatiques, leur noyau est aplati, foncé, refoulé au pôle basal de la cellule, la cellule est claire et presque complètement remplie par des grains de mucus.

Tableau 3.III. **Les différents produits de sécrétion des glandes exocrines.**

		Produits de sécrétion						
		Protéines enzymatiques (glandes séreuses)	Mucus (glandes muqueuses)	HCl	Sueur	Sébum	Lait	Bile
Glandes exocrines	Glandes salivaires	+	+					
	Glandes fundiques	+	+	+				
	Glandes sudoripares				+			
	Glandes sébacées					+		
	Glandes mammaires						+	
	Foie							+

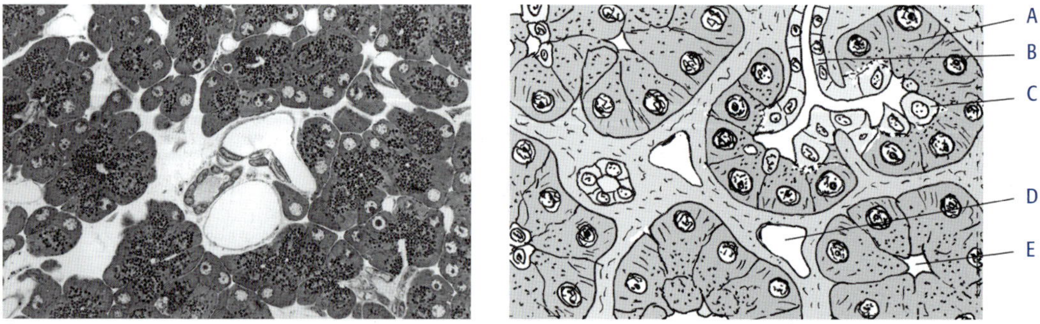

Fig. 3.4
Pancréas. MO.
A. Cellule séreuse d'un acinus pancréatique. B. Épithélium d'un canal excréteur. C. Cellule centro-acineuse. D. Capillaire sanguin. E. Lumière d'un acinus.

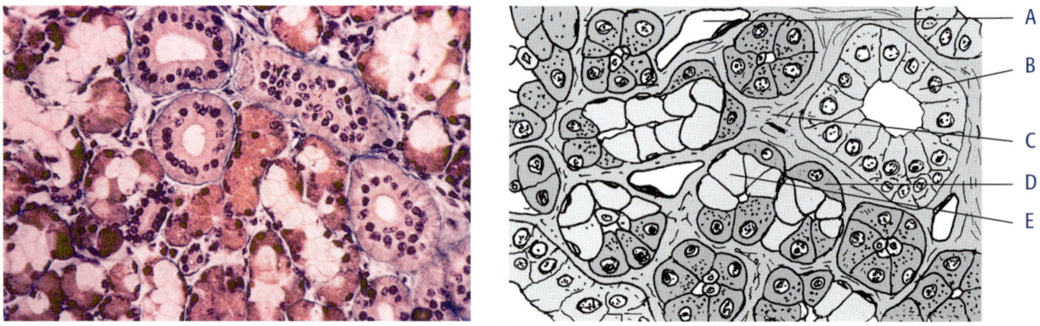

Fig. 3.5
Glande sous-maxillaire. MO. Fg.
A. Capillaire sanguin. B. Épithélium d'un canal excréteur. C. Tissu conjonctif. D. Croissant séreux. E. Cellule muqueuse d'un acinus glandulaire séro-muqueux.

Cette distinction entre cellules séreuses et cellules muqueuses reste valable, mais ne rend pas compte des cellules (ou glandes) dont le produit de sécrétion est différent et éventuellement plus complexe, comme les larmes sécrétées par les glandes lacrymales, la sueur par les glandes sudoripares (fig. 3.6), le sébum par les glandes sébacées (fig. 3.7), le lait par les glandes mammaires (fig. 3.8 et 3.9), l'acide chlorhydrique par les glandes de l'estomac fundique, la bile par les hépatocytes (fig. 3.10), etc.

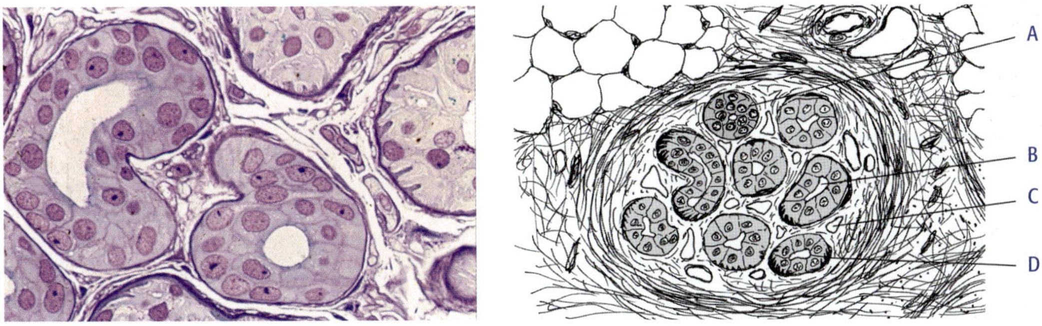

Fig. 3.6
Glande sudoripare eccrine. MO. fg.
A. Canal excréteur. B. Portion sécrétrice. C. Capillaire sanguin. D. Cellule myoépithéliale.

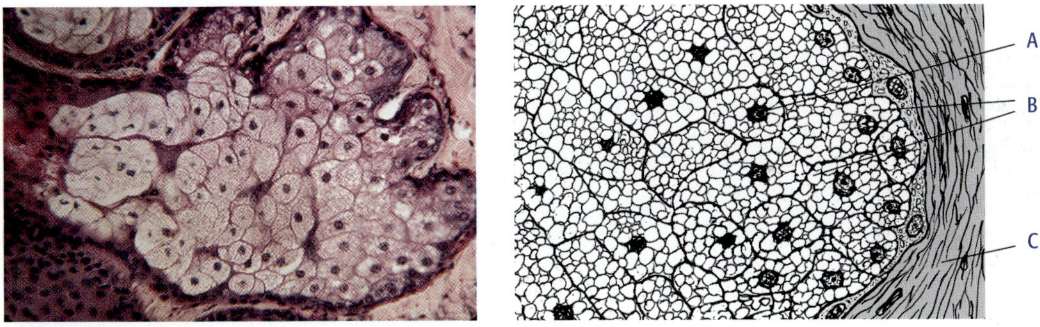

Fig. 3.7
Glande sébacée. MO. fg.
A. Noyau d'une cellule glandulaire. B. Vacuoles lipidiques intracytoplasmiques. C. Tissu conjonctif du derme.

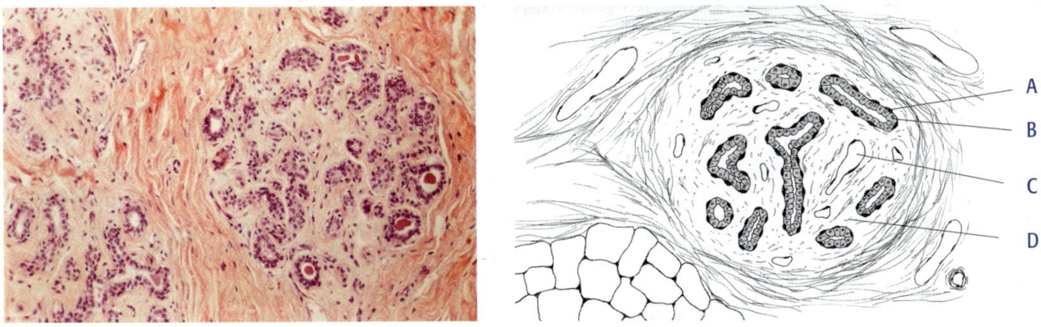

Fig. 3.8
Glande mammaire au repos. MO. fg.
A. Cellule myoépithéliale. B. Cellule sécrétrice. C. Vaisseau sanguin. D. Tissu conjonctive intralobulaire.

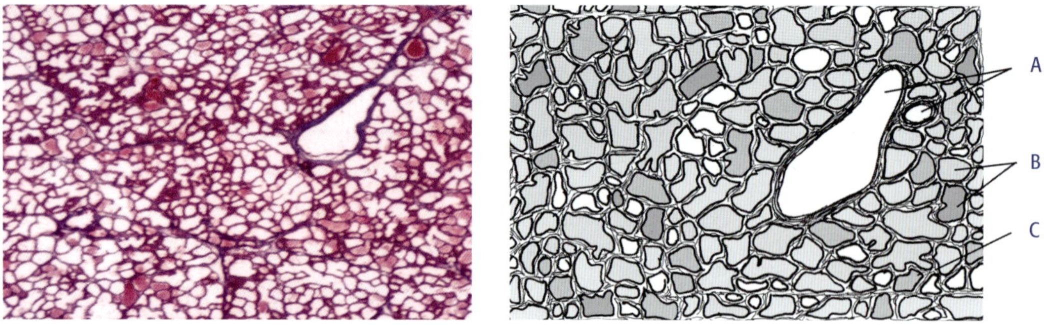

Fig. 3.9

Glande mammaire en lactation. MO. Fg.

A. Vaisseaux sanguins. B. Tubulo-acinus glandulaires. C. Tissu conjonctive intralobulaire.

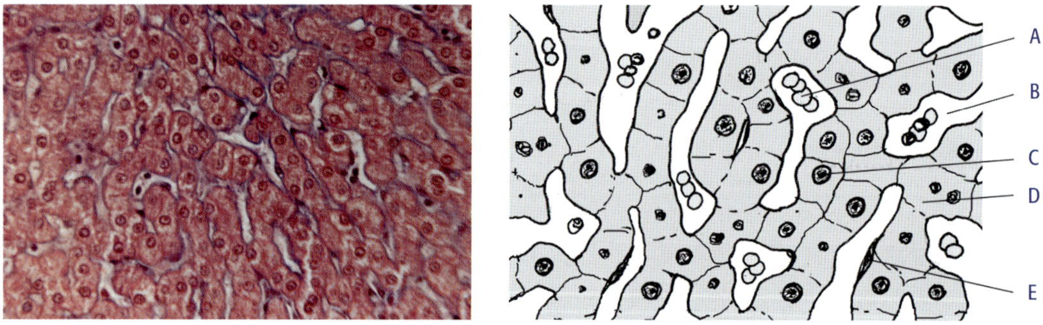

Fig. 3.10

Foie. MO.

A. Hématies dans un sinusoïde hépatique. B. Lumière d'un capillaire sinusoïde. C. Noyau d'un hépatocyte. D. Travée hépatocytaire. E. Noyau d'une cellule endothéliale d'un capillaire sinusoïde.

c. Glandes mérocrines, apocrines ou holocrines

Selon les modalités de l'excrétion du produit de sécrétion, on oppose traditionnellement trois types de glandes (ou de cellules glandulaires). Les glandes *mérocrines* sont celles où le produit de sécrétion est éliminé sans que l'intégrité de la cellule ne soit mise en cause. Au contraire, dans les glandes *apocrines*, la partie apicale de la cellule est comme décapitée et éliminée avec le produit de sécrétion. Les glandes *holocrines* sont celles dont les cellules sont éliminées en même temps que le produit de sécrétion qu'elles contiennent. En fait, comme la ME le précise bien, dans la très grande majorité des cas, l'extrusion du produit de sécrétion s'effectue par le mécanisme général de l'exocytose (celui qui s'observe dans les glandes dites mérocrines) : la membrane des vésicules de sécrétion vient s'accoler à la membrane plasmique du pôle apical de la cellule, puis les deux membranes fusionnent et la membrane de la vésicule de sécrétion s'incorpore à la membrane plasmique, permettant ainsi au contenu de la vésicule d'être déversé à l'extérieur de la cellule, sans que la continuité de la membrane plasmique de la cellule ne soit affectée. Seules certaines glandes cutanées font exception : ce sont d'une part les glandes sébacées (fig. 3.7), qui sont en fait les seules glandes holocrines, d'autre part les glandes mammaires (en ce qui concerne le composant lipidique de la sécrétion lactée) et les glandes sudoripares apocrines (siégeant dans les creux axillaires et dans la région des organes génitaux externes) qui sont les seules glandes apocrines de l'organisme. Enfin, certaines glandes exocrines, notamment d'origine ectodermique, ont la particularité de posséder au niveau de leur portion sécrétrice des cellules musculaires lisses modifiées, les *cellules myoépithéliales*, qui par leur contraction aident à l'expulsion du produit de sécrétion hors de la glande. C'est le cas en particulier des glandes salivaires (fig. 3.5), des glandes sudoripares eccrines (fig. 3.6) et des glandes mammaires (fig. 3.8 et 3.9).

3. Les glandes amphicrines

Certaines glandes, qualifiées d'amphicrines, sont à la fois exocrines et endocrines, soit que la glande ne comporte qu'un seul type cellulaire exerçant les deux fonctions (comme la cellule hépatique – ou hépatocyte [fig. 3.10] – dans le foie), soit que la glande comporte des portions faites de cellules exocrines et d'autres de cellules endocrines (comme le pancréas [fig. 3.4], avec les acinus séreux exocrines et les cellules des îlots de Langerhans endocrines).

B. Épithéliums glandulaires, glandes macroscopiques, glandes microscopiques

1. Épithéliums glandulaires

Le plus souvent, les cellules glandulaires se groupent en épithéliums glandulaires. Ceux-ci procèdent de la différenciation d'un bourgeonnement d'un épithélium de revêtement embryonnaire. Ce bourgeon épithélial plein s'enfonce dans le mésenchyme sous-jacent. Dans le cas d'une glande exocrine, le bourgeon épithélial se creuse secondairement et la partie sécrétrice de la glande (ou unité sécrétoire) reste reliée par le canal excréteur à l'épithélium de revêtement dont il est né. Dans le cas d'une glande endocrine, le bourgeon épithélial perd toute connexion avec l'épithélium de revêtement et se retrouve entouré de tous côtés par le mésenchyme. Ainsi, les glandes sudoripares, sébacées et mammaires se forment à partir de l'ectoderme ; les glandes œsophagiennes, les glandes gastriques, les glandes intestinales, le foie, le pancréas, se différencient à partir de l'épithélium endodermique de l'intestin primitif ; les corticosurrénales naissent de l'épithélium cœlomique d'origine mésodermique.

2. Glandes macroscopiques ou microscopiques

Étroitement associés à du tissu conjonctif lâche richement vascularisé, ces épithéliums glandulaires constituent des amas de taille variable, bien individualisés, que l'on nomme des glandes. Celles-ci, qu'elles soient endocrines, exocrines ou amphicrines, peuvent constituer des organes identifiables à l'échelle macroscopique (ce sont les glandes macroscopiques, comme l'hypophyse, la thyroïde, les parathyroïdes [fig. 3.1], les parotides, le foie, le pancréas, etc.) ou identifiables seulement à l'échelle microscopique au sein de la paroi d'organes creux ou dans des viscères pleins (ce sont les glandes microscopiques, comme les glandes linguales, œsophagiennes, gastriques, intestinales, trachéales, les cellules interstitielles du testicule [fig. 3.3], etc.).

C. Cellules glandulaires au sein d'épithéliums de revêtement

Parfois, au lieu d'être regroupées en épithéliums glandulaires, les cellules glandulaires font partie intégrante d'un épithélium de revêtement. Dans ce cas, il n'y a évidemment pas de canal excréteur. Trois possibilités existent (tableau 3.IV).

Tableau 3.IV. **Glandes exocrines sans canal excréteur.**

Cellules glandulaires isolées	Ex : cellule muqueuse calciforme 
Glandes intra-épithéliales	Ex : épithélium urétral 
Épithélium sécrétoire	Ex : épithélium à pôle muqueux fermé de l'estomac 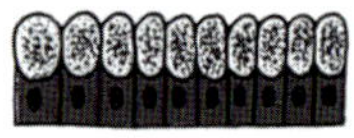

1. Glandes unicellulaires

Les cellules glandulaires peuvent être isolées, dispersées au sein de l'épithélium de revêtement : ce sont les glandes unicellulaires, comme les cellules muqueuses caliciformes des épithéliums intestinal (fig. 2.12) ou respiratoire (fig. 2.5) ou comme les cellules neuroendocrines de ces mêmes épithéliums. Toutefois, il n'y a pas de véritable consensus pour donner à ces cellules le nom générique de glande. Certains auteurs considèrent qu'il s'agit de cellules sécrétrices mais qu'elles ne forment pas, à proprement parler, une glande. Cette controverse ne pourra être levée que par une réunion de consensus entre histologistes.

2. Glandes intraépithéliales

Les cellules glandulaires sont groupées en petit nombre à certains emplacements de l'épithélium de revêtement : ce sont les glandes intraépithéliales (fig. 3.11), que l'on peut observer par exemple dans l'épithélium des fosses nasales ou dans celui de l'urètre.

3. Épithélium sécrétoire

Les cellules glandulaires forment la totalité du revêtement épithélial, qui prend le nom d'épithélium sécrétoire, dont l'exemple unique dans l'espèce humaine est l'épithélium gastrique, épithélium prismatique simple à pôle muqueux fermé (fig. 2.4 et tableau 3.IV).

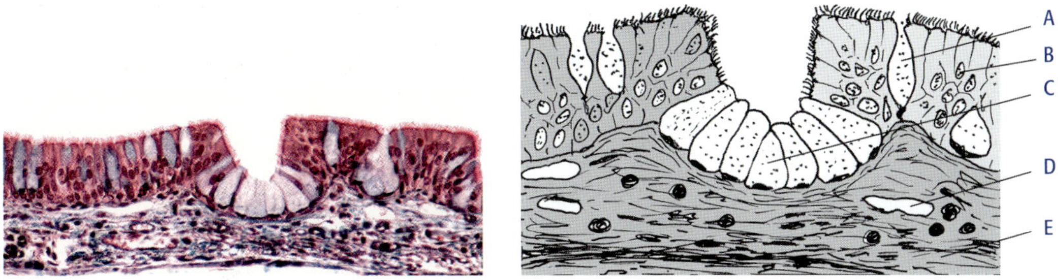

Fig. 3.11

Glande intraépithéliale. MO.

A. Cellule muqueuse caliciforme. B. Noyau d'une cellule épithéliale ciliée. C. Cellule glandulaire muqueuse d'une glande intra-épithéliale. D. Capillaire sanguin. E. Tissu conjonctif (chorion de la muqueuse).

II. Microscopie électronique (ME)

Selon la nature chimique du produit de sécrétion, on distingue trois groupes principaux de cellules glandulaires.

A. Cellules sécrétrices de protéines (fig. 3.12, 3.13 et 3.14)

Les cellules à sécrétion polypeptidique, protéique ou glycoprotéique, qu'elles soient exocrines ou endocrines, se caractérisent en ME par le développement des organites impliqués dans la synthèse et l'exportation des protéines : noyau bien structuré, nucléole toujours volumineux, réticulum endoplasmique granulaire très développé, appareil de Golgi important, présence de vésicules de sécrétion.

▶ Le cas de la thyroïde est unique, du fait que les hormones thyroïdiennes sont iodées. Les cellules thyroïdiennes (ou thyréocytes) sécrétrices d'iodothyronines (hormones T_3 et T_4) ont une morphologie et une cytophysiologie très particulières qui leur sont propres, mais on y retrouve les mécanismes de sécrétion des glycoprotéines pour l'élaboration de la thyroglobuline.

B. Cellules sécrétrices de stéroïdes (fig. 3.15)

En ME, les cellules endocrines sécrétrices d'hormones stéroïdes (corticoïdes, androgènes, œstrogènes, progestérone, etc.) se caractérisent essentiellement par trois points :

- un réticulum endoplasmique lisse extrêmement abondant ;
- des mitochondries très nombreuses et possédant pour beaucoup d'entre elles des crêtes tubulaires et non lamellaires comme dans la plupart des autres types de cellules ;
- des vacuoles lipidiques (liposomes) très fréquentes et parfois même très abondantes.

De plus, il est fréquent de rencontrer, dans le cytoplasme de ces cellules, des amas de pigment lipoprotéique (lipofuscine) dont la signification n'est pas bien connue. Le produit de sécrétion n'apparaît pas sous forme figurée (les liposomes ne sont pas des vésicules de sécrétion mais représentent des réserves d'esters de cholestérol) et les modalités de son extrusion ne donnent pas lieu à des phénomènes morphologiquement observables. La nature lipidique des molécules d'hormones stéroïdes leur permet peut-être de franchir la membrane plasmique de la cellule, sans qu'un phénomène d'exocytose soit nécessaire.

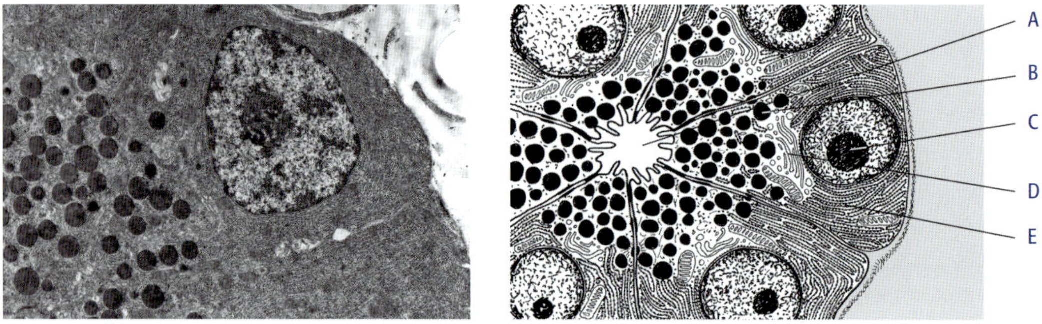

Fig. 3.12

Glande sécrétrice de protéines. ME.

A. Lumière de l'acinus glandulaire exocrine (pancréas). B. Vésicule de sécrétion. C. Nucléole volumineux. D. Appareil de Golgi développé. E. Réticulum endoplasmique granulaire abondant.

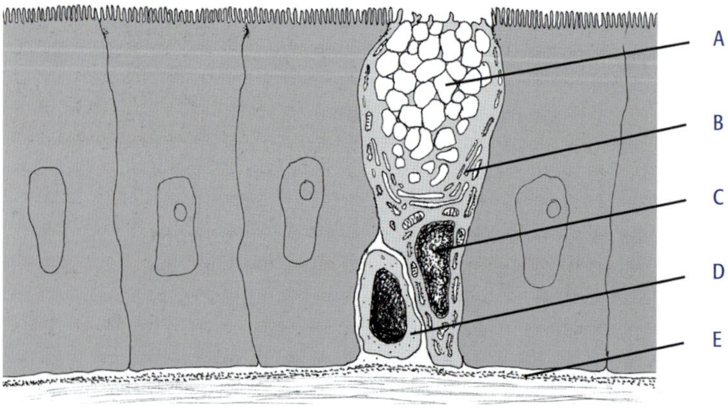

Fig. 3.13

Cellule muqueuse caliciforme. ME.

A. Grain de mucus. B. Appareil de Golgi. C. Noyau de la cellule caliciforme. D. Lymphocyte intra-épithélial. E. Membrane basale.

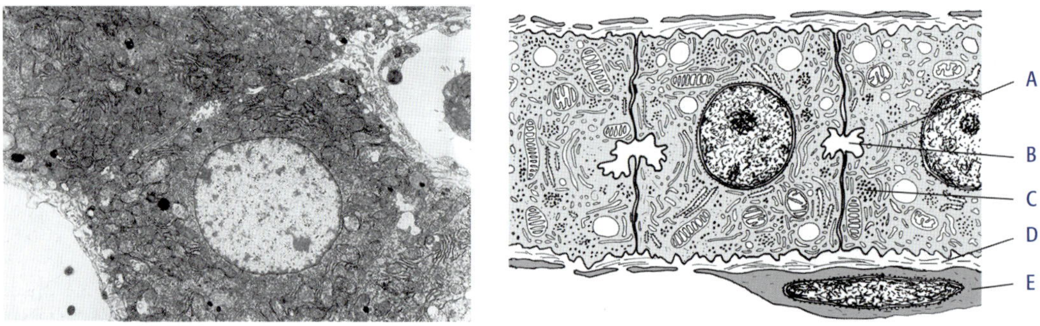

Fig. 3.14

Hépatocyte. ME.

A. Appareil de Golgi. B. Canalicule biliaire. C. Grains de glycogène. D. Espace de Disse. E. Cellule endothéliale d'un capillaire sinusoïde.

C. **Cellules sécrétrices d'amines biogènes** (fig. 3.16)

La caractéristique morphologique fondamentale de ce groupe de cellules endocrines est la présence de vésicules de sécrétion se présentant, en ME, sous forme de petites vésicules arrondies cernées par leur membrane et contenant en leur centre un granule très dense séparé de la membrane par un halo clair (« vésicules à cœur dense » ou « vésicules à centre dense »). Comme dans les cellules sécrétrices d'hormones protéiques, le produit de sécrétion est rejeté hors de la cellule par un mécanisme d'exocytose.

III. Caractérisations moléculaires *in situ*

Le plus souvent, l'immunocytochimie permet d'identifier *in situ* grâce à des anticorps plus ou moins spécifiques le (ou les) produit(s) de sécrétion d'une glande, par exemple pour la glande thyroïde : la thyroglobuline ou la calcitonine, pour l'adénohypophyse : ACTH, FSH, LH, TSH, GH, prolactine. La mise en évidence des ARN messagers (ARNm) nécessite des techniques d'hybridation *in situ.*

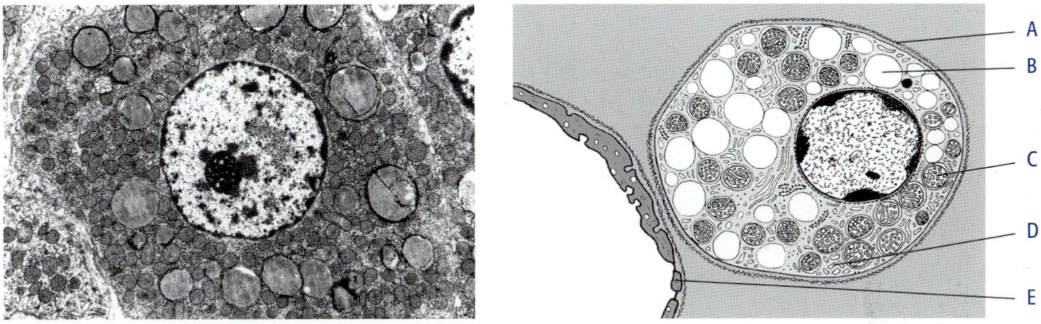

Fig. 3.15

Cellule sécrétrice de stéroïdes. ME.

A. Membrane basale de la cellule glandulaire. B. Liposome. C. Mitochondrie à crêtes tubulaires. D. Réticulum endoplasmique lisse. E. Cellule endothéliale d'un capillaire sanguin.

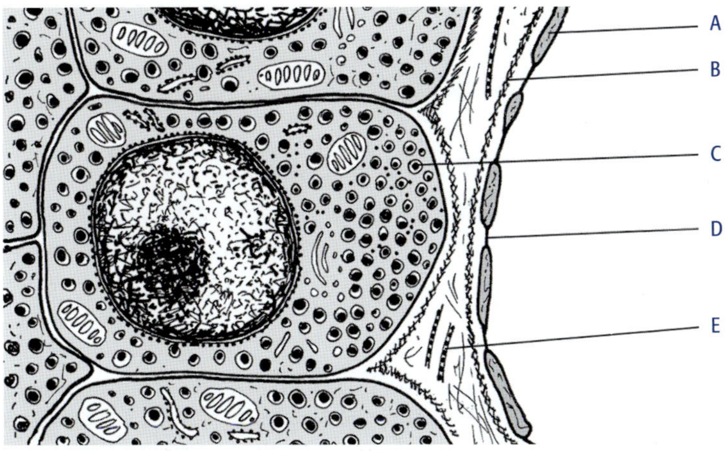

Fig. 3.16

Cellule sécrétrice d'amines biogènes. ME.

A. Cellule endothéliale d'un capillaire sanguin. B. Membrane basale du capillaire. C. Vésicule de sécrétion à cœur dense. D. Pore de la cellule endothéliale du capillaire. E. Microfibrille de collagène.

Les cellules neuroendocrines (fig. 3.17) – qui ne sont pas pour autant des neurones – ont la particularité de donner des immunomarquages positifs, tant avec les anticorps dirigés contre les marqueurs neuronaux (synaptophysine, neurofilaments, énolase neurone-spécifique, etc.) qu'avec ceux dirigés contre les diverses molécules qu'elles sécrètent.

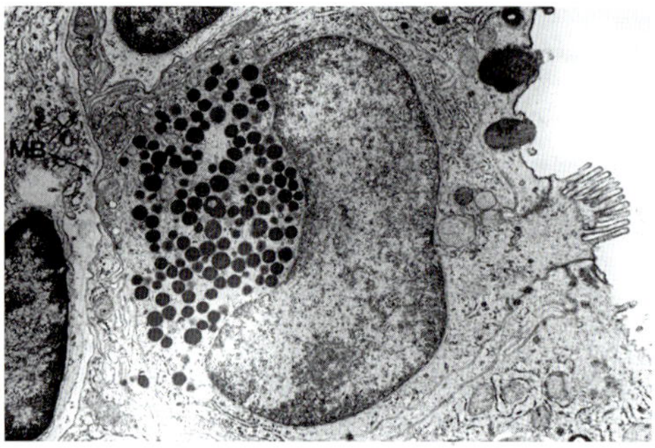

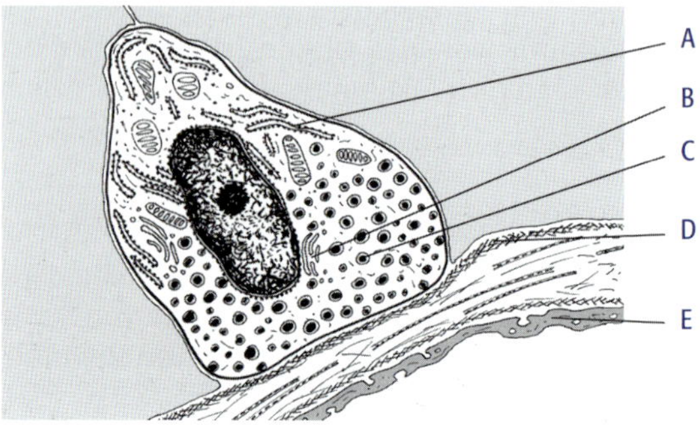

Fig. 3.17

Cellule neuroendocrine. ME.

A. Réticulum endoplasmique granulaire. B. Appareil de Golgi. C. Vésicule de sécrétion à cœur dense. D. Membrane basale. E. Cellule endothéliale d'un capillaire sanguin.

▶ De plus, il existe des anticorps spécifiquement dirigés contre certaines glandes ; ils servent de marqueurs immunocytochimiques et peuvent être détectés et dosés dans le sang. L'exemple des antigènes prostatiques spécifiques (ou PSA, pour *Prostatic-Specific Antigens*) montre l'intérêt clinique de ces marqueurs : le dosage sérique des PSA permet le dépistage, le diagnostic et le suivi thérapeutique des cancers de la prostate.

IV. Principales données cytophysiologiques

A. Le cycle sécrétoire

Dans beaucoup de cellules glandulaires, le processus de sécrétion n'est pas continu mais cyclique ; c'est en particulier le cas des cellules séreuses. On décrit trois phases à ce cycle sécrétoire :

- une phase de mise en charge, où les vésicules de sécrétion s'accumulent au pôle apical de la cellule ;
- une phase d'excrétion, pendant laquelle le produit de sécrétion est expulsé hors de la cellule ;
- une phase de repos, pendant laquelle les organites de synthèse se reconstituent au sein de la cellule.

B. Les mécanismes moléculaires de l'exocytose

Les mécanismes moléculaires de l'exocytose semblent communs aux différentes cellules sécrétrices. La fusion des vésicules de sécrétion avec la membrane est basée sur une interaction entre des protéines d'ancrage à la membrane et des facteurs moléculaires solubles facilitant la fusion. Les facteurs moléculaires solubles correspondent au NSF (*N-ethylmaleimide-*

sensitive Factor) et aux SNAPs (*Soluble NSF Attachment Proteins*). Au cours de la fusion vésiculaire, les SNAPs interagissent avec les SNAREs (*SNAP Receptors*) : les v-SNAREs (synaptobrévine) sont présents sur la membrane de toutes les vésicules et les t-SNAREs (syntaxine et SNAP2) sur la membrane cytoplasmique où survient la fusion. L'assemblage du complexe SNAREs permet la fusion de la membrane de la vésicule de sécrétion avec la membrane plasmique et le produit de sécrétion est déversé dans le milieu extracellulaire.

C. Synthèse et sécrétion des protéines

La succession des événements est actuellement bien connue. La cellule puise dans le sang les matériaux nécessaires à l'édification de la molécule protéique qui sera sécrétée, et en particulier les acides aminés que la cellule n'est pas capable de synthétiser. Au fur et à mesure de leur synthèse au niveau des ribosomes, les protéines pénètrent directement dans les citernes du réticulum endoplasmique granulaire. De là, elles gagnent l'appareil de Golgi, où elles sont concentrées et empaquetées sous la forme de vésicules de sécrétion. Dans le cas où le produit de sécrétion est une molécule glycoprotéique, c'est au niveau de l'appareil de Golgi que s'effectue l'adjonction de groupements glucidiques. Les vésicules de sécrétion s'approchent alors de la membrane plasmique de la cellule, à laquelle elles s'accolent. Les deux membranes fusionnent sur une courte distance et le contenu de la vésicule de sécrétion peut ainsi être déversé à l'extérieur sans qu'il se produise de rupture de la membrane plasmique (phénomène d'exocytose).

D. Synthèse et sécrétion des stéroïdes (fig. 3.15)

Les enzymes permettant la synthèse des hormones stéroïdes à partir du cholestérol (puisé dans les capillaires sanguins ou, plus rarement, synthétisé sur place) sont principalement localisées dans les mitochondries pour les unes et dans le réticulum endoplasmique lisse ou à son voisinage pour les autres. Le cholestérol passe obligatoirement d'abord par les mitochondries, où s'effectue la coupure de sa chaîne latérale aboutissant à la formation de Δ5-prégnénolone. Celle-ci passe ensuite dans le réticulum endoplasmique lisse où plusieurs étapes se déroulent. Certaines hormones sont ainsi totalement élaborées à ce niveau, alors que d'autres doivent encore passer à nouveau par les mitochondries où s'effectuent les ultimes réactions.

E. Synthèse et sécrétion des amines biogènes (fig. 3.16)

Ces hormones sont synthétisées à partir d'acides aminés puisés dans le sang (tyrosine pour les catécholamines, tryptophane pour la sérotonine et la mélatonine). Les enzymes nécessaires à ces synthèses sont formées au niveau des ribosomes libres et se répartissent ensuite, les unes dans le cytoplasme, les autres dans la membrane même des vésicules de sécrétion.

F. Molécules et voies de signalisation

La conception binaire (les glandes endocrines d'un côté, le système nerveux de l'autre) de la communication entre les cellules à l'intérieur de

l'organisme ne peut plus être défendue telle quelle. En effet, de nombreux types cellulaires sécrètent des molécules de signalisation qui agissent à plus ou moins longue distance sur des cibles diverses.
Ces molécules de signalisation sont de nature biochimique très variée : elles peuvent être soit hydrophobes, comme les stéroïdes traversant les membranes pour activer leur récepteur intranucléaire, soit hydrophiles comme les neurotransmetteurs et la plupart des hormones activant alors des récepteurs à la surface membranaire. Les molécules de signalisation les plus répandues sont les neurotransmetteurs et neuromodulateurs, les immunoglobulines, les hormones et neurohormones, les cytokines (vaste famille de médiateurs protéiques extracellulaires incluant les interleukines, les interférons, les *tumor necrosis factors*, les chémokines, les facteurs de croissance, sécrétés principalement, mais pas seulement, par les lymphocytes et/ou les macrophages), les eicosanoïdes (dérivés de l'acide arachidonique, comprenant les prostaglandines, les thromboxanes et les prostacyclines ainsi que les leucotriènes et les lipoxines et l'oxyde nitrique NO).
Les modalités de diffusion de ces différentes molécules sont également très diverses et les molécules gagnent une cible plus ou moins éloignée de la cellule qui les a produites.

1. Neurocrinie

La transmission de l'information est ici ponctuelle au niveau d'une synapse ; la diffusion de l'information est extrêmement réduite. Elle concerne les neurotransmetteurs.

2. Autocrinie/paracrinie

Dans l'autocrinie, les molécules de signalisation modifient l'activité de la cellule qui les a produites ou des cellules voisines de même type, réalisant ainsi une régulation en *feed-back* (ou rétroaction). Dans la paracrinie, les molécules sont sécrétées localement et modulent l'activité de cellules adjacentes au sein du même tissu. En fait, on parle de plus en plus d'autocrinie/paracrinie parce que les deux mécanismes sont le plus souvent associés et étroitement intriqués.

3. Endocrinie

Déversées dans le sang par les glandes endocrines anatomiquement individualisées (comme, par exemple, l'hypophyse, la thyroïde, les surrénales, etc.), les hormones vont agir à distance de leur lieu de sécrétion sur leurs cellules cibles pourvues des récepteurs appropriés.

▶ À part, deux mécanismes très particuliers :
– l'intracrinie : la molécule de signalisation ne sort pas de la cellule qui l'a synthétisée et se lie à son récepteur à l'intérieur de celle-ci ;
– la juxtacrinie, mécanisme de stimulation cellulaire non diffusible – ainsi, par exemple, une cytokine accrochée à la membrane cellulaire se lie directement sur place à un récepteur membranaire d'une cellule adjacente

▶ Au total, les glandes endocrines (hormones), le système nerveux (neurotransmission et neuromodulation), le système immunitaire, le réseau des cytokines, les eicosanoïdes et certainement d'autres classes de molécules non actuellement identifiées, assurent de multiples échanges de signaux entre les cellules de l'organisme et réalisent un entrecroisement complexe et interdépendant de communications intercellulaires.

POINTS CLÉS

▶ Une cellule glandulaire est une cellule sécrétrice de nature épithéliale.

▶ Il existe deux grandes catégories de glandes : endocrine et exocrine.

▶ Une glande endocrine déverse une hormone (son produit de sécrétion) dans les capillaires sanguins.

▶ Une glande exocrine sécrète dans le milieu extérieur.

▶ Parmi les glandes exocrines, il est commode d'opposer les glandes séreuses (qui produisent des protéines enzymatiques) et les glandes muqueuses (qui sécrètent du mucus).

▶ Mérocrinie, apocrinie et holocrinie sont les trois grandes modalités d'excrétion des glandes exocrines.

ENTRAÎNEMENT

DOC

Inscrire les légendes correspondant aux structures désignées par les lettres portées en légende du schéma

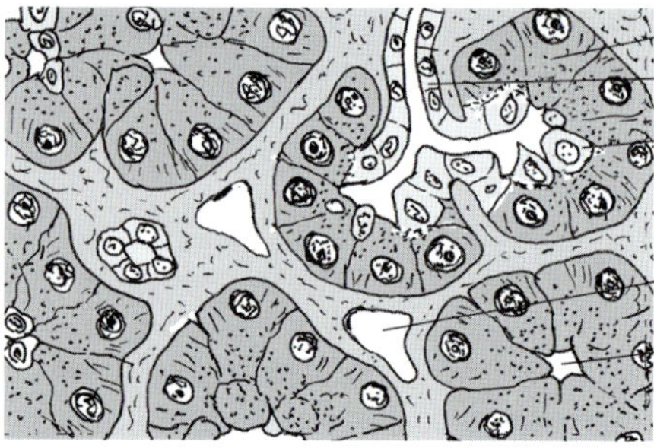

Fig. 3.4 Pancréas. MO.

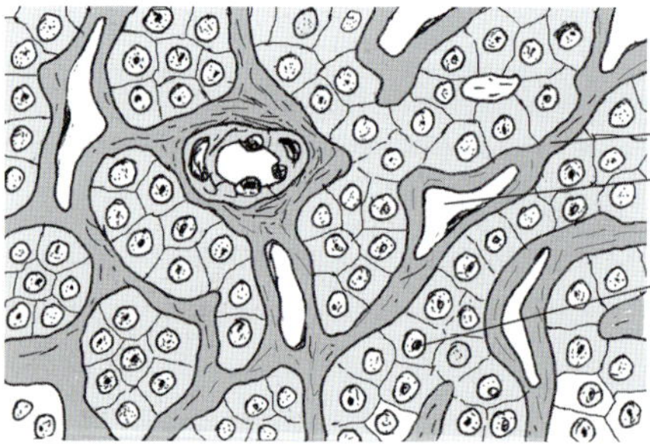

Fig. 3.1 Parathyroïde. MO.

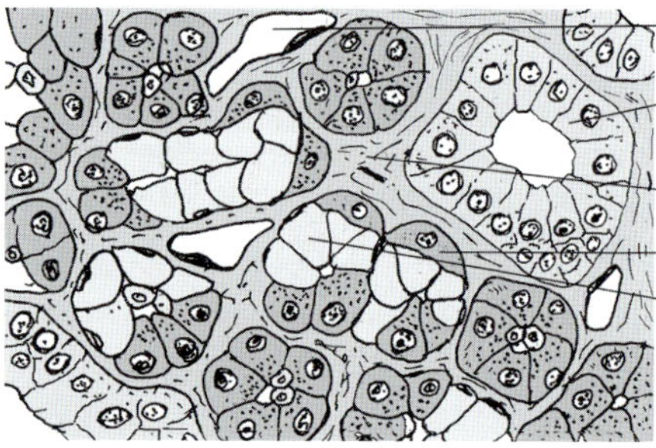

Fig. 3.5 Glande sous-maxillaire. MO.

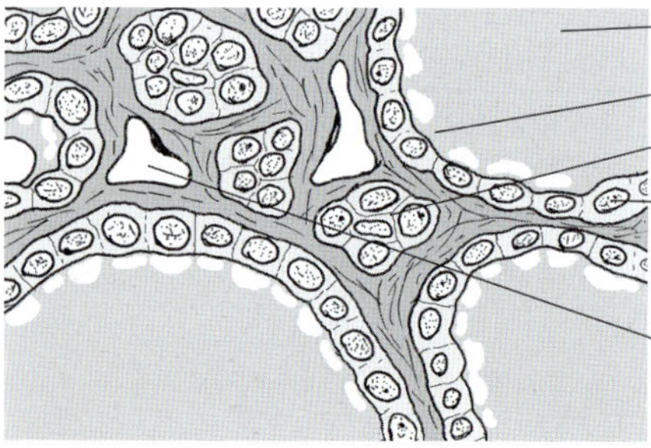

Fig. 3.2 Thyroïde. MO.

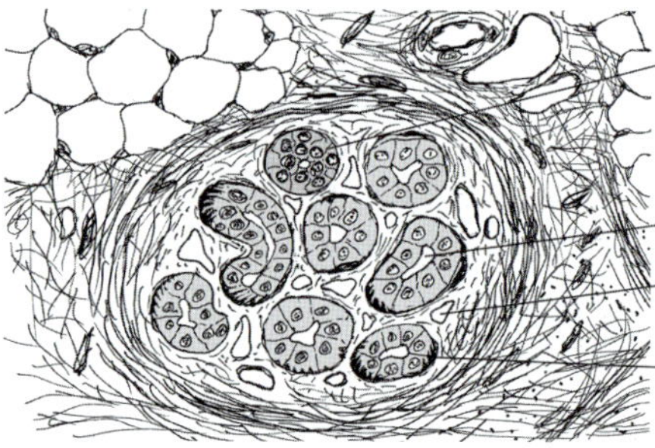

Fig. 3.6 Glande sudoripare eccrine. MO.

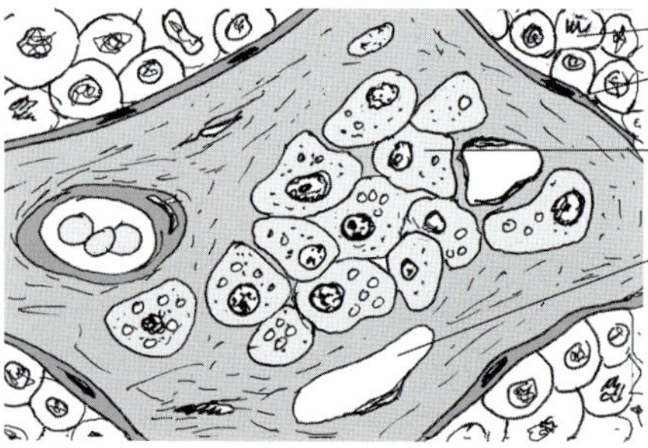

Fig. 3.3 Testicule. Cellules de Leydig. MO.

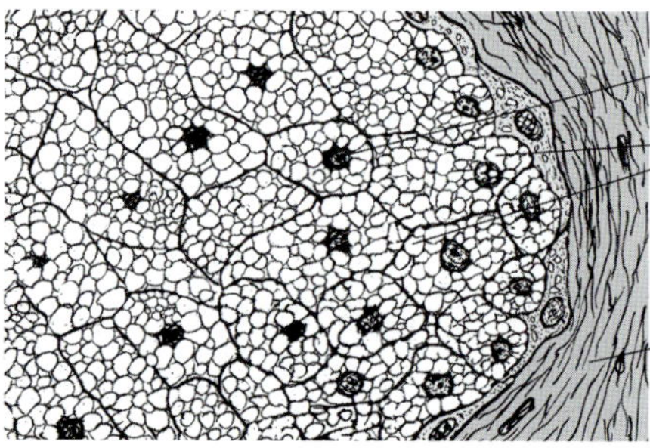

Fig. 3.7 Glande sébacée. MO.

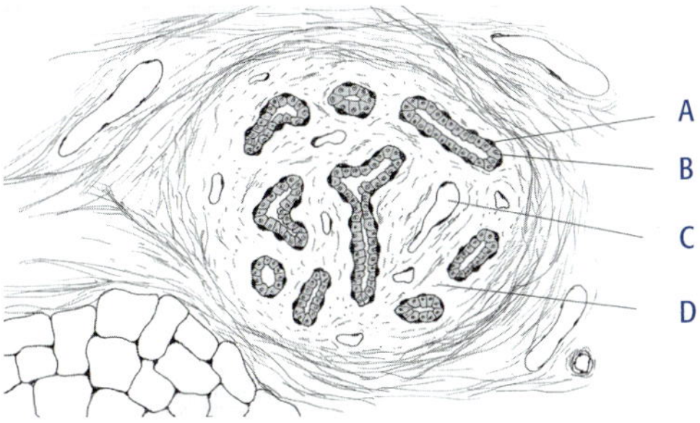

Fig. 3.8 Glande mammaire au repos. MO.

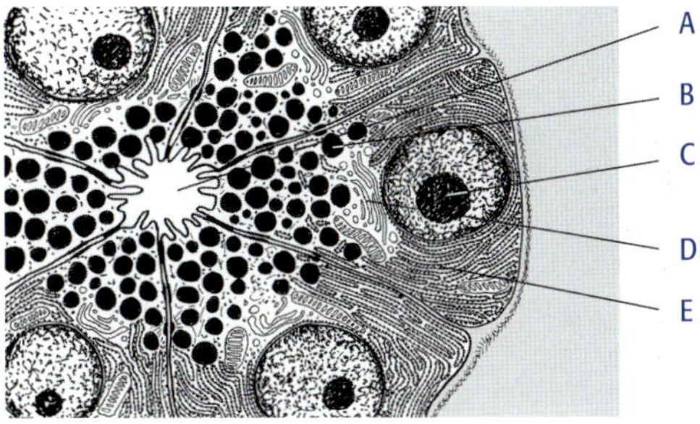

Fig. 3.12 Cellule sécrétrice de protéines. ME.

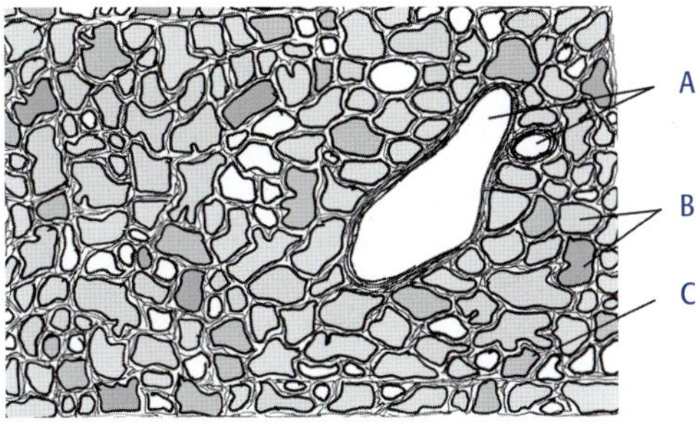

Fig. 3.9 Glande mammaire en lactation. MO.

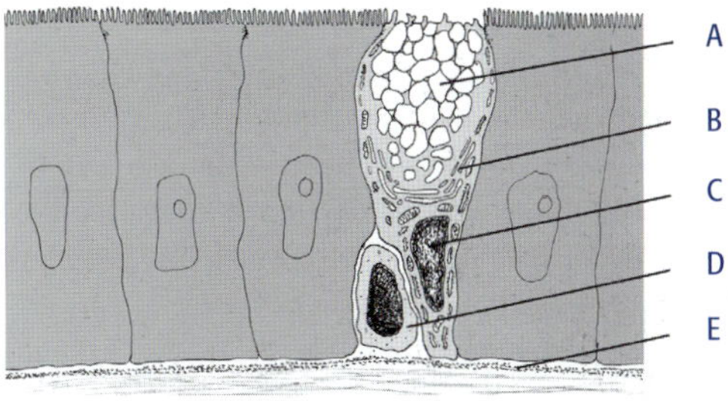

Fig. 3.13 Cellule muqueuse caliciforme. ME.

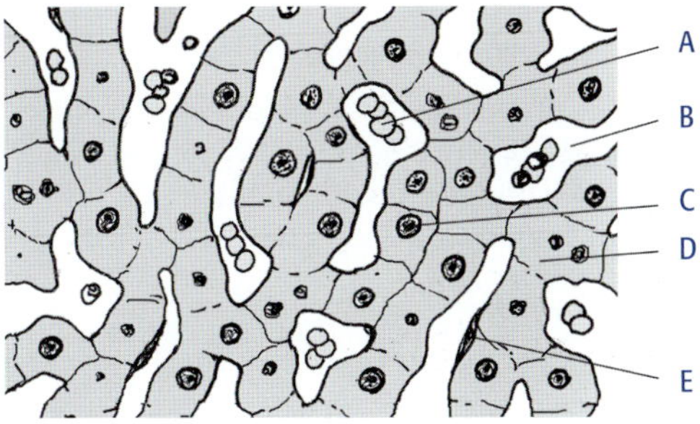

Fig. 3.10 Foie. MO.

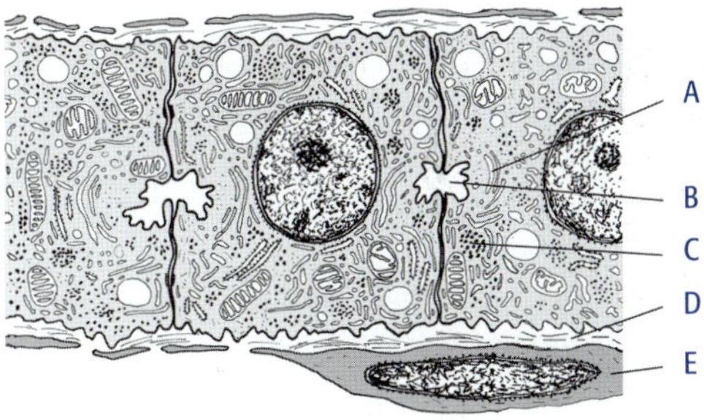

Fig. 3.14 Hépatocyte. ME.

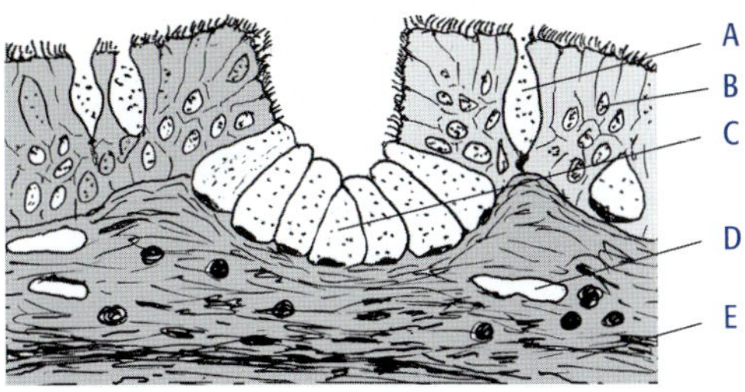

Fig. 3.11 Glande intraépithéliale. MO.

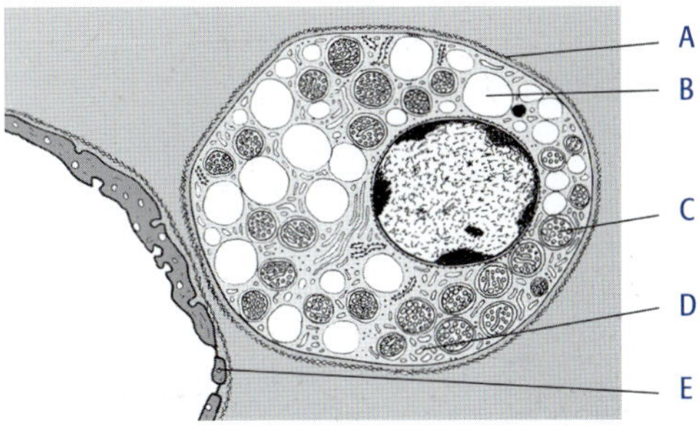

Fig. 3.15 Cellule sécrétrice de stéroïdes. ME.

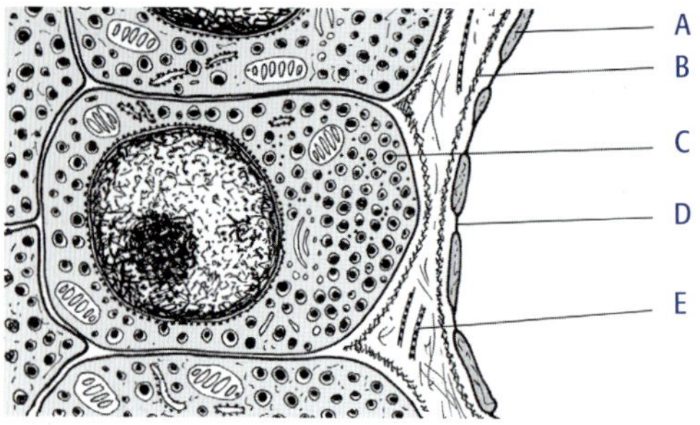

Fig. 3.16 Cellule sécrétrice d'amines biogènes. ME.

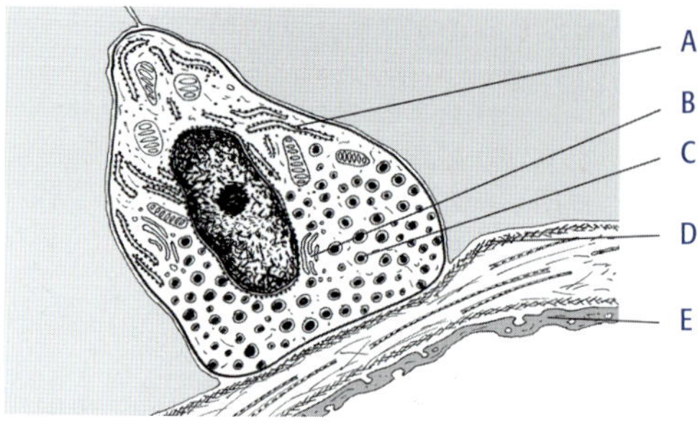

Fig. 3.17 Cellule neuroendocrine. ME.

QCM

1. L'examen en microscopie optique d'une coupe de glande sous-maxillaire colorée par l'hématéine-éosine, après fixation dans le formol et inclusion dans la paraffine, permet de visualiser :

- ❑ **A.** Des acinus glandulaires endocrines.
- ❑ **B.** Des acinus séreux.
- ❑ **C.** Des acinus muqueux.
- ❑ **D.** Des canaux excréteurs intralobulaires.
- ❑ **E.** Des canaux excréteurs extralobulaires.

2. Parmi les propositions suivantes s'appliquant à un acinus séreux observé en microscopie optique après coloration par l'hématéine-éosine, quelle est (sont) celle(s) qui est (sont) exacte(s) ?

- ❑ **A.** La lumière est volumineuse.
- ❑ **B.** Les limites cellulaires sont mal visibles.
- ❑ **C.** Le noyau est arrondi.
- ❑ **D.** Le noyau est situé au pôle apical de la cellule.
- ❑ **E.** Le cytoplasme est de teinte très claire.

3. Parmi les propositions suivantes s'appliquant à un acinus muqueux observé en microscopie optique après coloration par l'hématéine-éosine, quelle est (sont) celle(s) qui est (sont) exacte(s) ?

- ❑ **A.** La lumière est volumineuse.
- ❑ **B.** Les limites cellulaires sont bien visibles.
- ❑ **C.** Le noyau est aplati.
- ❑ **D.** Le noyau est refoulé au pôle basal de la cellule.
- ❑ **E.** Le cytoplasme est de teinte très claire.

4. Parmi les propositions suivantes s'appliquant à une cellule sécrétrice de protéines observée en microscopie optique après coloration par l'hématéine-éosine, laquelle (lesquelles) est (sont) exacte(s) ?

- ❑ **A.** Le réticulum endoplasmique lisse est très apparent.
- ❑ **B.** Les saccules de l'appareil de Golgi sont bien visibles.
- ❑ **C.** Le nucléole est visible.
- ❑ **D.** Le réticulum endoplasmique granulaire est bien visible.
- ❑ **E.** Les liposomes sont abondants.

5. Parmi les propositions suivantes s'appliquant à une cellule sécrétrice de stéroïdes observée en microscopie optique après coloration par l'hématéine-éosine, laquelle (lesquelles) est (sont) exacte(s) ?

- ❑ **A.** Le réticulum endoplasmique lisse est très développé.
- ❑ **B.** Les mitochondries sont très nombreuses.
- ❑ **C.** Des vacuoles lipidiques peuvent se voir dans le cytoplasme.
- ❑ **D.** Les crêtes des mitochondries sont souvent tubulaires.
- ❑ **E.** Les vésicules de sécrétion sont denses avec un halo clair.

6. Parmi les propositions suivantes relatives aux cellules glandulaires, laquelle (lesquelles) est (sont) exacte(s) ?

- ❑ **A.** Ce sont des cellules sécrétrices.
- ❑ **B.** Elles n'appartiennent qu'aux glandes exocrines.
- ❑ **C.** Certaines d'entre elles sécrètent des stéroïdes.
- ❑ **D.** Elles sont épithéliales.
- ❑ **E.** Certaines d'entre elles sont des cellules sécrétrices de mucus.

7. Parmi les propositions suivantes relatives aux glandes, laquelle (lesquelles) est (sont) exacte(s) ?

- ❑ **A.** Certaines glandes sudoripares sont holocrines.
- ❑ **B.** Les glandes sébacées sont apocrines.
- ❑ **C.** Les glandes mérocrines sont amphicrines.
- ❑ **D.** Le foie est une glande amphicrine.
- ❑ **E.** Certaines glandes sont microscopiques.

8. Parmi les propositions suivantes relatives aux glandes, laquelle (lesquelles) est (sont) exacte(s) ?

- ❑ **A.** Certaines glandes sudoripares sont holocrines.
- ❑ **B.** Les glandes sébacées sont apocrines.
- ❑ **C.** Les glandes mérocrines sont amphicrines.
- ❑ **D.** Le foie est une glande amphicrine.
- ❑ **E.** Certaines glandes sont microscopiques.

9. Parmi les propositions suivantes relatives à cette glande, laquelle (lesquelles) est (sont) exacte(s) ?

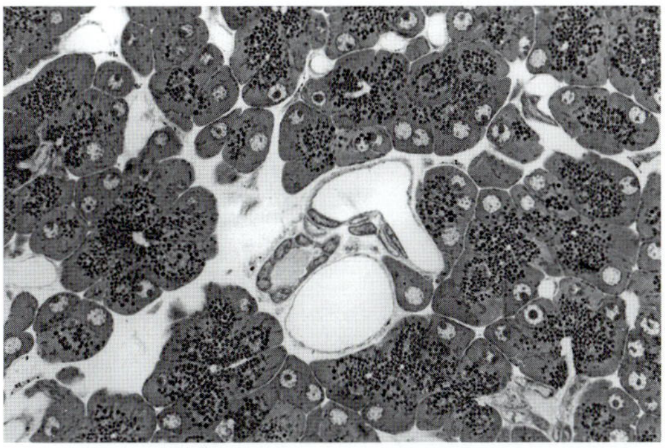

- ❑ **A.** Dans les noyaux, le nucléole y est prépondérant.
- ❑ **B.** Il est existe de nombreux lysosomes dans le cytoplasme des cellules.
- ❑ **C.** La coloration au bleu de toluidine montre l'acidophilie des grains de sécrétion.
- ❑ **D.** Les cellules prépondérantes déversent leur produit de sécrétion dans les vaisseaux observés au centre de la coupe.
- ❑ **E.** L'hormone produite par ces cellules est l'insuline.

10. Parmi les propositions suivantes relatives à cette glande, laquelle (lesquelles) est (sont) exacte(s) ?

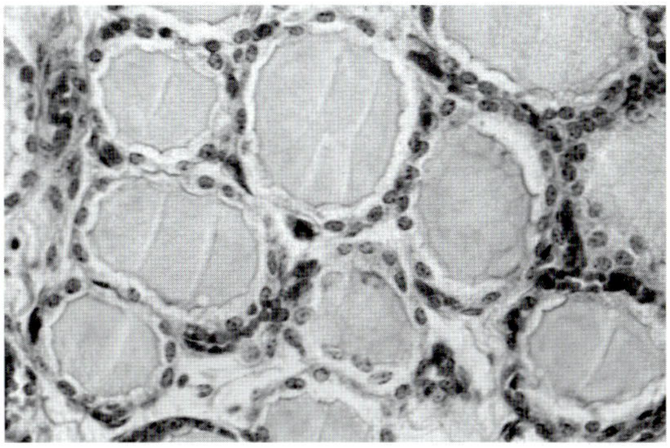

- ❑ **A.** Il s'agit d'une glande endocrine.
- ❑ **B.** Son épithélium est composé d'une seule couche de cellules sécrétrices.
- ❑ **C.** Les canaux excréteurs sont bien visibles sur cette microphotographie.
- ❑ **D.** Sa localisation anatomique est pelvienne.
- ❑ **E.** Son produit de sécrétion agit sur un récepteur nucléaire.

QROC

1. Décrire brièvement un acinus muqueux observé en microscopie optique après coloration par l'hématéine-éosine.

2. Décrire brièvement un acinus séreux observé en microscopie optique après coloration par l'hématéine-éosine.

3. Donner la définition d'une cellule glandulaire.

4. Pourquoi, alors qu'il sécrète des immunoglobulines, ne peut-on pas dire qu'un plasmocyte est une cellule glandulaire ?

5. Qu'est-ce que la neurocrinie ?

6. Quels sont les principaux caractères ultrastructuraux d'une cellule sécrétrice de stéroïdes ?
7. Quels sont les principaux caractères ultrastructuraux d'une cellule sécrétrice de protéines ?
8. Donner la définition d'une glande amphicrine.
9. Donner la définition d'une glande mérocrine.
10. Donner la définition d'une glande holocrine, et en citer un exemple.
11. Citer un exemple de glande apocrine.
12. Citer un exemple d'épithélium sécrétoire.
13. Qu'est-ce qu'une glande intraépithéliale ?
14. Qu'est-ce qu'une cellule sécrétrice ?
15. Citer cinq cellules sécrétrices.
16. À quoi correspondent les cellules appelées « spongiocytes » ?
17. Qu'est-ce qu'une glande simple ?
18. Dans quels cas peut-on dire qu'une glande exocrine est composée ?
19. Qu'est-ce qu'une glande tubuleuse ?
20. Définir une glande acineuse.
21. Qu'est-ce qu'une glande alvéolaire ?
22. Donner un exemple d'acinus séreux.
23. Citer dans l'ordre les trois phases du cycle sécrétoire d'une cellule glandulaire.

Pour les corrections, se reporter à la page 191

4

Le tissu conjonctif

« Tissu conjonctif » sera pris ici dans son sens courant n'incluant ni le tissu adipeux (voir chapitre 5) ni les tissus cartilagineux (voir chapitre 6) et osseux (voir chapitre 7). Le tissu conjonctif est caractérisé par la présence entre les cellules d'une MEC habituellement abondante.

I. Microscopie optique (MO)

A. Les 3 composantes traditionnelles du tissu conjonctif

L'histologie classique distingue dans le tissu conjonctif des cellules, des fibres et une substance fondamentale.

1. Les cellules

Les cellules que l'on peut rencontrer dans le tissu conjonctif sont des cellules dites fixes (les fibroblastes et les adipocytes) et des cellules mobiles, dites libres. Les fibroblastes (ou fibrocytes) sont les cellules principales du tissu conjonctif. Ce sont des cellules fusiformes ou étoilées possédant de longs prolongements cytoplasmiques ; en MO, leur cytoplasme est peu visible et seul leur noyau, ovoïde, allongé, avec un ou deux nucléoles, est bien visible. Les adipocytes, présents en nombre variable dans le tissu conjonctif, seront étudiés au chapitre 5. Les cellules libres sont les cellules du système immunitaire : lymphocytes et plasmocytes, monocytes et macrophages, granulocytes, mastocytes ; elles seront envisagées dans le chapitre 10.

2. Les fibres

a. Les fibres de collagène

Elles forment des trousseaux onduleux de fibres non anastomosées. Ces trousseaux collagènes sont colorés en rose – comme les cytoplasmes cellulaires – par l'éosine, mais deviennent plus aisés à distinguer par les colorations trichromiques, qu'il s'agisse d'une hématéine-éosine-safran qui les colore en jaune ou d'un trichrome de Masson, qui permet de les colorer en bleu ou en vert. On peut également les colorer en rouge par le Rouge Sirius.

b. Les fibres élastiques

Les fibres élastiques (ou fibres d'élastine) sont caractérisées, comme leur nom l'indique, par leur élasticité. Elles ne sont visibles en MO qu'après des colorations spéciales (orcéine, fuchsine-résorcine) qui les font apparaître sous forme d'un réseau de très fines fibres allongées et anastomosées, brunes ou violettes, à trajet approximativement rectiligne lorsqu'elles sont sous tension.

c. Les fibres de réticuline

Elles ne sont identifiables en MO que par des techniques d'imprégnation argentique qui les font apparaître sous la forme de fines fibrilles colorées en noir et formant un réseau délicat, d'où le nom de « réticuline » qui – malgré la désinence « ine » – ne correspond à aucune molécule identifiable (comme la fibronectine, la laminine ou l'élastine) mais seulement à son apparence réticulée. On verra que seule l'immunohistochimie permet de cerner les principaux constituants de ces fibres de réticuline.

3. La substance fondamentale

La substance fondamentale est microscopiquement amorphe. Le terme de substance fondamentale n'est plus guère utilisé. On lui préfère aujourd'hui celui de matrice extracellulaire (MEC) qui englobe la substance fondamentale et les fibres.

B. La classification morphologique des tissus conjonctifs

1. Le tissu conjonctif lâche (fig. 4.1)

Lorsque l'on parle de tissu conjonctif, sans autre précision, on pense habituellement au tissu conjonctif lâche, très répandu dans l'organisme. On le trouve notamment dans la peau (derme superficiel et hypoderme) et surtout sous la peau où il constitue le tissu conjonctif sous-cutané, parfois encore appelé – en référence à Bichat – « tissu cellulaire sous-cutané » (d'où dérive le terme bien impropre de « cellulite »). On le trouve également entre les masses musculaires, dans le chorion et la sous-muqueuse du tube digestif, dans le chorion des voies respiratoires, des voies génitales et urinaires, dans l'adventice des vaisseaux, sous l'épithélium des séreuses, dans de nombreux organes pleins (stroma conjonctif). Ce tissu conjonctif lâche contient de nombreuses cellules libres ainsi que les vaisseaux sanguins et lymphatiques et les nerfs destinés aux organes dans lesquels il siège. Le système nerveux central est dépourvu de tissu conjonctif, sauf au niveau des méninges, des plexus choroïdes et de certains espaces périvasculaires.

2. Le tissu muqueux

Très pauvre en cellules et très riche en MEC amorphe, c'est le tissu conjonctif du cordon ombilical (gelée de Wharton).

3. Le tissu réticulaire (ou tissu réticulé)

Le tissu réticulaire forme le stroma des organes hématopoïétiques et lymphoïdes (ganglions lymphatiques, rate, moelle osseuse) et du foie. Il doit son nom au fait que son constituant principal et majoritaire est représenté par des fibres de réticuline.

4. Les tissus conjonctifs fibreux denses

Ce sont des tissus conjonctifs riches en fibres, pauvres en cellules et en MEC. Ils ont une fonction essentiellement mécanique. On répartit ces tissus en trois sous-groupes.

a. Les tissus fibreux non orientés (fig. 4.2)

Les fibres de collagène représentent leur composant principal. On les trouve au niveau du derme profond, du périoste, des capsules articulaires, de la dure-mère, des capsules des organes pleins (comme le foie, la rate, les reins, etc.). Le derme est un tissu conjonctif habituellement lâche en périphérie et plus dense (fibreux) en profondeur. Il contient de nombreux vaisseaux sanguins et lymphatiques, des nerfs et des terminaisons nerveuses sensitives libres et corpusculaires, ainsi que diverses annexes cutanées dérivées de l'épiderme et plongeant dans le derme (follicules pilosébacés et glandes sudoripares).

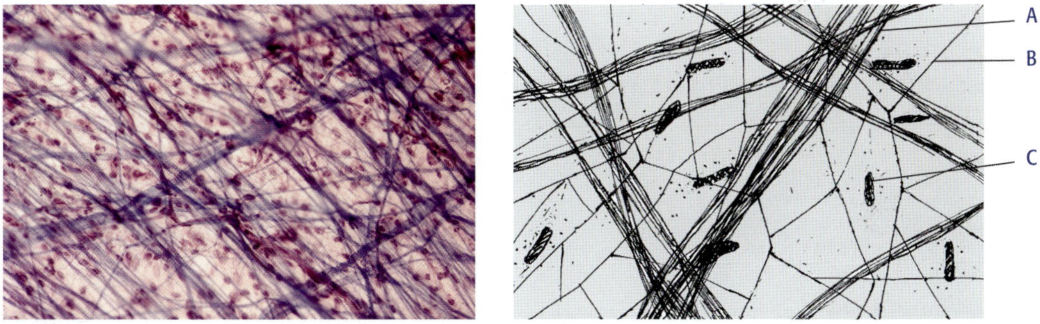

Fig. 4.1

Tissu conjonctif lâche. MO.

A. Trousseau de fibres collagènes. B. Fibre élastique. C. Noyau d'un fibroblaste.

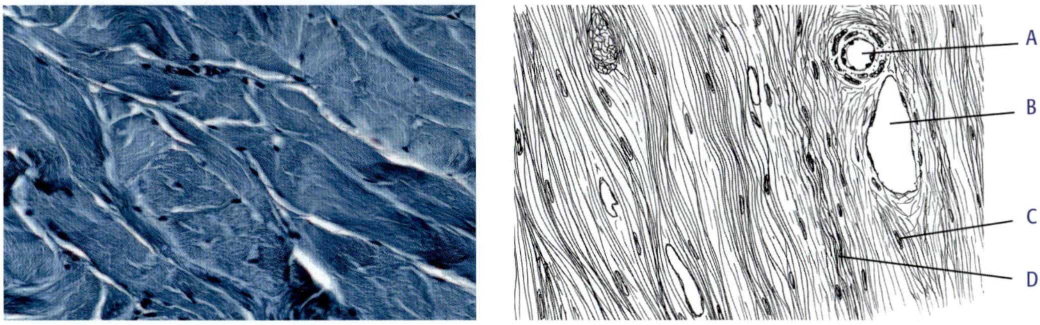

Fig. 4.2

Tissu conjonctif dense. MO.

A. Artériole. B. Veinule. C. Noyau de fibroblaste. D. Trousseaux de fibres collagènes.

b. Les tissus fibreux orientés

Ils se différencient des précédents par le fait que leurs fibres sont très nettement orientées. Ils sont soit unitendus – ce sont les ligaments et les tendons (fig. 4.3) – soit bitendus – ce sont les aponévroses et le stroma de la cornée (fig. 4.4).

c. Le tissu élastique

Le tissu élastique est une variété de tissu conjonctif fibreux dense dans lequel prédominent largement les fibres (ou lames) élastiques qui se disposent entre de rares fibroblastes (comme dans le ligament jaune de la nuque) ou entre les cellules musculaires lisses (comme dans la média des artères élastiques de gros calibre, l'aorte par exemple).

5. Le tissu érectile

Ce tissu est fait de capillaires sanguins (encore appelés sinus veineux, lacs sanguins, aréoles ou cavernes) dont la lumière est irrégulière, dilatée ou aplatie (selon qu'elle est ou non remplie de sang) et dont la paroi est identique à celle des capillaires continus (endothélium aplati fait de

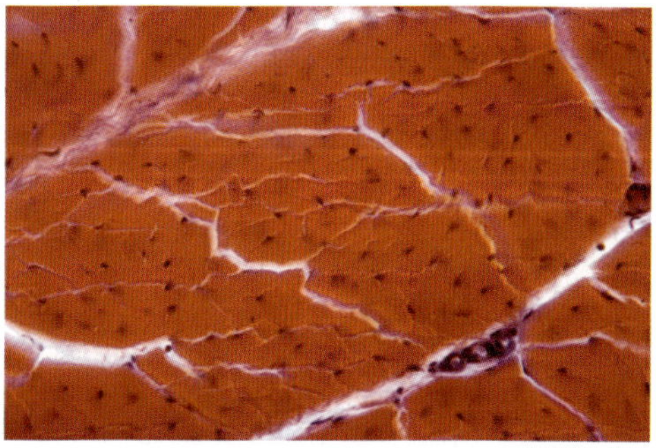

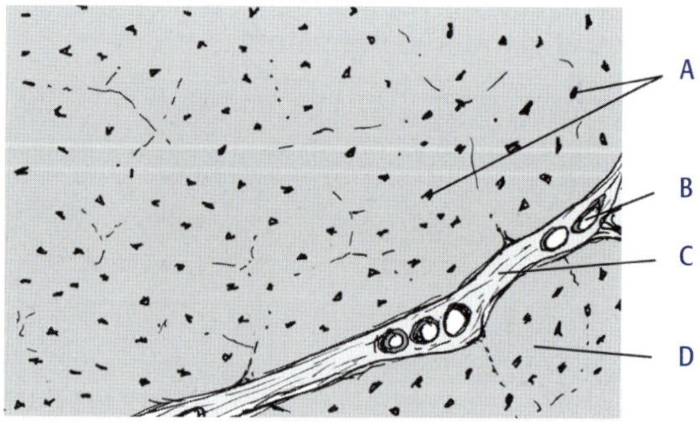

Fig. 4.3
Tendon. Coupe transversale. MO.
A. Noyau des fibroblastes. *B.* Vaisseau sanguin. *C.* Tissu conjonctif lâche interfasciculaire. *D.* Faisceau de fibres de collagène coupées en travers.

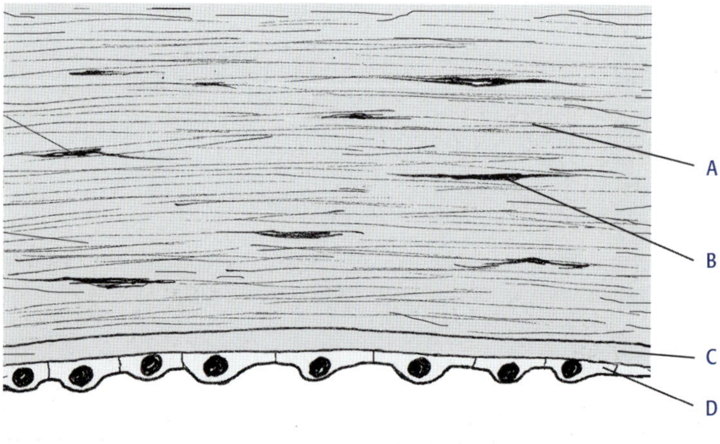

Fig. 4.4
Cornée. MO.
A. Fibres de collagène. B. Noyau d'un kératocyte. C. Membrane de Descemet. D. Épithélium postérieur de la cornée.

cellules jointives et MB continue). Les espaces intercapillaires sont remplis par des travées conjonctives contenant des cellules musculaires lisses. Les vaisseaux sanguins irriguant le tissu érectile sont, pour la plupart, porteurs de « dispositifs de blocs » faits de cellules musculaires lisses (artères hélicines, artères érectiles, veines érectiles).

6. Le tissu lymphoïde

Ce tissu sera abordé au chapitre 10.

II. Microscopie électronique (ME)

A. **Le fibroblaste** (fig. 4.5 et 4.6)

En ME, on y décèle tous les organites cellulaires habituels et surtout, dans les fibroblastes en pleine activité, l'abondance des organites impliqués dans la synthèse des protéines (ribosomes, réticulum endoplasmique granulaire, appareil de Golgi). En effet, ce sont les fibroblastes qui synthétisent les macromolécules protéiques et polysaccharidiques de la MEC du tissu conjonctif.

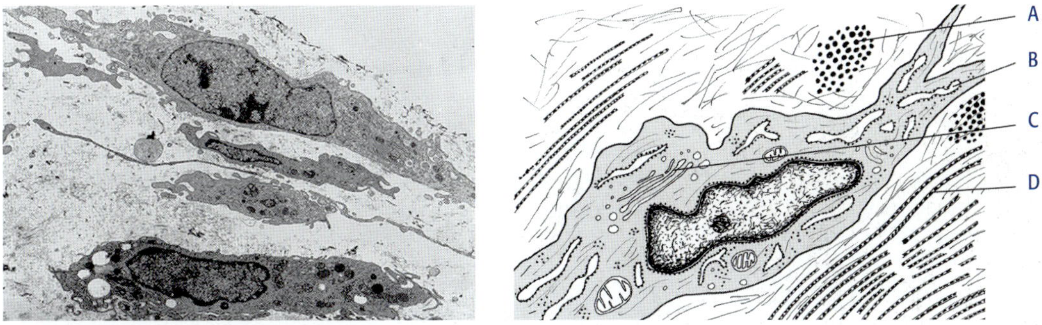

Fig. 4.5
Tendon. Coupe longitudinale. ME.
A. Microfibrille de collagène en coupe transversale. B. Réticulum endoplasmique granulaire. C. Appareil de Golgi. D. Microfibrille de collagène en coupe longitudinale.

Fig. 4.6
Fibroblaste et microfibrilles de collagène. ME.
A. Prolongement cytoplasmique effilé d'un fibroblaste.
B. Microfibrille collagène.
C. Fibroblaste.

B. **Les fibres**

1. Les microfibrilles de collagène (fig. 4.5 et 4.6)

Elles ont un calibre allant de 20 à 100 nm et présentent une striation transversale due à l'alternance de bandes sombres et claires selon une périodicité de 64 à 67 nm. Ces microfibrilles élémentaires, jamais anastomosées, ont une longueur indéterminée et se groupent souvent en faisceaux plus ou moins onduleux.

2. Les fibres de réticuline

En ME, le réseau des fibres de réticuline de la MO renferme des microfibrilles de collagène de type III, de petit calibre, dispersées au sein d'une matrice riche en protéoglycanes apparaissant sous forme de microfilaments apériodiques d'environ 7 nm de diamètre.

3. Les fibres élastiques

Elles se présentent en ME comme des plages d'une substance amorphe plus ou moins dense aux électrons contenant en périphérie des microfibrilles dépourvues de striation.

C. **Un cas particulier : le stroma de la cornée**

La cornée est une lame de tissu conjonctif dense, orienté, transparente et avasculaire, revêtue sur chacune de ses faces par un épithélium. La cornée ne contient pas de vaisseaux sanguins. Sa nutrition est assurée par imbibition à partir de l'humeur aqueuse. Le stroma collagène, dense, occupe 90 % de la cornée entre les deux épithéliums.

▶ Deux facteurs principaux rendent compte de la transparence du stroma conjonctif de la cornée :
– l'absence de vaisseaux sanguins et lymphatiques,
– l'organisation du stroma cornéen : les microfibrilles de collagène sont en effet groupées en lamelles empilées parallèlement, entre lesquelles se disposent les fibroblastes du stroma, ou kératocytes. À l'intérieur d'une lamelle, les microfibrilles de collagène sont toutes parallèles entre elles et s'étendent sur toute la longueur de la cornée ; elles sont disposées très régulièrement, à égale distance l'une de l'autre. D'une lamelle à l'autre, l'orientation des microfibrilles est différente. Les microfibrilles ont toutes le même diamètre, inférieur à la moitié de la longueur d'onde de la lumière et leur indice de réfraction est identique à celui de la substance fondamentale, conditions essentielles au maintien de la transparence de la cornée.

D. **La membrane basale (MB)**

Comme on l'a vu dans les précédents chapitres, une MB se trouve bien sûr à l'interface entre la face basale des épithéliums (qu'ils soient de revêtement ou glandulaires) et la MEC du tissu conjonctif sous-jacent, mais également autour des adipocytes, des cellules musculaires (tant striées squelettiques ou cardiaques que lisses), des cellules de Schwann, de certaines régions des astrocytes, etc. La plupart d'entre elles ont moins de 0,2 µm d'épaisseur et sont qualifiées de « fines » par opposition à certaines MB particulièrement « épaisses » (> 2 µm), telles que la capsule du cristallin.

En ME, la MB apparaît constituée de trois couches superposées : de la membrane plasmique vers la MEC, successivement, la *lamina rara*, la *lamina densa* et la *lamina reticulata*. On donne le nom de lame basale à l'ensemble des deux premières couches, mais en pratique, les termes de « membrane basale » et de « lame basale » sont devenus synonymes et – bien que le premier soit un terme de MO et le second un terme de ME – les deux sont employés indifféremment.

III. Caractérisations moléculaires *in situ*

A. Immunocytochimie des cellules

Les fibroblastes expriment la vimentine, les myofibroblastes expriment l'α-actine musculaire lisse, la vimentine et/ou la desmine.

B. Les principales macromolécules de la MEC

Les principales macromolécules de la MEC des tissus conjonctifs sont énumérées dans le tableau 4.I.

Les microfibrilles de collagène sont formées, dans la MEC, par l'assemblage bout à bout et côte à côte de molécules de tropocollagène (de 380 nm de longueur) synthétisées et excrétées par les fibroblastes selon les mécanismes classiques de la sécrétion protéique. Les collagènes correspondent à une famille d'une trentaine de protéines génétiquement distinctes. Chaque molécule de tropocollagène étant composée d'une triple hélice de chaînes α, différentes dans leur composition en acides aminés selon le type. La répartition dans l'organisme des collagènes fibrillaires est inégale. Le collagène de type I, le plus communément distribué, se trouve dans le tissu conjonctif banal, dans le tissu conjonctif dense, dans le tissu osseux ; le collagène de type II est surtout présent dans le tissu cartilagineux ; le collagène de type III est celui des fibres de réticuline ; le collagène de type IV est particulier aux MB.

La fibronectine et la laminine, protéines fibreuses d'adhérence, jouent un rôle important dans les mécanismes d'adhérence des cellules avec la MEC de voisinage.

C. Relations entre cellules et MEC

1. La membrane basale (MB)

Les principales molécules protéiques qui constituent la MB forment un double réseau de molécules de la famille des collagènes IV et de la famille des laminines, au sein duquel le nidogène-entactine relie entre elles les molécules de laminine, de collagène IV, de perlecan, de fibuline. Elle contient également de la fibronectine.

2. Les jonctions cellules-matrice

Elles ont été envisagées au chapitre 2.

a. Les contacts focaux (ou plaques d'adhérence)

Ce sont des jonctions adhérentes ponctuelles entre la membrane plasmique d'une cellule et la MEC sous-jacente.

b. Les hémidesmosomes

Situés entre le pôle basal de la cellule et la MEC sous-jacente, les hémidesmosomes réalisent le chaînon intermédiaire entre les molécules de la MEC et les filaments intermédiaires du cytosquelette.

IV. Données histophysiologiques

A. Les principaux rôles du tissu conjonctif lâche

Le rôle que joue le tissu conjonctif lâche dans l'organisme est tellement important et complexe que nous ne pouvons ici qu'attirer l'attention sur quelques points essentiels. Le tissu conjonctif possède un rôle mécanique et métabolique de soutien et d'emballage des divers tissus et organes ; il

Tableau 4.I. **Principaux constituants de la MEC.**

Eau		
Sels minéraux		
Polysaccharides	Glycosaminoglycanes	Acide hyaluronique
		Chondroïtine-sulfate
		Dermatane-sulfate
		Héparane-sulfate
		Héparine
		Kératane-sulfate
	Protéoglycanes	Noyau protéique + Glycosaminoglycanes
	Agrégats de protéoglycanes	Acide hyaluronique + Protéoglycanes
Protéines	Protéines de structure	Collagènes (une trentaine de variétés)
		Élastine + Fibrilline + Émiline
	Protéines d'adhérence	Fibronectine
		Laminines (plusieurs variétés)
	Molécules diverses	SPARC Fibuline Nidogène-entactine Vitronectine, etc. + molécules de la MEC du cartilage + molécules de la MEC de l'os
Molécules de signalisation « trappées » dans la MEC		Cytokines +++
		Hormones
		Neurotransmetteurs

contient les vaisseaux sanguins et lymphatiques qui alimentent et drainent les organes et c'est lui qui assure le passage, dans les deux sens, de nombreuses substances entre le sang et les autres tissus. C'est également lui qui entoure les nerfs. Hôte privilégié de toutes les cellules libres venues ou non du sang, le tissu conjonctif lâche joue un rôle majeur dans les réactions inflammatoires et dans les phénomènes immunitaires. Enfin, son rôle est fondamental dans les processus de réparation et cicatrisation par la prolifération des fibroblastes, leur transformation en myofibroblastes (voir plus loin) et la production des macromolécules de la MEC.

B. Quelques différenciations particulières des fibroblastes

1. Les myofibroblastes

Au cours des processus de réparation et de cicatrisation après un traumatisme, une blessure, une plaie, les fibroblastes du tissu conjonctif s'activent, se multiplient et se transforment en myofibroblastes. Ce changement de phénotype se manifeste par une augmentation du volume cellulaire, l'apparition d'une contractilité liée à l'expression d'actine α musculaire lisse, la mise en place de jonctions communicantes et le développement des capacités sécrétoires permettant la production en abondance des diverses molécules de la MEC en reconstitution. Outre l'actine α musculaire lisse, les myofibroblastes expriment la vimentine et/ou la desmine.

2. Les cellules déciduales

La réaction déciduale, ou décidualisation, de la muqueuse utérine (ou endomètre) se caractérise morphologiquement par la transformation des fibroblastes du chorion en cellules déciduales, sécrétrices, d'aspect arrondi, épithélioïde. La ME confirme leur caractère sécrétoire (appareil de Golgi et réticulum endoplasmique granulaire développés, vésicules de sécrétion) et révèle l'apparition d'une MB ainsi que la présence de jonctions communicantes. À la fin de la phase lutéale du cycle menstruel, une réaction prédéciduale s'observe, mais la décidualisation elle-même ne débute qu'en cas de gestation, après l'implantation du blastocyste. Les cellules déciduales élaborent également des composants de la MEC (laminine et fibronectine), des inhibiteurs des protéases, des cytokines et des hormones. Les réelles fonctions des cellules déciduales restent à déterminer.

3. Les cellules du stroma ovarien

Elles sont susceptibles de se transformer en cellules sécrétrices d'hormones stéroïdes (œstrogènes ou progestérone).

C. La fonction du tissu érectile : l'érection

Les corps érectiles de la verge (corps caverneux et corps spongieux) sont faits de tissu érectile. Sous l'influence de stimulations érotiques, les cellules musculaires lisses des dispositifs de blocs artériels se relâchent et permettent au sang de s'engouffrer librement dans les aréoles du tissu érectile. Le remplissage des aréoles entraîne la compression des plexus veineux périphériques. Cette gêne du drainage veineux, accentuée par la contraction des dispositifs de blocs veineux, augmente le ralentissement circulatoire et la dilatation des aréoles et entraîne ainsi l'état de turgescence des corps caverneux et spongieux qui caractérise l'érection. La rigidité concomitante de la verge est liée à la contraction des cellules musculaires lisses du tissu érectile ainsi que des muscles striés du périnée antérieur.

D. Le remodelage tissulaire et les métalloprotéinases matricielles

Impliqué dans de nombreux processus physiologiques ou pathologiques, le remodelage tissulaire est un changement transitoire ou permanent de l'architecture tissulaire qui implique la rupture des barrières constituées par les MB et le tissu conjonctif. Ces processus ont comme caractéristique commune la présence de taux élevés d'activités protéolytiques. Pendant les processus de remodelage, les interactions cellule–MEC et cellule–cellule se modifient. La MEC induit des changements des fonctions cellulaires : les cellules produisent à la fois une protéolyse focale et une synthèse coordonnée de constituants matriciels.
Les enzymes protéolytiques (ou protéinases) principalement impliquées dans la dégradation matricielle sont les sérines protéinases et les métalloprotéinases matricielles (collagénases, gélatinases et stromélysines). Elles sont sécrétées par des cellules mésenchymateuses (fibroblastes, chondrocytes, etc.) et par certaines cellules épithéliales (kératinocytes, cellules de l'épithélium respiratoire, etc.). Leur synthèse, négligeable dans le tissu conjonctif normal, est considérablement accrue au cours des lésions, de l'inflammation ou des diffusions métastatiques de cellules cancéreuses. Leur activité est régulée par des hormones, des cytokines, et des inhibiteurs spécifiques présents dans la MEC.

> ▶ Actuellement, on insiste sur la responsabilité des métalloprotéinases matricielles dans les mécanismes de la menstruation. Elles jouent en effet un rôle majeur dans la dégradation de la MEC qui se produit à la fin de la phase lutéale et qui constitue le point de départ de la menstruation.

POINTS CLÉS

- ▶ Un tissu conjonctif est constitué de cellules dispersées dans la matrice extra-cellulaire.
- ▶ Le tissu conjonctif est composé de trois secteurs : les cellules, les fibres (de collagène, élastique, de réticuline) et la substance fondamentale.
- ▶ On peut classer les tissus conjonctifs en tissu lâche, muqueux, réticulaire et dense.
- ▶ L'interface entre épithélium et tissu conjonctif est assurée par une lame (membrane) basale.

ENTRAÎNEMENT

DOC

Inscrire les légendes correspondant aux structures désignées par les lettres portées en légende du schéma

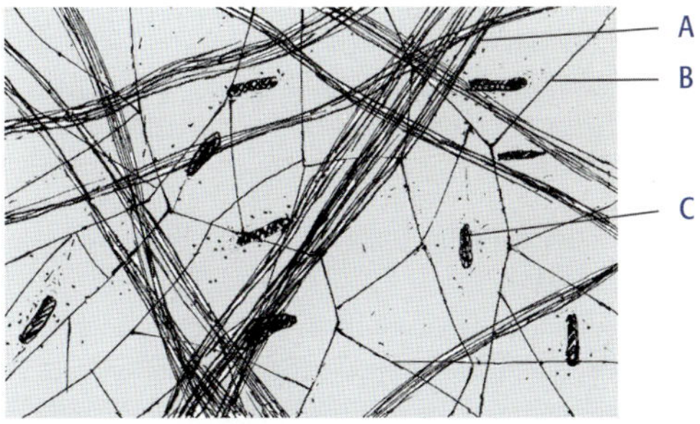

Fig. 4.1 Tissu conjonctif lâche. MO.

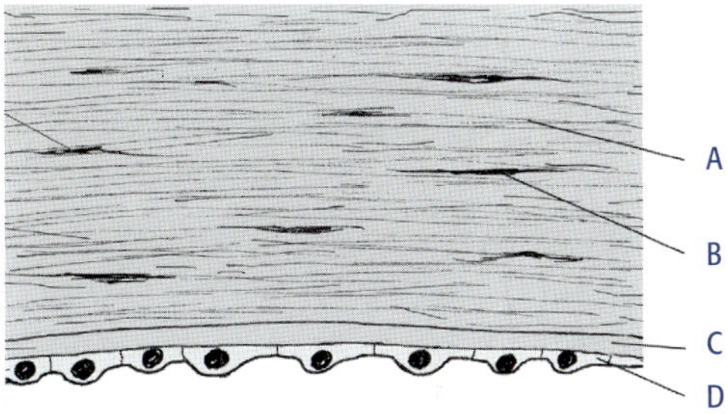

Fig. 4.4 Cornée. MO.

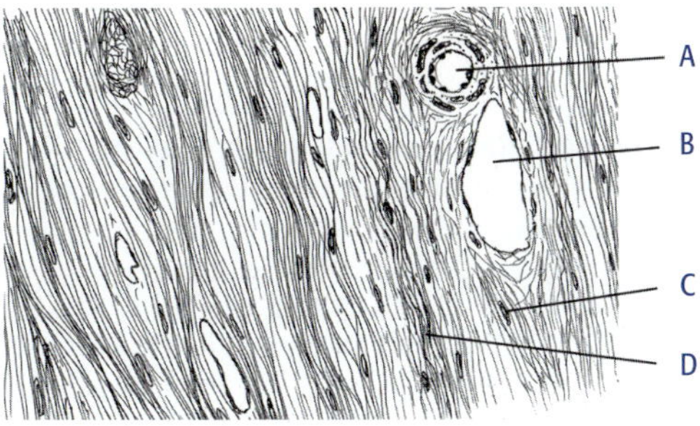

Fig. 4.2 Tissu conjonctif dense. MO.

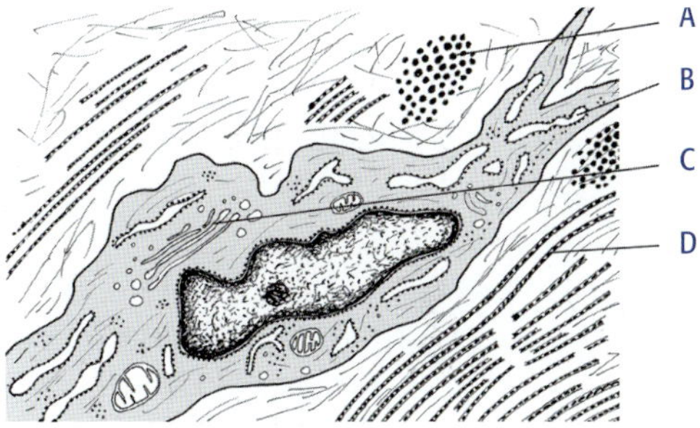

Fig. 4.5 Fibroblaste et microfibrilles de collagène. ME.

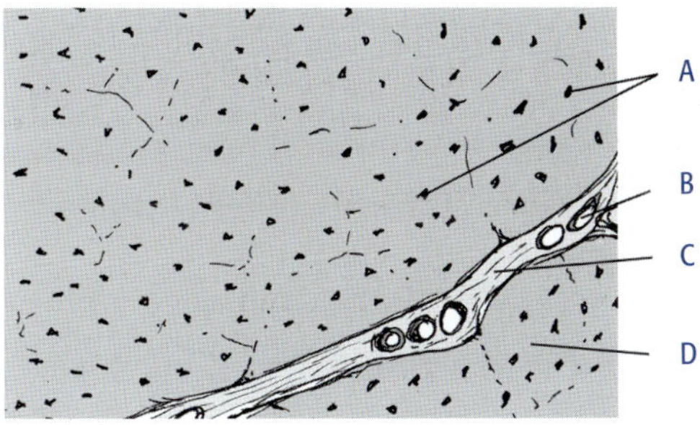

Fig. 4.3 Tendon. Coupe transversale. MO.

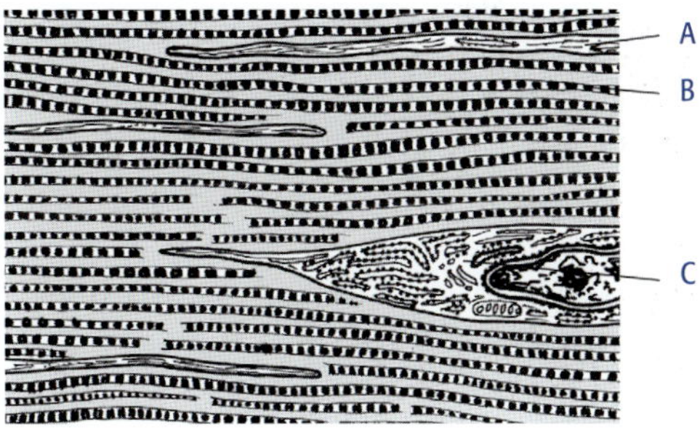

Fig. 4.6 Tendon. Coupe longitudinale. ME.

QCM

1. Parmi les propositions suivantes relatives à une coupe de tissu conjonctif lâche colorée par l'hématéine-éosine, après fixation dans le formol et inclusion dans la paraffine, laquelle (lesquelles) est (sont) exacte(s) ?

- ❑ **A.** La vacuole lipidique des adipocytes est colorée en rouge.
- ❑ **B.** La périodicité des fibres de collagène n'est pas décelable.
- ❑ **C.** Les grains des mastocytes apparaissent en vert.
- ❑ **D.** Les fibres de réticuline sont bien visibles.
- ❑ **E.** Le noyau des fibroblastes est de forme étoilée.

2. Parmi les glycosaminoglycanes suivants, quels sont ceux que l'on peut trouver dans la matrice extracellulaire du tissu conjonctif ?

- ❑ **A.** Héparane-sulfate.
- ❑ **B.** Acide hyaluronique.
- ❑ **C.** Chondroïtine-sulfate.
- ❑ **D.** Dermatane-sulfate.
- ❑ **E.** Héparine.

3. Parmi les propositions suivantes relatives aux cellules déciduales, laquelle (lesquelles) est (sont) exacte(s) ?

- ❑ **A.** Elles sont situées dans l'ovaire.
- ❑ **B.** Elles dérivent de fibroblastes.
- ❑ **C.** Elles sont revêtues par une membrane basale.
- ❑ **D.** Elles contiennent des vésicules de sécrétion.
- ❑ **E.** Elles font partie de la famille des cellules dendritiques.

4. Parmi les propositions suivantes relatives au tissu érectile, laquelle (lesquelles) est (sont) exacte(s) ?

- ❑ **A.** Il est présent dans le corps spongieux.
- ❑ **B.** Il est présent dans les corps caverneux.
- ❑ **C.** Il renferme des cellules musculaires striées.
- ❑ **D.** L'endothélium de ses capillaires sanguins est aplati.
- ❑ **E.** L'endothélium de ses capillaires sanguins est le siège de déhiscences intercellulaires.

5. Parmi les propositions suivantes relatives aux fibres de réticuline, laquelle (lesquelles) est (sont) exacte(s) ?

- ❑ **A.** Elles sont identifiables en microscopie optique par la coloration à l'orcéine.
- ❑ **B.** Elles contiennent de l'élastine.
- ❑ **C.** Elles sont le constituant principal du stroma du tissu réticulaire.
- ❑ **D.** La moelle osseuse en contient.
- ❑ **E.** Elles contiennent des microfibrilles de collagène de type III.

6. Parmi les propositions suivantes relatives aux membranes basales, laquelle (lesquelles) est (sont) exacte(s) ?

- ❑ **A.** Elles sont visibles en microscopie optique après imprégnation argentique.
- ❑ **B.** Elles sont visibles en microscopie optique après coloration par le PAS.
- ❑ **C.** Elles contiennent du collagène IV.
- ❑ **D.** Elles contiennent de la fibronectine.
- ❑ **E.** Les adipocytes sont entourés par une membrane basale.

7. Parmi les cellules suivantes, quelle (quelles) est (sont) celle(s) que l'on peut rencontrer dans le tissu conjonctif lâche ?

- ❑ **A.** Adipocytes.
- ❑ **B.** Mastocytes.
- ❑ **C.** Macrophages.
- ❑ **D.** Lymphocytes.
- ❑ **E.** Plasmocytes.

8. Parmi les tissus fibreux suivants, quel(s) est (sont) celui (ceux) qui est (sont) orienté(s) ?

- ❑ **A.** Périoste.
- ❑ **B.** Tendons.
- ❑ **C.** Ligaments.
- ❑ **D.** Aponévroses.
- ❑ **E.** Derme profond.

9. Parmi les tissus fibreux suivants, quel(s) est (sont) celui (ceux) qui est (sont) bitendu(s) ?

- ❑ **A.** Périoste.
- ❑ **B.** Stroma de la cornée.
- ❑ **C.** Ligaments.
- ❑ **D.** Aponévroses.
- ❑ **E.** Tendons.

10. Parmi les propositions suivantes relatives au tissu muqueux, laquelle (lesquelles) est (sont) exacte(s) ?

- ❑ **A.** Il est très riche en matrice extracellulaire.
- ❑ **B.** Il est très riche en cellules.
- ❑ **C.** C'est le tissu conjonctif des muqueuses.
- ❑ **D.** C'est le tissu conjonctif du cordon spermatique.
- ❑ **E.** C'est le tissu conjonctif du cordon ombilical.

11. Parmi les propositions suivantes relatives au tissu réticulaire, laquelle (lesquelles) est (sont) exacte(s) ?

- ❑ **A.** Il est riche en fibres de réticuline.
- ❑ **B.** Il est présent dans le foie.
- ❑ **C.** C'est le tissu conjonctif formant le stroma de la rate.
- ❑ **D.** C'est le tissu conjonctif formant le stroma des ganglions lymphatiques.
- ❑ **E.** C'est le tissu conjonctif de la moelle épinière.

12. Parmi les propositions suivantes relatives aux microfibrilles de collagène, laquelle (lesquelles) est (sont) exacte(s) ?

- ❑ **A.** Leur calibre est de quelques dizaines de micromètres.
- ❑ **B.** Elles s'anastomosent entre elles.
- ❑ **C.** Elles se groupent en faisceaux plus ou moins onduleux.
- ❑ **D.** Leur striation est due à l'alternance de disques A et de disques I.
- ❑ **E.** Leur striation présente en microscopie électronique une périodicité de 64 à 67 nm.

13. Parmi les cellules suivantes, laquelle (lesquelles) est (sont) entourée(s) par une membrane basale ?

- ❑ **A.** Neurone.
- ❑ **B.** Fibroblaste.
- ❑ **C.** Mastocyte.
- ❑ **D.** Cellule musculaire lisse.
- ❑ **E.** Cellule de Schwann.

14. Sur la microphotographie suivante, quel(s) éléments(s) pouvez-vous observer ?

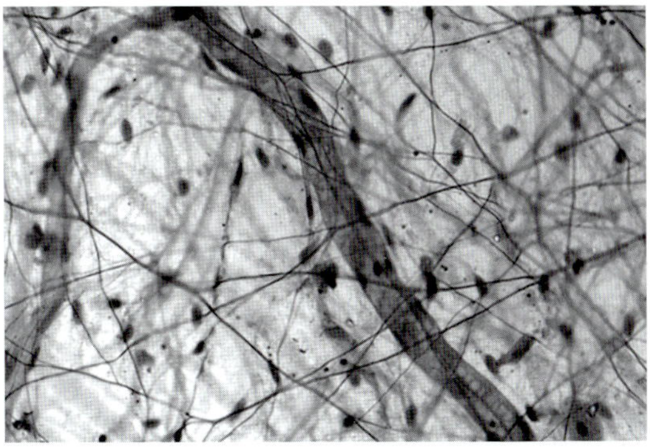

- ❑ **A.** Fibre élastique.
- ❑ **B.** Fibre de collagène.
- ❑ **C.** Capillaire.
- ❑ **D.** Noyaux de fibroblastes.
- ❑ **E.** Fibres nerveuses splanchniques

QROC

1. Énumérer cinq variétés de cellules susceptibles d'être observées dans le tissu conjonctif lâche.
2. Citer deux variétés de tissu fibreux orienté unitendu.
3. Citer deux variétés de tissu fibreux orienté bitendu.
4. Citer les deux facteurs principaux qui font que le stroma conjonctif de la cornée est transparent.
5. Qu'est-ce qu'un myofibroblaste ?
6. Qu'est-ce que le tissu réticulaire ?

Pour les corrections, se reporter à la page 193

5 Le tissu adipeux

Le tissu adipeux est principalement constitué d'amas de cellules adipeuses ou adipocytes. Il en existe deux variétés bien différentes : le tissu adipeux blanc, ou graisse blanche, fait d'adipocytes blancs, et le tissu adipeux brun, ou graisse brune, fait d'adipocytes bruns (tableau 5.I).

Tableau 5.I. **Comparaison entre adipocyte blanc et adipocyte brun.**

	MB	Noyau	Vacuole(s) lipidique(s)		Mitochondries	
			Nombre	Volume	Nombre	Thermogénine
Adipocyte blanc	+	Aplati Périphérique	Unique	Volumineuse	+	
Adipocyte brun	+	Arrondi Central	Multiples	De petit volume	+++	+

I. Microscopie optique (MO)

A. Les adipocytes blancs (fig. 5.1)

Les adipocytes de la graisse blanche sont des cellules sphériques, volumineuses, d'un diamètre d'environ 100 µm ou plus (150, voire 200). Leur cytoplasme renferme une volumineuse vacuole lipidique unique (la cellule est dite uniloculaire) entourée par une mince couronne cytoplasmique. Le noyau, aplati, est refoulé en périphérie de la cellule, contre la membrane plasmique.

B. Les adipocytes bruns (fig. 5.2)

Contrairement aux adipocytes blancs, les adipocytes bruns ont un noyau central et un cytoplasme rempli de nombreuses petites vacuoles lipidiques (la cellule est dite multiloculaire) et de mitochondries.

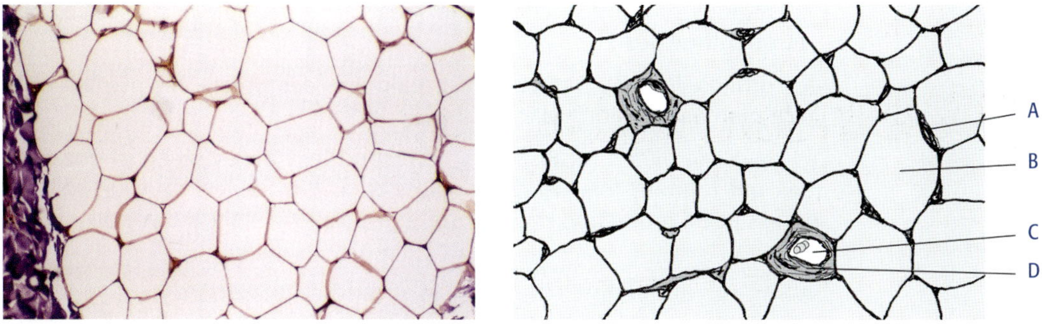

Fig. 5.1
Graisse blanche. MO.
A. Noyau d'un adipocyte. B. Vacuole lipidique d'un adipocyte (vidée de son contenu par la technique). C. Capillaire sanguin. D. Tissu conjonctif.

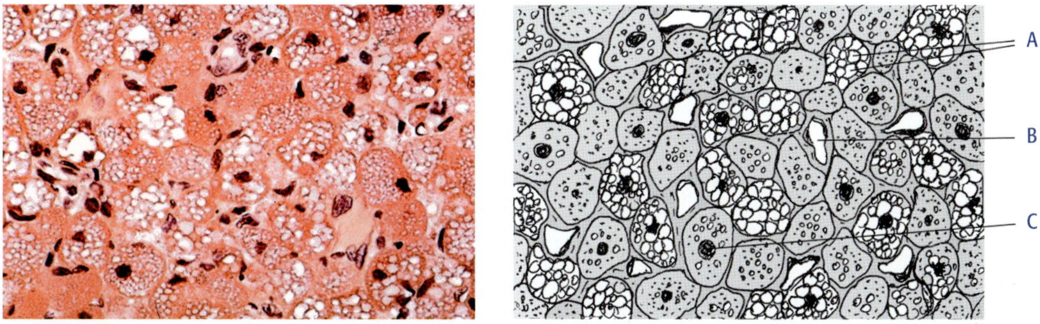

Fig. 5.2
Graisse brune. MO.
A. Vacuoles lipidiques dans un adipocyte. B. Capillaire sanguin. C. Noyau d'un adipocyte.

C. Le(s) tissu(s) adipeux

Qu'il soit de graisse blanche ou de graisse brune, le tissu adipeux est caractérisé par la présence prépondérante de cellules adipeuses (d'une variété ou de l'autre, selon les cas) enserrées dans un fin réseau de tissu conjonctif lâche où prédominent les fibres de réticuline et de nombreux capillaires sanguins.

Dans le tissu adipeux blanc, les adipocytes, tassés les uns contre les autres, prennent une forme polyédrique. Ils sont séparés par des fibres de réticuline et de très nombreux capillaires sanguins ainsi que par des fibres nerveuses amyéliniques représentant des fibres sympathiques noradrénergiques. Les adipocytes sont groupés en petits lobules, visibles à l'œil nu, séparés par de fines cloisons conjonctives contenant des fibroblastes, des macrophages, des mastocytes et des fibres de collagène.

Les adipocytes blancs peuvent être isolés au sein du tissu conjonctif lâche et dans la moelle osseuse (la cavité médullaire des os longs des membres est occupée à 90 % par du tissu adipeux) ou être groupés pour constituer le tissu adipeux blanc. Sa répartition se fait dans trois types de localisation :

- le pannicule adipeux sous-cutané, diffus et régulier chez le fœtus et le nouveau-né, prédominant sur la nuque et les épaules chez l'homme, sur la poitrine, les hanches, les cuisses et les fesses chez la femme ;

- les régions profondes, comme le mésentère, les épiploons, les régions rétropéritonéales ;
- les orbites, les paumes et la face palmaire des doigts, les plantes et la face plantaire des orteils.

Les deux premières localisations correspondent à des réserves énergétiques qui fondent lors du jeûne, alors que la troisième joue un rôle de soutien et de protection mécanique et est peu sensible au jeûne.

> ▶ Surtout abondante chez les mammifères hibernants (comme la marmotte), la graisse brune est néanmoins présente dans l'espèce humaine, principalement au début de la vie. Chez le fœtus et le nouveau-né, elle se répartit dans la région interscapulaire, autour des gros vaisseaux (aisselles, cou), autour des reins et du cœur et représente 4 % du poids corporel. Chez l'adulte, sa persistance est sujette à caution.

II. Microscopie électronique (ME)

La ME n'apporte pas grand-chose à la connaissance des adipocytes, si ce n'est de préciser que le cytoplasme de l'adipocyte blanc (fig. 5.3), bien que réduit à une mince couronne entourant la vacuole lipidique centrale, contient les organites habituels de la cellule (appareil de Golgi, réticulum endoplasmique granulaire, réticulum endoplasmique lisse, mitochondries) et de mettre en évidence la fine MB qui entoure la cellule.

III. Caractérisations moléculaires *in situ*

A. Détection et caractérisation des graisses neutres *in situ*

La détection et la caractérisation des graisses neutres (ou triglycérides) des cellules adipeuses *in situ* sur des préparations histologiques s'accommodent d'une fixation formolée, mais requièrent de ne pas mettre en œuvre des techniques qui dissoudraient les graisses, comme par exemple une inclusion en paraffine qui nécessite des bains dans des solvants des graisses. Il est donc indispensable de recourir à des coupes à congélation ou au cryostat qui permettent la préservation des graisses.

Les techniques histochimiques d'identification générale des lipides font appel à des colorations par des lysochromes dont les plus utilisés sont le Soudan III, le Soudan IV (ou Scharlach) et l'*Oil Red O* (ou Huile rouge) qui colorent les vacuoles des adipocytes en rouge (fig. 5.4a) ainsi que le noir Soudan qui les colore en bleu-noir intense (fig. 5.4b). La « soudanophilie » de ces lipides ne permet pas de conclusion spécifique quant à la nature triglycéridique des lipides colorés. La caractérisation spécifique des triglycérides en histochimie fait appel à des techniques plus complexes comportant leur hydrolyse par une lipase spécifique et la mise en évidence des acides gras qui en résultent.

La coloration par le sulfate de bleu de Nil colore les graisses neutres en rouge.

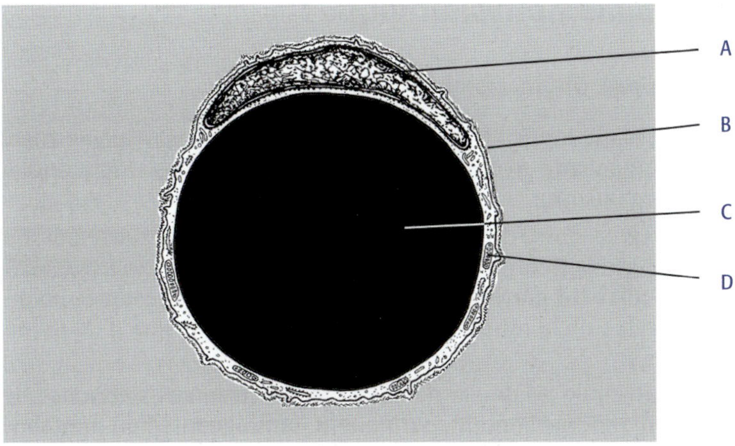

Fig. 5.3
Adipocyte blanc. ME.
A. Noyau de l'adipocyte. B. Membrane basale. C. Vacuole lipidique. D. Mitochondrie.

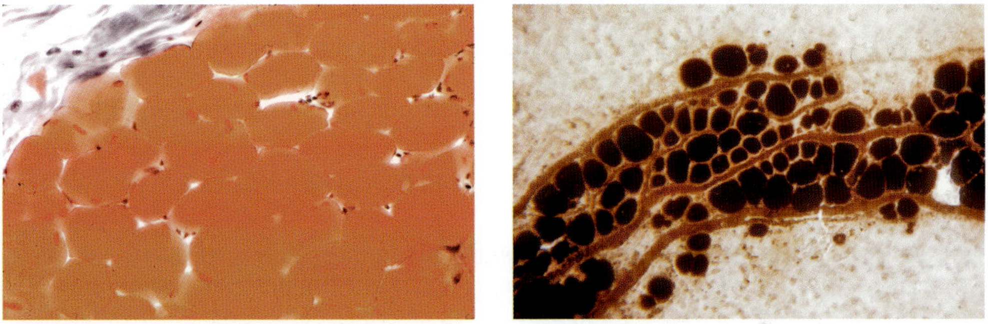

Fig. 5.4
Tissu adipeux avec coloration spécifique (*Oil Red O* à gauche, noir Soudan à droite).

B. Les molécules sécrétées par les adipocytes blancs

L'immunocytochimie et l'hybridation *in situ*, ainsi que les travaux de biologie et de génétique moléculaires, ont permis de montrer que les adipocytes sécrètent de nombreuses molécules, au premier rang desquelles se place la leptine (hormone protéique, produit du gène *ob*, jouant un rôle-clef dans le contrôle du poids corporel en inhibant la prise alimentaire), mais aussi des cytokines (notamment le *tumor necrosis factor-alpha* ou TNF-α qui intervient également dans le contrôle du poids corporel), des prostaglandines, ainsi que diverses protéines du complément. La découverte de nouvelles molécules sécrétées par les adipocytes est l'objet de recherches très actuelles. Il nous a paru illusoire de vouloir les nommer toutes. Par contre, ces données montrent que le tissu adipeux ne doit plus, loin s'en faut, être considéré comme une seule réserve de graisse.

C. Détection de la thermogénine

La détection de la thermogénine (voir plus loin) dans les adipocytes bruns peut se faire par immunocytochimie avec des anticorps dirigés contre cette protéine de la membrane interne des mitochondries. L'hybridation *in situ* permet la détection de son ARN messager.

IV. Données histophysiologiques

A. Le tissu adipeux blanc, réserve énergétique

Le tissu adipeux blanc représente une des plus importantes réserves énergétiques de l'organisme (concernant environ 95 % des triglycérides stockés dans l'organisme).

C'est à cette réserve que l'organisme fait appel lorsque les réserves de glucides sont épuisées (jeûne, efforts physiques, lutte contre le froid, etc.) ou inutilisables (diabète grave). Notons à ce sujet que les réserves lipidiques des adipocytes de la moelle osseuse sont épargnées lors d'un jeûne court.

Les lipides de la cellule adipeuse ne sont pas des réserves statiques ; ils font l'objet d'un renouvellement permanent témoignant d'un métabolisme cellulaire intense.

L'activité métabolique de l'adipocyte comporte schématiquement trois étapes :

- la synthèse des lipides à partir de différents substrats (triglycérides d'origine alimentaire et glucose), ou lipogenèse, est stimulée par l'insuline ; le glucose pénètre dans l'adipocyte par diffusion facilitée grâce à deux protéines transmembranaires qui servent de transporteurs, GLUT1 et GLUT4 ;
- le stockage des lipides, sous forme de triglycérides, dans la vacuole centrale de l'adipocyte ;
- leur libération, principalement sous forme d'acides gras non estérifiés, ou lipolyse, est stimulée par les catécholamines. Les acides gras non estérifiés que les adipocytes libèrent ainsi dans le sang sont utilisables par les autres cellules de l'organisme à des fins énergétiques (soit directement, soit après néoglycogenèse).

▶ L'obésité (définie comme une augmentation du poids corporel due à un excès de masse grasse de l'organisme, donc de tissu adipeux) est une pathologie complexe qui touche près d'une personne sur trois dans les pays industrialisés. Elle est liée à des facteurs génétiques et à des facteurs comportementaux. Elle est estimée par la mesure de l'Indice de masse corporelle (IMC) qui est égal au rapport du poids (en kg) au carré de la taille (en mètres). Un IMC entre 18,5 et 24,9 kg/m^2 est considéré comme correspondant au poids souhaitable. Au-dessus, on passe successivement du surpoids à l'obésité puis à l'obésité massive.

B. Le tissu adipeux brun, source de chaleur

La graisse brune est impliquée dans la thermogenèse sans frisson et celle induite par l'alimentation. Sa localisation habituelle au contact immédiat des principaux vaisseaux sanguins facilite la diffusion dans tout l'organisme de la chaleur qu'elle produit (calorifère naturel, source de chaleur). La vascularisation et l'innervation sympathique sont richement développées. Chaque adipocyte, porteur de récepteurs β-adrénergiques, est au contact d'une terminaison sympathique noradrénergique.

Les enzymes de la phosphorylation sont absentes dans les mitochondries des adipocytes bruns ; de ce fait, au lieu d'être couplée à la phosphorylation oxydative, l'énergie libérée par l'oxydation mitochondriale des acides gras a la capacité de se convertir en chaleur. La protéine mitochondriale responsable de ce découplage est la thermogénine ou UCP1 (pour *UnCoupling Protein 1*).

C. Le cas particulier des adipocytes médullaires

Les adipocytes médullaires sont morphologiquement identiques aux adipocytes blancs. Toutefois, leur localisation dans la moelle osseuse en contact étroit avec les cellules hématopoïétiques d'une part, les cellules osseuses de l'autre, ainsi que certaines caractéristiques histoenzymologiques et d'autres apparaissant en culture cellulaire, leur donnent une place particulière qui peut laisser penser qu'ils jouent un rôle important dans l'ostéogenèse et dans l'hématopoïèse (notamment par leur sécrétion de leptine et de cytokines).

▶ Ces données récentes confirment bien – s'il en était encore besoin – que le tissu adipeux n'est pas qu'un dépôt passif de graisse, mais que, par ses capacités sécrétoires, en particulier de leptine et de cytokines, il intervient de façon essentielle dans de nombreux processus physiologiques et pas seulement dans son rôle bien connu de réserve énergétique.

POINTS CLÉS

- Il est utile de distinguer tissu adipeux blanc et tissu adipeux brun.
- Les adipocytes blancs sont uniloculaires alors que les bruns sont multiloculaires.
- Les adipocytes blancs sécrètent de nombreuses molécules dont la leptine.
- Les adipocytes bruns expriment la thermogénine.
- Le tissu adipeux blanc est une réserve d'énergie.
- Le tissu adipeux brun est une source de chaleur.

ENTRAÎNEMENT

DOC

Inscrire les légendes correspondant aux structures désignées par les lettres portées en légende du schéma

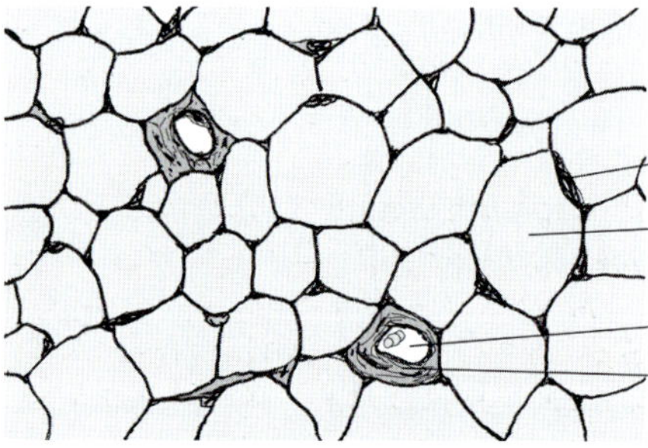

Fig. 5.1 Graisse blanche. MO.

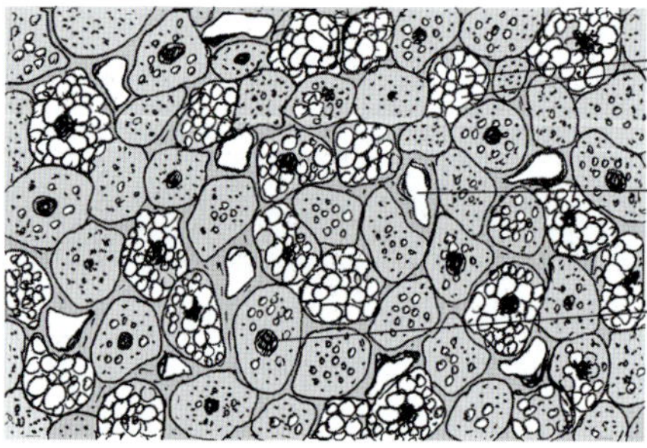

Fig. 5.2 Graisse brune. MO.

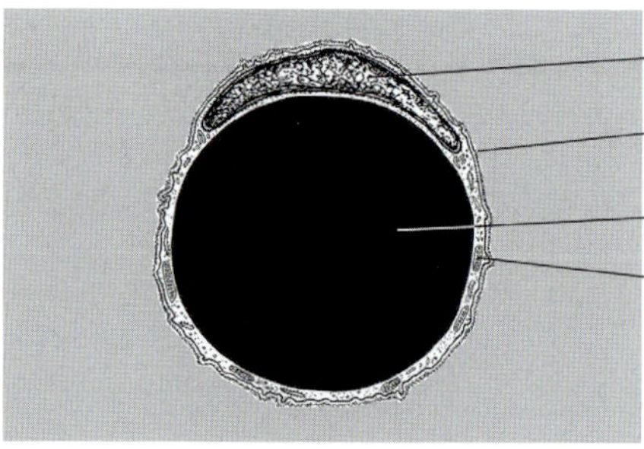

Fig. 5.3 Adipocyte blanc. ME.

QCM

1. L'examen en microscopie optique d'une coupe de graisse blanche colorée par l'hématéine-éosine, après fixation dans le formol et inclusion dans la paraffine, permet de visualiser au niveau des adipocytes :

- ❑ **A.** La membrane basale.
- ❑ **B.** De multiples petites vacuoles intracytoplasmiques.
- ❑ **C.** Le noyau.
- ❑ **D.** Les mitochondries.
- ❑ **E.** Le réticulum endoplasmique granulaire.

2. L'examen en microscopie optique d'une coupe de graisse brune colorée par l'hématéine-éosine, après fixation dans le formol et inclusion dans la paraffine, permet de visualiser au niveau des adipocytes :

- ❑ **A.** La membrane basale.
- ❑ **B.** Une grosse vacuole intracytoplasmique.
- ❑ **C.** Le noyau.
- ❑ **D.** Les mitochondries.
- ❑ **E.** Le réticulum endoplasmique lisse.

3. Les adipocytes bruns contiennent une molécule qui permet à la cellule de produire de la chaleur. Parmi les propositions suivantes relatives à cette molécule, quelle(s) est (sont) celle(s) qui est (sont) exacte(s) ?

- ❑ **A.** Il s'agit d'une molécule d'adhérence.
- ❑ **B.** Il s'agit d'une hormone.
- ❑ **C.** Il s'agit d'une cytokine.
- ❑ **D.** Sa localisation est mitochondriale.
- ❑ **E.** Il s'agit de la leptine.

4. À quel(s) tissu(s) correspond la microphotographie suivante ?

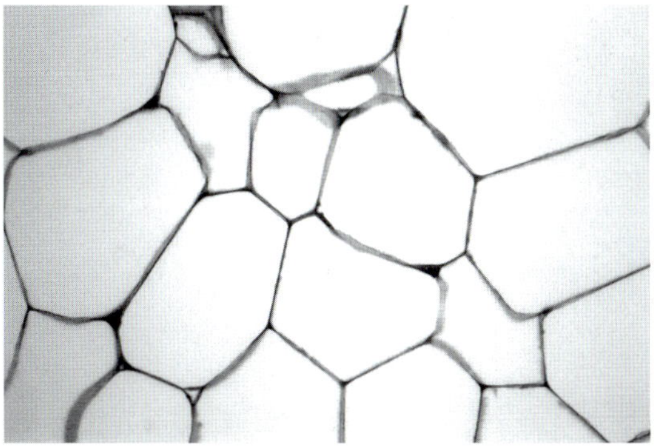

- ❑ **A.** A un rayon de miel.
- ❑ **B.** Son aspect est lié à la technique de préparation.
- ❑ **C.** Il s'agit de cellules uniloculaires.
- ❑ **D.** Ses cellules sécrètent de la leptine.
- ❑ **E.** Il s'agit d'une vue superficielle du mésentère.

5. Les adipocytes blancs synthétisent et sécrètent plusieurs variétés de molécules. Parmi les molécules suivantes, quelle(s) est (sont) celle(s) qui est (sont) concernée(s) ?

- ❑ **A.** La leptine.
- ❑ **B.** L'asparagine.
- ❑ **C.** La vimentine.
- ❑ **D.** La dynéine.
- ❑ **E.** Des protéines du complément.

QROC

1. Donner le nom de l'hormone sécrétée par les adipocytes.

2. Résumer en quelques lignes le rôle physiologique principal de l'adipocyte blanc.

3. Résumer en quelques lignes le rôle physiologique principal de l'adipocyte brun.

4. Indiquer les principales localisations du tissu adipeux brun chez le nouveau-né humain.

5. Quelle est la signification du terme « soudanophilie » appliqué aux adipocytes blancs ?

6. Quel est l'apport de la microscopie électronique à la connaissance des adipocytes ?

Pour les corrections, se reporter à la page 194

6 Le cartilage

Le cartilage est avec l'os un des tissus conjonctifs durs de l'organisme, mais, contrairement à l'os, le cartilage a une MEC non calcifiée, il est dépourvu de vascularisation et est constitué d'un seul type cellulaire.

▸ D'un point de vue évolutif, il est intéressant de noter que l'apparition du cartilage commence chez les poissons. Les poissons les plus primitifs, les agnathes (dépourvus de mâchoire), ont un squelette cartilagineux. Puis, la présence d'un squelette exclusivement cartilagineux définit la famille des poissons cartilagineux dont le requin est un des exemples. D'autres espèces de poissons, plus évoluées sur l'échelle cladistique, présentent un squelette mixte osseux et cartilagineux. C'est à partir de cette famille que les reptiles, les oiseaux et les mammifères se sont individualisés. Ainsi, os et cartilage sont des inventions relativement modernes au cours de l'évolution. Ces tissus se sont développés avec les vertébrés, le cartilage a précédé l'apparition de l'os.

Il est habituel de regrouper sous le vocable de cartilage des tissus durs dont l'organisation générale est similaire. Pourtant, au sein de ce groupe, il est possible d'observer des diversités structurelles qui rendent compte de propriétés physiologiques très différentes. Aussi, il nous semble beaucoup plus logique de parler des tissus cartilagineux plutôt que du terme trop vague à notre goût de cartilage.
Selon la composition de la MEC, les auteurs classiques proposent de distinguer trois formes de cartilage chez l'adulte (cartilage hyalin, cartilage fibreux ou fibrocartilage et cartilage élastique) et une forme chez l'enfant et le fœtus (cartilage de conjugaison). Dans ce chapitre, nous ne traiterons que les cartilages présents chez l'adulte, le cartilage de conjugaison sera traité avec le tissu osseux. La localisation des différents types de cartilage est précise et elle est résumée dans le tableau 6.I.

Tableau 6.I. **Les localisations des différents types de cartilage.**

Localisation		Cartilage hyalin	Cartilage fibreux	Cartilage élastique
Cartilages du système ostéoarticulaire (squelette)	Faisant partie des pièces osseuses	Modèles cartilagineux des ébauches osseuses du squelette fœtal Cartilages de croissance Cartilages articulaires Cartilages costaux		
	Situés au voisinage des pièces osseuses (ou entre elles)		Disques intervertébraux Symphyse pubienne Ménisques des genoux Insertion des tendons d'Achille	
Cartilages de la sphère ORL et des voies aériennes		Fosses nasales Larynx (cartilages thyroïde, cricoïde et arythénoïde) Trachée Bronches		Pavillon de l'oreille Conduits auditifs externes Trompes d'Eustache Épiglotte Larynx (cartilage cunéiforme)

I. Microscopie optique (MO)

A. Description générale

Le tissu cartilagineux est un tissu très simple sur le plan de la description histologique, en effet, il ne contient qu'un seul type de cellules (les chondrocytes) et une MEC. En fait, il existe différents types de cartilages qui peuvent être classés selon la différenciation de leur MEC ou selon le tissu qui les entoure.

1. Les chondrocytes

Ce sont des cellules sphériques ou ovoïdes. Les préparations histologiques classiques conduisent à une rétraction des chondrocytes qui prennent alors une forme étoilée. Cet artefact, dû à la déshydratation des tissus, permet de visualiser une cavité ou chondroplaste, dans laquelle le chondrocyte est situé. In vivo, cette logette n'existe pas et la MEC moule parfaitement le chondrocyte. Avec les colorations classiques, le chondrocyte apparaît comme une cellule à noyau volumineux. Le chondrocyte a été particulièrement bien étudié au niveau des cartilages articulaires. Chez l'adulte sain, une fois la croissance terminée, les chondrocytes articulaires ne se divisent pas. La densité cellulaire de ce tissu est faible (par exemple elle est de 10 000 cellules/mm3 dans une tête fémorale adulte). Il existe une relation inversement proportionnelle entre la densité cellulaire d'un cartilage et son épaisseur. Ainsi, plus un cartilage est épais, moins il est dense.

2. La matrice extracellulaire (MEC)

D'un point de vue histologique, la MEC du cartilage, quel que soit son type, est colorée en bleu turquoise par le bleu Alcian. Cet aspect histologique simple est extrêmement trompeur. En effet, les analyses biochimiques ont bien montré la très grande complexité de ce milieu. Actuellement, cette matrice doit être considérée comme un réseau tridimensionnel très complexe qui rend compte des propriétés physiques de chaque variété de cartilage.

B. Les cartilages classés selon la nature de leur MEC

La MEC cartilagineuse peut être dépourvue de fibres visibles en MO (cartilage hyalin), ou contenir des fibres de collagène (cartilage fibreux) ou d'élastine (cartilage élastique).

1. Le cartilage hyalin (fig. 6.1)

Le cartilage hyalin est défini par l'absence de réseau fibrillaire visible en MO dans sa MEC. En fait, certaines préparations permettent de mettre en évidence des réseaux de fibrilles visibles en lumière polarisée. Ces réseaux se développent d'autant plus facilement que les contraintes mécaniques sont plus importantes.

2. Le cartilage fibreux (fig. 6.2)

Contrairement au précédent, sa MEC contient d'épais faisceaux de fibres de collagène de type I. Ces fibres sont bien visibles par une coloration telle qu'un trichrome qui permet de montrer que les faisceaux sont orientés le long des lignes de force (contraintes mécaniques que subit le tissu).

3. Le cartilage élastique (fig. 6.3)

Il se distingue des deux précédents par la présence de nombreuses fibres d'élastine disposées dans toutes les directions de l'espace. Ainsi, contrairement au cartilage fibreux, il n'y a pas d'orientation préférentielle des fibres élastiques. Ces fibres peuvent être mises en évidence à l'aide de colorations signalétiques comme l'orcéine ou la fuchsine-résorcine. Il faut aussi noter une seconde différence par rapport aux deux tissus précédents : le cartilage élastique est caractérisé par une densité cellulaire beaucoup plus importante que les autres types de cartilage.

C. Les cartilages classés selon la nature du tissu environnant

Deux grands groupes de cartilages peuvent être individualisés selon le tissu environnant. Cette classification a une importance fonctionnelle et nous paraît devoir être prise en compte en particulier pour appréhender certains processus pathologiques. Tous les cartilages, à l'exception du cartilage hyalin articulaire, sont recouverts par un tissu conjonctif particulier, le *périchondre*, qui joue un rôle dans la croissance et la réparation du cartilage.

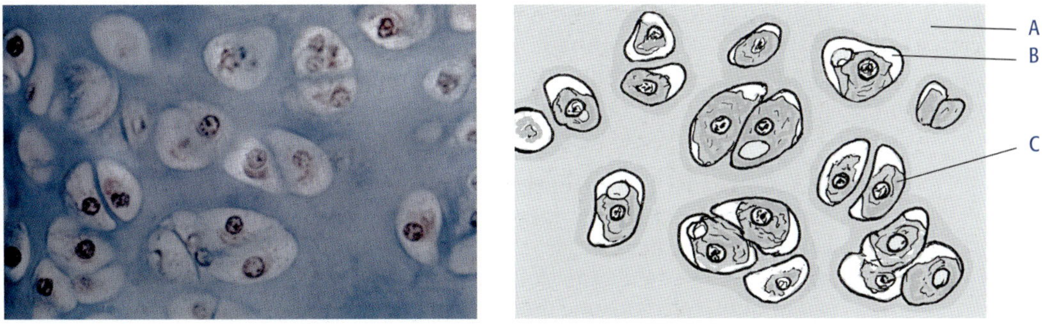

Fig. 6.1
Cartilage hyalin. MO.
A. Matrice cartilagineuse. B. Chondroplaste. C. Chondrocyte.

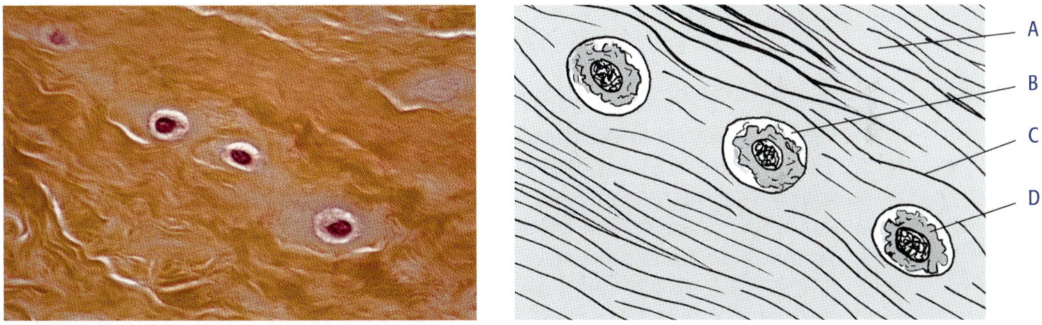

Fig. 6.2
Cartilage fibreux. MO.
A. Matrice cartilagineuse. B. Chondroplaste. C. Fibre de collagène. D. Chondrocyte.

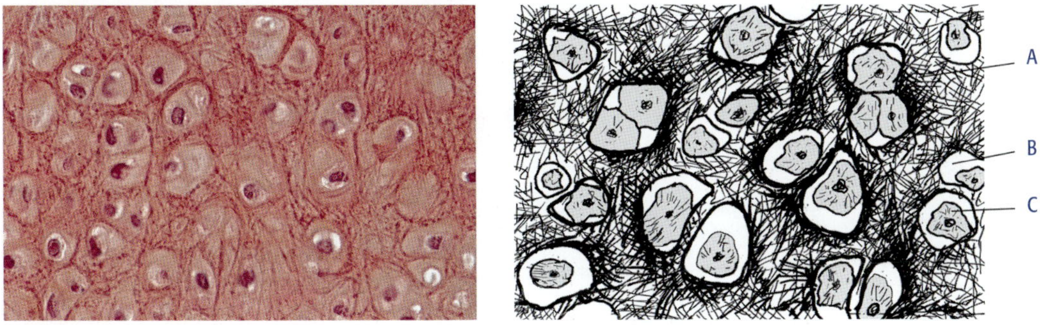

Fig. 6.3
Cartilage élastique. MO.
A. Fibres élastiques dans la matrice extracellulaire. B. Chondroplaste. C. Chondrocyte.

1. Les cartilages recouverts de périchondre

Tous les cartilages de l'organisme adulte, à l'exception des cartilages articulaires, sont entièrement recouverts par le *périchondre*, tissu conjonctif formé de fibroblastes et d'un réseau dense de fibres de collagène. C'est un tissu vascularisé, contrairement au cartilage. Il existe un gradient de différenciation au sein du périchondre, si bien que les cellules les plus proches du cartilage perdent leur prolongement, prennent un aspect plus globuleux et deviennent des chondroblastes. Ainsi, le périchondre contribue à la formation de cellules cartilagineuses.

2. Les cartilages articulaires

Ils sont localisés électivement au niveau des articulations mobiles. La face articulaire forme l'interface entre les deux pièces osseuses. Ainsi, les cartilages articulaires assurent le jeu et la mobilité de l'articulation. La face opposée à l'articulation (ou face abarticulaire) est enchâssée dans l'os avec une calcification de la MEC cartilagineuse située à l'interface osseuse. Enfin, latéralement, l'articulation est limitée par le tissu synovial. La disposition des chondrocytes dans ce type de cartilage est particulière. Les cellules superficielles (au voisinage de l'articulation) sont aplaties et parallèles à la surface articulaire ; les cellules profondes sont plus arrondies et prennent un aspect en colonnes perpendiculaires à la surface articulaire.

II. Microscopie électronique (ME)

Les données de la ME (fig. 6.4) sont assez peu informatives. Actuellement, l'analyse de la MEC passe par les techniques d'immunohistochimie associées à la microscopie confocale. En ME, le chondrocyte est une cellule active du point de vue métabolique (réticulum endoplasmique abondant, appareil de Golgi bien développé, mitochondries nombreuses).

III. Caractérisations moléculaires *in situ*

Dans le cartilage comme dans tous les tissus, il faut opposer les techniques d'immunohistochimie à celles d'hybridation *in situ*. Cette distinction est d'autant plus fondamentale que la MEC cartilagineuse peut donner un bruit de fond important gênant l'interprétation des résultats. Il faut donc impérativement recommander de procéder aux contrôles nécessaires avant d'interpréter une image. C'est dire l'importance de réaliser des techniques d'immunohistochimie en omettant le premier anticorps, afin de vérifier que le marquage est bien spécifique. Pour les techniques

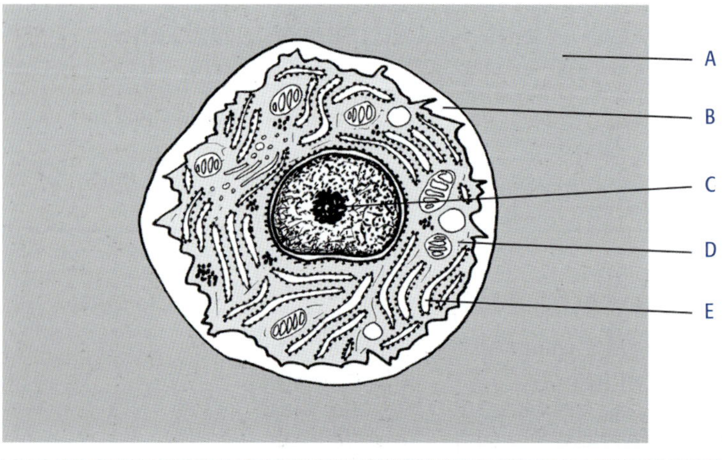

Fig. 6.4
Chondrocyte. ME.
A. Matrice extracellulaire cartilagineuse. B. Chondroplaste. C. Nucléole du chondrocyte. D. Cytoplasme du chondrocyte. E. Réticulum endoplasmique granulaire.

d'hybridation *in situ*, il faut s'assurer que la sonde sens ne donne pas de signal avant de conclure avec la sonde antisens. Nous rappellerons au lecteur que les signaux des techniques d'hybridation *in situ* sont toujours cellulaires. Ces rappels méthodologiques étant faits, toutes ces techniques peuvent être utilisées pour l'étude du cartilage et permettent de mieux comprendre sa composition.

A. La MEC est complexe

La haute teneur en eau de la MEC (70 à 80 % de son poids) permet aux différentes formes de cartilages d'être déformables. Les protéines majoritaires sont les collagènes, notamment le collagène II et le collagène IX. Les composants non collagéniques sont plus minoritaires mais peuvent jouer un rôle fondamental. Il en est ainsi des protéoglycanes qui rendent compte de certaines propriétés biomécaniques du cartilage.

B. Le concept de chondrone

Les chondrocytes forment des unités isolées dénommées chondrones. Un chondrone peut être formé par un seul chondrocyte et la matrice qui l'entoure ou par plusieurs chondrocytes. L'immunohistochimie a permis de montrer que la limite d'un chondrone est caractérisée par la présence de collagène de type IX. Les interactions possibles entre chondrones voisins restent encore à analyser.

C. Les arcades fibrillaires du cartilage articulaire

Les fibrilles de collagène II du cartilage articulaire sont parallèles à la surface articulaire et sont perpendiculaires en profondeur. Les techniques d'immunohistochimie ont montré que ces fibres ont en fait la forme d'arcades avec un changement progressif de direction. Il est troublant de constater que la nature utilise des formes largement utilisées par l'architecture pour permettre la répartition des forces.

IV. Données histophysiologiques

A. Nutrition du cartilage

Le tissu cartilagineux n'est pas vascularisé. Sa nutrition est assurée à partir du liquide synovial pour le cartilage articulaire et à partir du périchondre (qui, lui, est richement vascularisé) pour les autres cartilages.

B. Réparation du cartilage

Le périchondre, quand il existe, assure la réparation et la maintenance du tissu cartilagineux. C'est un processus très efficace qui permet le renouvellement cellulaire. Ainsi, les cartilages hyalins non articulaires, élastiques et fibreux, sont maintenus dans leur intégrité. Il n'existe d'ailleurs aucune pathologie liée à une usure de ces types de cartilages. Les seules anomalies connues sont des pathologies inflammatoires.

Il en est tout autrement du cartilage articulaire. En cas d'usure de ce cartilage, il n'y a aucun apport cellulaire possible en l'absence de périchondre. Les chondrocytes se divisent (faiblement) ce qui ne permet pas une cicatrisation parfaite du cartilage. Aussi, les processus pathologiques sont particulièrement fréquents (arthrose). La seule technique de réparation satisfaisante serait la transplantation de chondrocytes.

C. Le cartilage articulaire

Le cartilage articulaire est impliqué dans de nombreux processus. Il est notamment responsable de l'*arthrose* (mieux nommée *ostéoarthrite*), affection dégénérative du cartilage articulaire qui génère de graves problèmes de santé publique. Le cartilage articulaire doit être rigide mais aussi déformable pour permettre d'assurer une répartition harmonieuse des pressions qui s'exercent sur l'articulation.

▶ Pour une articulation des membres inférieurs, les pressions qui s'exercent en position de repos sont de 1 à 2 atmosphères mais augmentent à 100 à 200 atmosphères en position debout. Ces chiffres montrent l'importance des contraintes mécaniques qui s'exercent sur les cartilages articulaires.

D. Le cartilage élastique

L'orientation des fibres élastiques en un réseau tridimensionnel permet la déformation des cartilages élastiques et la restitution de leur forme initiale. Ces cartilages sont présents dans tous les sites qui nécessitent de telles propriétés physiques. Les cartilages élastiques laryngés sont utiles dans la phonation. L'épiglotte doit être élastique afin de se déformer pour fermer la filière aérienne lors de la déglutition et reprendre sa place pour permettre la respiration.

▶ Bien qu'il renferme toujours du cartilage élastique, le pavillon de l'oreille externe a perdu son rôle dans l'espèce humaine, mais, phylogénétiquement, chez les mammifères, il se déforme et permet l'adaptation de l'audition dans les meilleures conditions (recherche et localisation d'un ennemi potentiel pour les proies et localisation des futures victimes pour les prédateurs).

POINTS CLÉS

▶ Le cartilage forme une des variétés de tissu conjonctif.

▶ La matrice extracellulaire (MEC) du cartilage est rigide mais non calcifiée.

▶ Le cartilage est constitué d'un seul type cellulaire, le chondrocyte.

▶ On peut différencier plusieurs types de tissus cartilagineux selon la composition de leur MEC : le cartilage hyalin, le cartilage fibreux et le cartilage élastique. Ces variétés diffèrent aussi par leurs propriétés biomécaniques.

▶ Certains cartilages sont entourés d'un tissu conjonctif appelé périchondre alors que les autres en sont dépourvus.

▶ Le cartilage n'est pas vascularisé.

ENTRAÎNEMENT

DOC

Inscrire les légendes correspondant aux structures désignées par les lettres portées en légende du schéma.

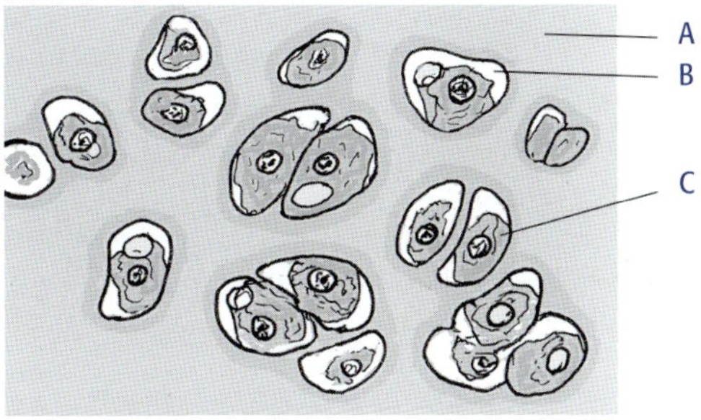

Fig. 6.1 Cartilage hyalin. MO.

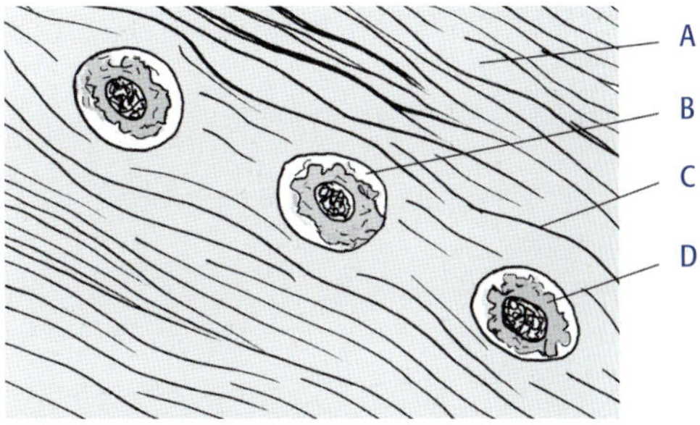

Fig. 6.2 Cartilage fibreux. MO.

Fig. 6.3 Cartilage élastique. MO.

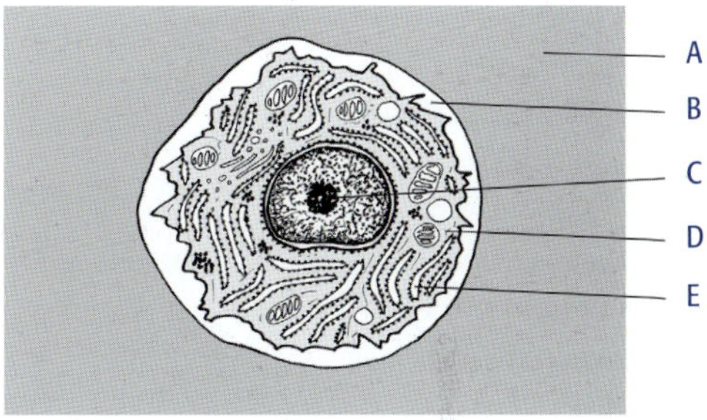

Fig. 6.4 Chondrocyte. ME.

QCM

1. L'examen en microscopie optique d'une coupe de cartilage hyalin colorée par l'hématéine-éosine permet de visualiser :

- ❑ **A.** Des agrégats de protéoglycanes.
- ❑ **B.** Des microfibrilles de collagène.
- ❑ **C.** Des fibres élastiques.
- ❑ **D.** Des chondroplastes.
- ❑ **E.** Le noyau des chondrocytes.

2. L'examen en microscopie optique d'une coupe de cartilage fibreux colorée par le trichrome de Masson permet de visualiser :

- ❑ **A.** Des agrégats de protéoglycanes.
- ❑ **B.** Des trousseaux de fibres de collagène.
- ❑ **C.** Des fibres élastiques.
- ❑ **D.** Des fibroblastes.
- ❑ **E.** Le noyau des chondrocytes.

3. L'examen en microscopie électronique d'une coupe de cartilage hyalin permet de visualiser :

- ❑ **A.** Les mitochondries des chondrocytes.
- ❑ **B.** Des microfibrilles de collagène.
- ❑ **C.** Des fibres élastiques.
- ❑ **D.** Des fibroblastes.
- ❑ **E.** Les vésicules à centre dense du cytoplasme des chondrocytes.

4. Parmi les propositions suivantes, laquelle (lesquelles) s'applique(nt) au cartilage articulaire ?

- ❑ **A.** Sa nutrition est assurée par des capillaires sanguins.
- ❑ **B.** Sa nutrition est assurée par des capillaires lymphatiques.
- ❑ **C.** Il s'agit de cartilage hyalin.
- ❑ **D.** La coloration par l'orcéine y met en évidence des fibres d'élastine.
- ❑ **E.** Il assure la croissance en longueur des os longs.

5. Parmi les localisations suivantes, lesquelles sont exactes pour le cartilage fibreux ?

- ❑ **A.** La symphyse pubienne.
- ❑ **B.** Les ménisques du genou.
- ❑ **C.** Les cartilages costaux.
- ❑ **D.** Le cartilage de la trachée.
- ❑ **E.** L'épiglotte.

6. Parmi les localisations suivantes, lesquelles sont exactes pour le cartilage élastique ?

- ❑ **A.** La symphyse pubienne.
- ❑ **B.** Les disques intervertébraux.
- ❑ **C.** L'épiglotte.
- ❑ **D.** Les cartilages articulaires.
- ❑ **E.** L'insertion du tendon d'Achille.

7. Parmi les propositions suivantes relatives au périchondre, laquelle (lesquelles) est (sont) exacte(s) ?

- ❑ **A.** Il est dépourvu de capillaires sanguins.
- ❑ **B.** Ses cellules principales sont des fibroblastes.
- ❑ **C.** Il est particulièrement riche en fibres élastiques.
- ❑ **D.** Il est plus épais au niveau des cartilages articulaires.
- ❑ **E.** Il contient un réseau dense de fibres de collagène.

8. La photographie ci-dessous illustre l'aspect histologique d'un des tissus de l'organisme. Parmi les caractéristiques suivantes, laquelle (lesquelles) s'applique(nt) à ce tissu ?

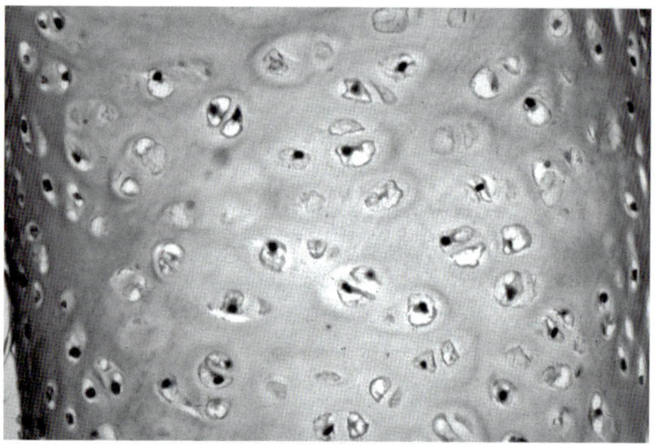

- ❑ **A.** C'est une variété de tissu conjonctif.
- ❑ **B.** Il est composé de plusieurs types cellulaires.
- ❑ **C.** Il est très riche en fibres de collagène de type I.
- ❑ **D.** Il est vascularisé.
- ❑ **E.** Il est dépourvu d'innervation.

9. La photographie ci-dessous illustre l'aspect histologique d'un des tissus de l'organisme après coloration par l'orcéine. Parmi les propositions suivantes, laquelle (lesquelles) s'applique(nt) à la matrice extracellulaire de ce tissu ?

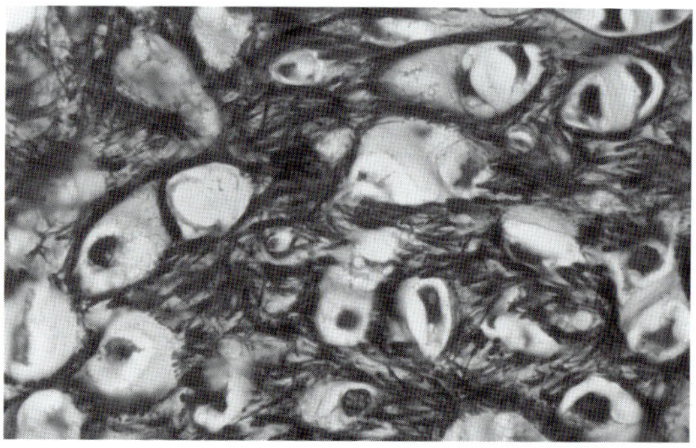

- ❑ **A.** Elle est très riche en eau.
- ❑ **B.** Elle contient des fibres de collagène de type II.
- ❑ **C.** Elle est riche en fibres élastiques.
- ❑ **D.** Elle est minéralisée.
- ❑ **E.** Elle est richement innervée.

QROC

1. Donner le nom des logettes dans lesquelles sont logés les chondrocytes.
2. De quel type de tissu cartilagineux sont faits les disques intervertébraux ?
3. De quel type de tissu cartilagineux sont faits les ménisques des genoux ?
4. Comment s'effectue la nutrition des cartilages articulaires ?
5. Énumérer trois localisations de cartilage hyalin.
6. Énumérer trois localisations de cartilage fibreux.
7. Citer deux localisations de cartilage élastique.

Pour les corrections, se reporter à la page 195

7

Le tissu osseux

Le tissu osseux est un tissu conjonctif spécialisé de consistance dure et dont la MEC est calcifiée. Cette caractéristique la rend opaque aux rayons X, ce qui permet l'analyse morphologique des os *in vivo* par la radiographie ou la tomodensitométrie X (scanner). Toutefois, cette caractéristique ne doit pas faire penser que l'os n'est formé que par des sels de calcium. La MEC osseuse contient deux phases : une phase minérale (responsable de la calcification) et une phase organique avec de très nombreuses protéines. La calcification de la MEC rend compte de la persistance de la phase minérale après la mort. Ainsi, le squelette (ensemble des tissus minéralisés, notamment calcifiés, non seulement les os mais aussi les dents) est la seule partie de l'individu présente après la mort et la putréfaction des parties molles. Toutefois, ce squelette ne représente que la phase minérale du tissu osseux, les constituants organiques de l'os (cellules et phase organique de la MEC) sont intégralement dégradés. Il faut absolument se souvenir que l'os est un tissu vivant dont l'activité métabolique est importante et dont les fonctions sont multiples (soutien mécanique du corps, stockage du calcium, hématopoïèse).

I. Microscopie optique (MO)

Du fait de la calcification de la MEC osseuse, les techniques habituelles de MO sont plus difficiles à réaliser. Pour pouvoir couper un os avec un microtome banal, il faut au préalable le décalcifier par action d'une solution acide. Certains de ces traitements sont préjudiciables et ne permettent pas de réaliser ensuite des techniques d'immunocytochimie ou d'hybridation *in situ*. On peut également abraser un os sec et observer au microscope le tissu osseux débarrassé de ses cellules. Il est maintenant également possible d'utiliser des microtomes spéciaux qui permettent de réaliser des coupes après inclusion dans des matières plastiques, sans avoir à décalcifier la matrice osseuse. Le tissu osseux est organisé différemment selon sa localisation. Cette organisation tissulaire répond à des contraintes mécaniques différentes. Toutefois, tous les os sont formés par du tissu osseux dont l'organisation élémentaire est similaire.

A. Organisation élémentaire du tissu osseux

Comme tous les tissus conjonctifs, le tissu osseux contient des cellules et une MEC.

1. Les cellules du tissu osseux appartiennent à 2 lignages différents

On peut distinguer dans le tissu osseux deux types cellulaires qui diffèrent par leur origine et par leur fonction.

a. Les cellules ostéoformatrices

Les cellules ostéoformatrices sont responsables de l'élaboration de la MEC osseuse. Ces cellules peuvent se présenter sous plusieurs aspects morphologiques qui représentent différents états fonctionnels. Nous les avons regroupées sous un seul vocable pour bien montrer qu'elles forment un compartiment cellulaire unique. Les cellules ostéoformatrices au repos se disposent en périphérie de la MEC osseuse et sont séparées de celle-ci par une fine couche de collagène non minéralisée. Elles sont nommées *cellules bordantes* et forment une couche unicellulaire de cellules aplaties. Lorsque les cellules bordantes sont activées, elles prennent le nom d'*ostéoblastes* qui forment une couche unicellulaire de cellules cubiques riches en activité de synthèse protéique et riches en organites. Ces cellules élaborent la MEC. Parmi les ostéoblastes, une cellule sur 40 s'intègre dans la MEC dans une logette appelée ostéoplaste et prend alors le nom d'*ostéocyte*. Il existe en permanence chez l'adulte des cellules souches à potentialité ostéoblastique présentes en particulier dans la moelle osseuse.

b. Les ostéoclastes

Les cellules ostéorésorbantes (ou ostéoclastes) sont beaucoup moins nombreuses et proviennent de la lignée macrophagique. Ces cellules, volumineuses et multinucléées, sont impliquées dans la dégradation de la MEC osseuse.

2. La matrice extracellulaire (MEC)

La MEC osseuse est peu hydratée et fait de l'os le tissu le moins riche en eau de tout l'organisme. Toutefois, environ 50 % du poids de l'os est dû à la présence d'eau. La MEC osseuse a la particularité d'être calcifiée. On peut donc décrire deux compartiments en son sein : une matrice organique dont la constitution est très complexe et une matrice minérale constituée de cristaux d'apatite hydratés riches en calcium. La matrice organique est riche en fibres de collagène de type I.

B. Les organisations supracellulaires du tissu osseux

1. Os compact (cortical ou haversien) et os spongieux (trabéculaire)

Si on sectionne un os long adulte selon son grand axe, deux zones différentes apparaissent immédiatement aux yeux de l'observateur. Aux extrémités (épiphyses), l'os est formé de travées qui s'enchevêtrent et forment un réseau tridimensionnel complexe appelé os spongieux (ou os trabéculaire) (fig. 7.1 et 7.2). Cette variété de tissu osseux représente 10 % du squelette chez l'adulte. Les travées osseuses déterminent des cavités contenant les cellules de la moelle osseuse (ou moelle rouge, ou moelle hématopoïétique). La matrice osseuse représente 20 % du volume de ce tissu. La direction des travées est expliquée par la répartition des forces mécaniques qui s'exercent sur la pièce osseuse rendant compte de la solidité de l'os spongieux malgré son architecture. La partie centrale de l'os (ou diaphyse) est centrée par une cavité occupée par un tissu jaunâtre très riche en adipocytes formant la moelle jaune. Les bords de cette cavité sont limités par un os très homogène, dur, formant l'os compact qui représente 90 % du tissu osseux de l'organisme. Dans le tissu osseux compact (fig. 7.3), la matrice osseuse occupe 95 % du volume tissulaire.

L'unité élémentaire du tissu osseux compact est constituée par un *ostéone* (ou système de Havers). Les fibres de collagène y sont orientées formant des structures en lamelles centrées par un canal (canal de Havers) qui contient un vaisseau sanguin central. Des canaux transversaux (canaux de Volkmann) relient les canaux de Havers au périoste et permettent le cheminement des vaisseaux sanguins. Du fait du remaniement continu des ostéones, ceux-ci sont plus ou moins complets. Un ostéone jeune (récemment formé) constitue un cylindre complet. Un ostéone ancien est remanié et est incomplet et de ce fait a perdu sa structure cylindrique (systèmes interstitiels). Dans un os compact, les ostéones occupent la quasi-totalité du volume osseux, seules les faces externe et interne sont formées de lamelles osseuses concentriques parallèles au périoste et à l'endoste, formant respectivement les systèmes circonférentiels externe et interne.

Tant au niveau de l'os spongieux que de l'os compact, le tissu osseux est recouvert par un tissu conjonctif externe, le *périoste*, et un tissu conjonctif interne, l'*endoste*. Ces deux tissus sont ostéogènes et concourent à la maintenance du tissu osseux chez l'adulte et à la croissance du tissu osseux chez l'enfant.

2. Os lamellaire et os réticulaire

Chez l'adulte, le tissu osseux, qu'il soit compact ou trabéculaire, a toujours une structure lamellaire. L'os réticulaire (os tissé ou os immature) ne s'observe qu'au cours de l'ossification primaire. Les faisceaux de fibres de collagène y sont entrecroisés sans aucune organisation ; la MEC y est peu calcifiée. La durée de vie de ce type de tissu osseux est courte : il est rapidement remplacé par un tissu osseux de type lamellaire ; toutefois, dans certaines localisations (là où les tendons s'implantent), l'os réticulaire persiste.

II. Microscopie électronique (ME)

L'analyse en ME du tissu osseux permet de mieux mettre en évidence l'état métabolique des différentes populations cellulaires et d'apprécier les relations intercellulaires.

A. Les cellules ostéoformatrices

Les *cellules bordantes* sont des cellules pauvres en organites, témoin de leurs faibles capacités métaboliques.

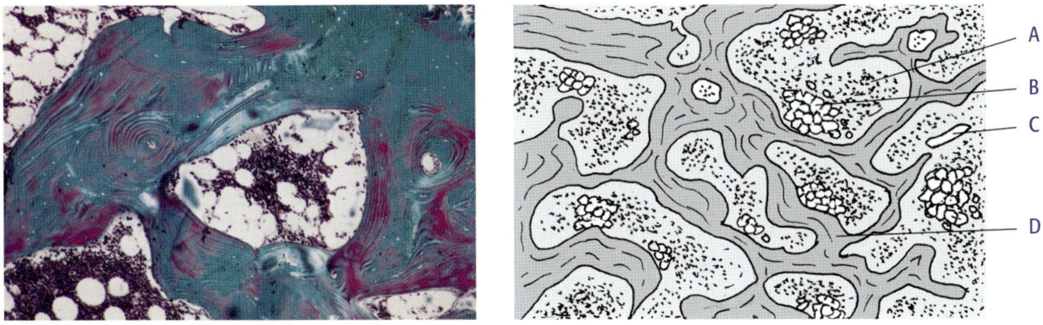

Fig. 7.1
Os trabéculaire. MO. fg.
A. Cellules hématopoïétiques. B. Adipocytes. C. Capillaire sanguin. D. Travée osseuse.

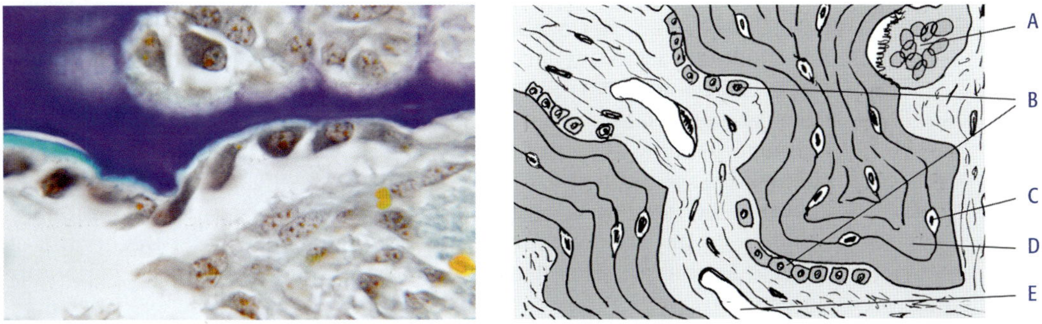

Fig. 7.2
Os trabéculaire. MO. Fg.
A. Ostéoclaste. B. Ostéoblastes. C. Ostéocyte. D. Lamelle osseuse. E. Capillaire sanguin.

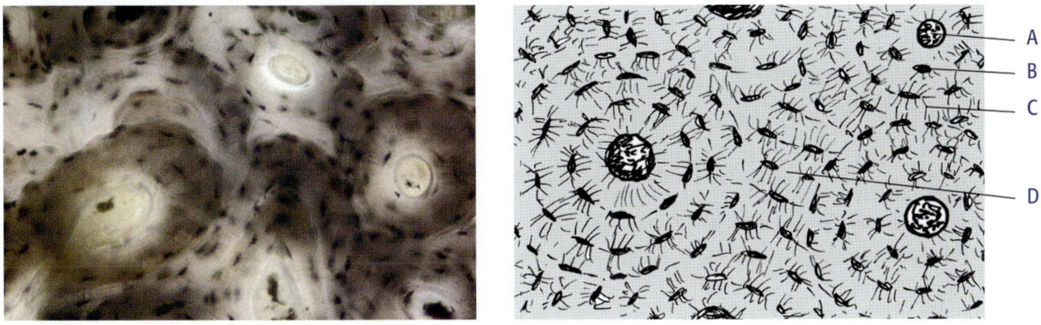

Fig. 7.3
Os haversien. MO. fg.
A. Canal de Havers. B. Ostéoplaste. C. Canalicule. D. Matrice osseuse.

Lorsqu'elles sont activées, les cellules bordantes deviennent des *ostéoblastes* (fig. 7.4) qui sont des cellules riches en organites impliqués dans la sécrétion cellulaire (réticulum endoplasmique granulaire, appareil de Golgi, mitochondries). La face de l'ostéoblaste en contact avec la matrice osseuse est pourvue de nombreux prolongements cytoplasmiques qui pénètrent dans la matrice. Les ostéoblastes présentent de nombreuses zones de contact avec les ostéoblastes voisins et notamment des jonctions communicantes.

Les *ostéocytes* (fig. 7.5) sont des cellules dont les fonctions métaboliques sont plus quiescentes que celles des ostéoblastes. Ils sont donc moins riches en organites cytoplasmiques. Les ostéocytes présentent des prolongements cytoplasmiques qui leur permettent des contacts via des jonctions communicantes avec les ostéocytes voisins et avec les ostéoblastes. Ces prolongements sont contenus dans des canalicules qu'il est possible de mettre en évidence dans la MEC. Ces contacts permettent les échanges de nutriments ainsi que les échanges avec les vaisseaux sanguins. On estime que ces échanges sont efficaces et permettent la nutrition d'une quinzaine de cellules jointives.

B. **Les ostéoclastes** (fig. 7.6)

Ce sont des cellules volumineuses mesurant entre 50 et 100 µm et contenant entre 30 et 50 noyaux. Le tissu osseux en regard est en voie de résorption et forme une lacune de Howship qui est le témoin de l'activité ostéorésorbante des ostéoclastes. L'ostéoclaste est amarré à la matrice osseuse par un anneau périphérique qui délimite une zone centrale. L'anneau périphérique circonférentiel est fait d'une multitude de jonctions cellule-MEC ponctuelles appelées *podosomes*. La zone centrale (ou chambre de digestion) est isolée du milieu extérieur et la membrane cellulaire, à ce niveau, présente une bordure en brosse. De nombreux lysosomes sont présents dans le cytoplasme situé en regard de la bordure en brosse.

III. Caractérisations moléculaires *in situ*

1. La matrice organique

Le collagène de type I est la protéine largement majoritaire de la MEC osseuse. Il représente 90 % de la matrice organique et forme des réseaux de fibres dont l'organisation dépend de celle de l'os (os lamellaire ou os réticulaire). D'autres protéines sont en quantité beaucoup plus faible mais leur rôle est majeur puisqu'elles permettent de réguler la minéralisation osseuse (ostéonectine, ostéocalcine) ou qu'elles assurent la jonction entre les cristaux d'apatite hydratés et les cellules osseuses (ostéopontine). Ainsi, la MEC osseuse doit être conçue comme un réseau moléculaire complexe assurant un rôle structural mais aussi un rôle biochimique particulier. Il faut bien se garder de considérer cette matrice comme un milieu inerte peu actif sur le plan métabolique.

2. La matrice, réservoir de cytokines et facteurs de croissance

Une des caractéristiques les plus remarquables de la MEC osseuse est son contenu en cytokines et facteurs de croissance qui persistent de façon rémanente liés aux molécules de la MEC. Ces facteurs ont des origines multiples (cellules osseuses, ou origine systémique, véhiculés par le sang circulant) ; lorsque la MEC est dégradée par l'action des ostéoclastes, ces molécules sont libérées et peuvent alors agir sur les cellules ostéoformatrices. Ce système de relargage explique le couplage qui existe entre résorption et formation osseuses.

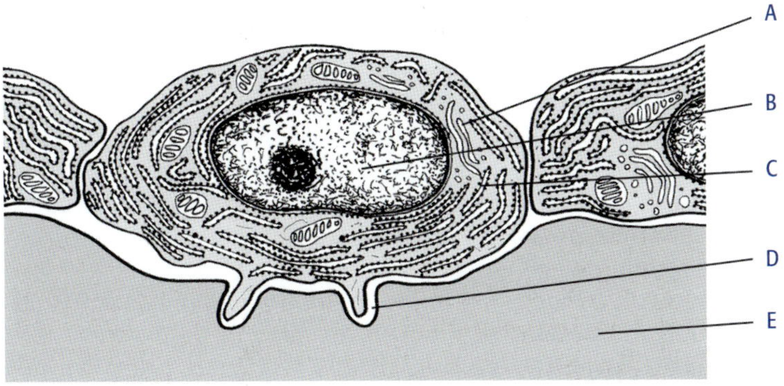

Fig. 7.4
Ostéoblaste. ME.
A. Appareil de Golgi. B. Noyau d'un ostéoblaste. C. Réticulum endoplasmique granulaire. D. Canalicule (dans la matrice osseuse). E. Matrice osseuse.

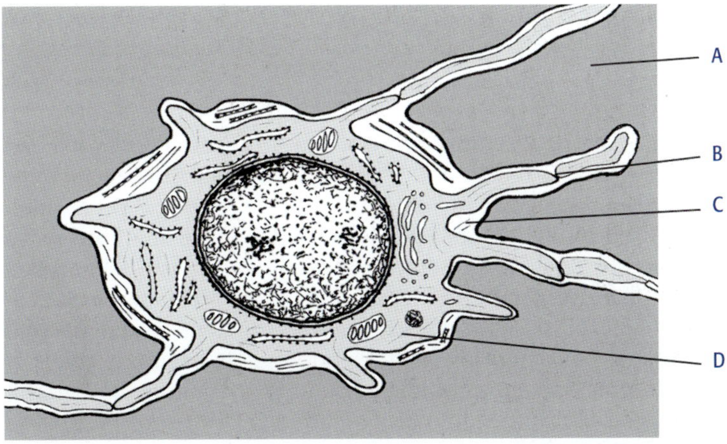

Fig. 7.5
Ostéocyte. ME.
A. Matrice osseuse. *B.* Jonction communicante entre deux prolongements cytoplasmiques d'ostéocytes. *C.* Ostéoplaste. *D.* Corps cellulaire d'un ostéocyte.

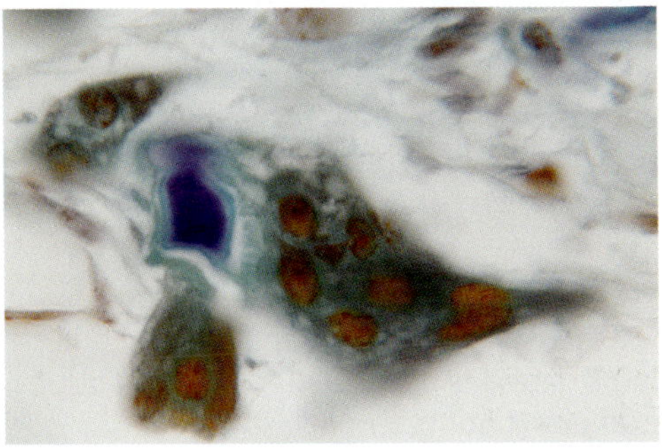

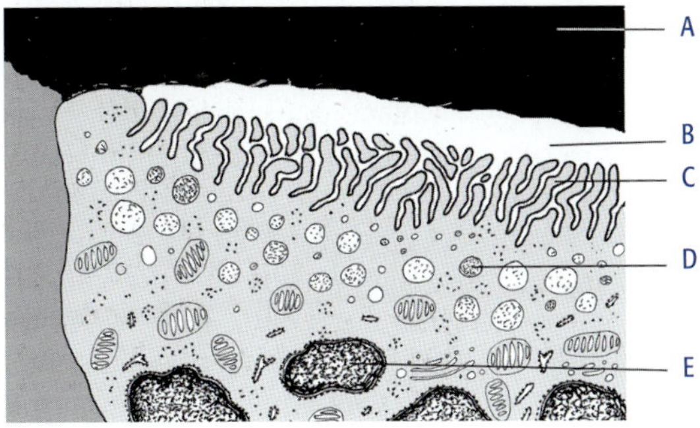

Fig. 7.6
Ostéoclaste. a. MO. b. ME.
A. Matrice osseuse calcifiée. *B.* Chambre de digestion. *C.* Microvillosité de la bordure en brosse. *D.* Lysosome. *E.* Un des multiples noyaux de l'ostéoclaste.

IV. Données histophysiologiques

A. Le remodelage osseux est le fait d'une coopération précise entre les ostéoclastes et les ostéoblastes

Que ce soit dans l'os compact ou trabéculaire, le tissu osseux est en constant renouvellement. Ce remodelage permanent, dans lequel s'intriquent la résorption et la formation de tissu osseux, s'effectue grâce à des unités fonctionnelles de remodelage où les ostéoclastes et ostéoblastes sont étroitement associés. L'os est ainsi formé de millions d'unités fonctionnelles de remodelage, mobiles et progressant dans le tissu osseux (les ostéoclastes étant à l'avant et les ostéoblastes à l'arrière). Les activités métaboliques de ces deux populations cellulaires sont couplées dans l'espace et dans le temps. Un cycle de remodelage dure environ quatre mois chez l'adulte, la phase de formation étant plus longue que celle de résorption.

1. Phase d'activation

La surface osseuse est normalement recouverte de cellules bordantes qui empêchent l'accès des ostéoclastes à la MEC. Sous l'action de facteurs ostéorésorbants (hormone parathyroïdienne ou PTH, vitamine D3 et prostaglandine PgE2), les cellules bordantes se rétractent et libèrent l'accès aux ostéoclastes qui peuvent adhérer à la matrice osseuse. L'afflux des ostéoclastes est favorisé par la prolifération de leurs précurseurs médullaires sous l'effet de plusieurs molécules, notamment du M-CSF sécrété par les ostéoblastes. Les ostéoclastes proviennent de la fusion de préostéoclastes issus de précurseurs mononucléés, eux-mêmes issus des monocytes (donc de la cellule souche hématopoïétique CFU-M) sous l'action de M-CSF (sécrété par les ostéoblastes, notamment en réponse à la vitamine D3 et à la PTH).

Les ostéoblastes sont également indispensables à la mise en place du programme de différenciation des précurseurs ostéoclastiques en préostéoclastes puis en ostéoclastes et enfin en ostéoclastes actifs. La mise en place du programme de différenciation des précurseurs ostéoclastiques en préostéoclastes puis en ostéoclastes est principalement sous la dépendance de trois molécules : ODF (*Osteoclast Differentiating Factor*), OPG (ostéoprotégérine) et RANK.

ODF, récepteur situé dans la membrane plasmique des ostéoblastes, peut se lier à OPG, sécrétée par les ostéoblastes. ODF peut également se lier à RANK, récepteur situé dans la membrane des précurseurs ostéoclastiques. La liaison ODF/RANK stimule la différenciation ostéoclastique tandis que la liaison ODF/OPG l'inhibe.

Chez la souris, l'invalidation génique d'OPG entraîne une réduction de la masse osseuse (ostéoporose par hyperostéoclastose) alors que son hyperexpression chez des souris transgéniques entraîne une augmentation de la masse osseuse (ostéopétrose par absence d'ostéoclastes). À l'inverse, toujours chez la souris, l'invalidation du gène RANK ou du gène ODF entraîne une ostéopétrose sévère due à l'absence d'ostéoclastes. Ainsi ODF apparaît comme le facteur essentiel de l'ostéoclastogenèse, processus dans lequel les ostéoblastes (producteurs notamment de M-CSF et d'ODF) sont indispensables.

2. Phase de résorption du tissu osseux

Chaque ostéoclaste devenu actif se fixe à la matrice sur le lieu de résorption et la phase de résorption de la matrice commence. Elle s'effectue en deux étapes successives :

- la dissolution de la phase minérale par l'acidification du compartiment de résorption ;
- la dégradation de la matrice organique sous l'action d'enzymes protéolytiques lysosomales.

Les caractéristiques morphologiques des ostéoclastes rendent compte de leur rôle de destruction du tissu osseux (ostéoclasie). La constitution d'un anneau périphérique de scellage permet l'isolement d'une chambre de digestion étanche (ou lacune de Howship) entre la membrane de l'ostéoclaste et la surface de la MEC osseuse. Cet anneau circonférentiel de scellage est fait d'une multitude de jonctions cellules-MEC ponctuelles ou podosomes. Chaque podosome est fait d'une chaîne de molécules de la MEC (ostéopontine, sialoprotéines osseuses, thrombospondine, vitronectine et collagène I), de molécules transmembranaires (intégrines $\alpha_V\beta_3$ et $\alpha_2\beta_1$), puis de molécules intracytoplasmiques (taline, vinculine, etc.) liées à des faisceaux de filaments d'actine du cytosquelette de l'ostéoclaste disposés perpendiculairement à la surface cellulaire et entre lesquels se logent des invaginations tubulaires de la membrane plasmique. La région cytoplasmique dans laquelle se situe cet anneau d'actine (dite « zone claire ») est dépourvue d'organites de synthèse.

Le domaine apical de la membrane plasmique de l'ostéoclaste formant le toit de la chambre de digestion se différencie en une bordure en brosse au niveau de laquelle se trouve une pompe à protons qui, grâce à l'activité de l'anhydrase carbonique II, sécrète des ions H+ qui par l'acidification qu'ils entraînent dissolvent la phase minérale de la MEC formant le plancher de la chambre. C'est également au niveau de la bordure en brosse que les nombreux lysosomes de la cellule déversent leur contenu enzymatique (hydrolases acides et notamment phosphatase acide, cathepsine, collagénases et autres métalloprotéinases matricielles) destiné à digérer les constituants organiques de la MEC osseuse.

La morphologie des ostéoclastes reflète leur degré d'activation : la vitamine D et la PTH, qui stimulent l'activité des ostéoclastes, augmentent leur bordure en brosse, alors que la calcitonine et la PgE2, inhibant leur activité, la diminuent. Le domaine basolatéral de la membrane plasmique des ostéoclastes contient notamment des récepteurs à la calcitonine et des récepteurs à la prostaglandine PgE2 (récepteurs dont la stimulation entraîne la réduction de la bordure en brosse et inhibe la résorption osseuse).

Au total, les hormones comme la PTH et la vitamine D3, ainsi que certaines cytokines (IL-1, TNF-α) induisent la sécrétion par les ostéoblastes de plusieurs facteurs intermédiaires locaux (M-CSF, IL-6, IL-11, PgE2). Ces derniers, à l'exception du M-CSF, agissent en retour sur l'ostéoblaste pour induire l'expression du facteur membranaire ODF. Ce facteur interagit avec son récepteur porté par le précurseur ostéoclastique et déclenche le programme de différenciation cellulaire qui aboutira à l'ostéoclaste actif.

3. Phase d'inversion

Quand les ostéoclastes ont fini de creuser une lacune, ils meurent par apoptose et sont remplacés par des macrophages qui lissent le fond de la lacune.

4. Phase de formation de tissu osseux

Elle comporte deux temps, au cours desquels les ostéoblastes jouent le rôle majeur :

- la production de MEC par les ostéoblastes ;
- la minéralisation de cette MEC.

a. La production de MEC est liée à la prolifération et à l'activation des ostéoblastes

Quand la résorption osseuse est terminée, les cellules ostéoprogénitrices présentes à la surface du tissu osseux (au niveau de la couche interne du périoste, des cavités médullaires, des canaux de Havers ou de Volkmann) se divisent et se différencient en ostéoblastes. Les précurseurs des ostéoblastes se différencient à la surface de la matrice érodée, au fond de la lacune, appelé ligne cémentante, et les ostéoblastes synthétisent une nouvelle MEC non encore minéralisée, ou substance préosseuse ou *tissu ostéoïde*, qui comble la lacune.

Plusieurs hormones, notamment les œstrogènes, les androgènes et la vitamine D stimulent la production de la matrice osseuse. De nombreux facteurs de croissance sécrétés par les ostéoblastes, stockés dans la matrice osseuse, puis relargués sous forme active lors de la résorption, agissent dans le même sens : FGF2, TGFβ, IGF (dont la synthèse est stimulée par l'hormone de croissance GH) et les BMP (*Bone Morphogenetic Proteins*). Les BMP jouent un rôle essentiel dans l'ostéogenèse par des effets combinés sur le recrutement, la prolifération et la différenciation des ostéoblastes et de leurs précurseurs. Chez l'homme, il a été isolé 8 gènes codant 8 BMP (BMP-1 à 8). Les BMP (sauf BMP-1 qui ne présente pas de propriétés ostéo-inductrices) font partie de la superfamille des TGFβ. À l'inverse, IL-1 et TNF-α inhibent la production de matrice osseuse par les ostéoblastes.

b. La minéralisation se fait, dans un deuxième temps, au niveau du front de minéralisation, à la jonction entre tissu ostéoïde et tissu minéralisé

La *phosphatase alcaline*, enzyme synthétisée par les ostéoblastes, hydrolyse les esters phosphoriques inhibiteurs de la minéralisation. Les ostéoblastes produisent des vésicules matricielles, réservoirs de phosphatases alcalines et d'ions, qui, déversées dans le milieu extracellulaire initieraient la minéralisation du tissu ostéoïde en favorisant les concentrations locales en ions calcium et phosphates. L'ostéocalcine augmente la concentration locale de calcium extracellulaire et le fixe sur le tissu ostéoïde. La vitamine D3 joue un rôle important en favorisant l'absorption intestinale du calcium et sa fixation sur l'os. La carence en vitamine D3 entraîne une augmentation de la sécrétion d'hormone parathyroïdienne qui provoque une déminéralisation des os qui s'appauvrissent en calcium et en phosphore (rachitisme chez l'enfant, ostéomalacie chez l'adulte).

B. Capital osseux et perte osseuse

Jusqu'à l'âge de 20 ans, la masse osseuse augmente progressivement. À cet âge, le capital osseux est constitué ; il reste stable pendant quelques années, puis diminue lentement avec l'âge, chez la femme comme chez l'homme, les mécanismes de destruction du tissu osseux l'emportant sur les mécanismes de construction. Chez la femme, la perte osseuse s'accélère nettement à la ménopause, du fait de la carence en œstrogènes. Cette ostéoporose augmente considérablement le risque de fracture (poignet, vertèbre, col du fémur) et justifie le plus souvent un traitement œstrogénique substitutif prolongé des femmes après la ménopause.

C. L'os peut se réparer spontanément après une fracture

Une fracture, comme toute blessure, entraîne une destruction tissulaire et une hémorragie. Des signaux chémo-attractants et d'angiogenèse attirent sur place les cellules impliquées dans les phases initiales du processus de réparation. Les granulocytes neutrophiles et les macrophages éliminent localement les débris cellulaires. Les cellules mésenchymateuses et les capillaires sanguins prolifèrent et permettent la formation de tissu conjonctif puis de tissu cartilagineux qui forment un cal et comblent le foyer de fracture. Parallèlement, les cellules ostéoprogénitrices (du périoste et de l'endoste) prolifèrent et se différencient en ostéoblastes qui fabriquent du tissu ostéoïde qui progressivement remplace l'ébauche cartilagineuse du cal qui se calcifie. Le cal osseux est ensuite remodelé par les ostéoclastes pour restaurer la forme originale de l'os fracturé. Ce processus de réparation prend normalement 6 à 12 semaines selon le type de fracture.

D. Les cartilages de conjugaison (ou de croissance)

Ils interviennent, au cours de l'enfance, dans la croissance des os longs, donc dans la taille du futur adulte. L'*ossification endochondrale* (fig. 7.7) est un processus complexe imparfaitement connu, intervenant chez le fœtus et tout au long de la croissance. Jusqu'à l'âge adulte, la croissance en longueur des os s'effectue grâce à la prolifération des cartilages de conjugaison suivie d'une ossification endochondrale. Ce type d'ossification s'oppose à l'*ossification de membrane*, beaucoup plus simple, se résumant à la différenciation, au sein d'un tissu conjonctif, d'ostéoblastes à partir de cellules souches mésenchymateuses.

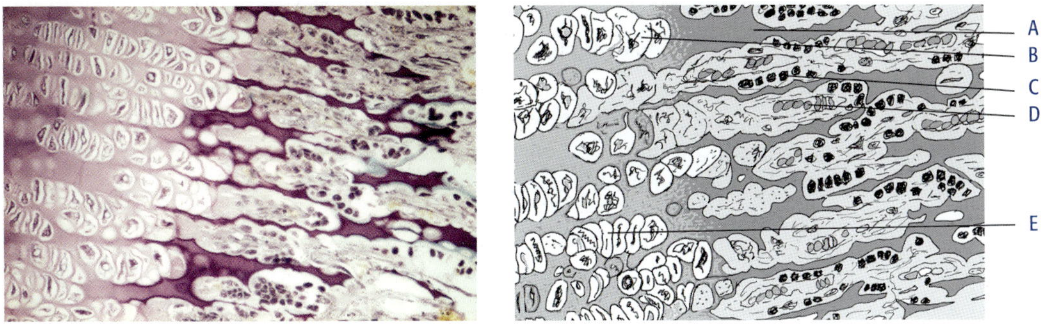

Fig. 7.7

Ossification endochondrale. MO.

A. Travée osseuse. B. Cartilage hypertrophique. C. Noyau d'ostéoblaste. D. Capillaire sanguin. E. Ostéocyte.

1. Le cartilage de croissance est organisé en colonnes dans lesquelles survient une lamination

La zone du cartilage la plus éloignée du front d'ossification constitue une réserve de chondrocytes. Les cartilages de conjugaison sont fertiles sur leur versant diaphysaire, où se produisent de nombreuses mitoses des chondrocytes. La prolifération des chondrocytes permet la formation de colonnes verticales (groupes isogéniques axiaux du « cartilage sérié »). Les chondrocytes de forme arrondie deviennent progressivement de plus en plus aplatis. Puis, le volume des chondrocytes augmente considérablement. Cette couche prend le nom de « couche hypertrophique » dans laquelle les chondrocytes synthétisent du collagène spécifique de type X. Le taux de phosphatase alcaline augmente considérablement. C'est dans la zone de maturation et la zone hypertrophique, que l'on note la présence de vésicules matricielles dans les chondrocytes. La phosphatase alcaline permet la libération de phosphate inorganique qui se lie au calcium pour former des cristaux d'hydroxyapatite, au niveau de la zone de « cartilage calcifié ». Parallèlement, les chondrocytes hypertrophiques dégénèrent et meurent (par apoptose), facilitant l'invasion par les ostéoblastes.

2. La transition entre le tissu cartilagineux et osseux est abrupte au niveau du front de minéralisation

Au fur et à mesure que les cartilages de conjugaison s'accroissent par prolifération des chondrocytes, ils sont remplacés par du tissu osseux grâce à l'avance de l'ossification endochondrale de la diaphyse vers l'épiphyse. Des capillaires sanguins pénètrent dans les chondroplastes laissés vides par la mort des chondrocytes, et amènent des cellules mésenchymateuses indifférenciées venues de la moelle osseuse. Ces cellules se différencient en ostéoblastes ; ces derniers élaborent du tissu osseux qui progressivement remplace le tissu cartilagineux.

3. La croissance en longueur des os

Pendant toute la période de croissance staturale postnatale, la croissance en longueur des os longs est sous la dépendance de facteurs hormonaux agissant sur les cartilages de conjugaison, au premier rang desquels se situent IGF-1, dont l'hormone de croissance GH stimule la production par le foie, et les *stéroïdes sexuels, androgènes et œstrogènes*, ce qui explique la poussée de croissance au moment de la puberté. Quand tous les cartilages de conjugaison ont été remplacés par du tissu osseux et qu'il ne reste plus de chondrocytes susceptibles de se diviser, la croissance en longueur des os longs est définitivement terminée et la taille définitive de l'individu est atteinte.

POINTS CLÉS

- Le tissu osseux est un tissu conjonctif particulier dont la matrice extracellulaire est calcifiée.
- Les cellules du tissu osseux dérivent de deux lignages différents (cellules ostéoformatrices et cellules ostéorésorbantes).
- Il faut distinguer l'os spongieux et l'os compact.
- L'activité métabolique des cellules bordantes est faible.
- Les ostéoblastes sont métaboliquement plus actifs que les ostéocytes.
- Les ostéoclastes sont des cellules multinucléées qui dérivent de la moelle osseuse (lignage des monocytes/macrophages).
- Le remodelage osseux résulte d'une coopération entre ostéoclastes et ostéoblastes.
- La croissance des os longs est assurée par le cartilage de conjugaison.

ENTRAÎNEMENT

DOC

Inscrire les légendes correspondant aux structures désignées par les lettres portées en légende du schéma.

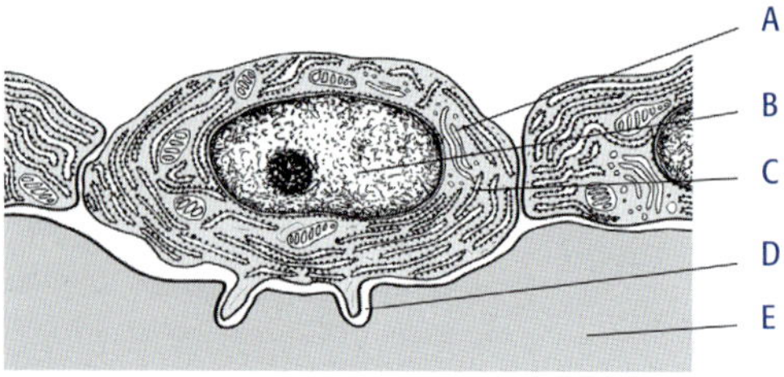

Fig. 7.4 Ostéoblaste. ME.

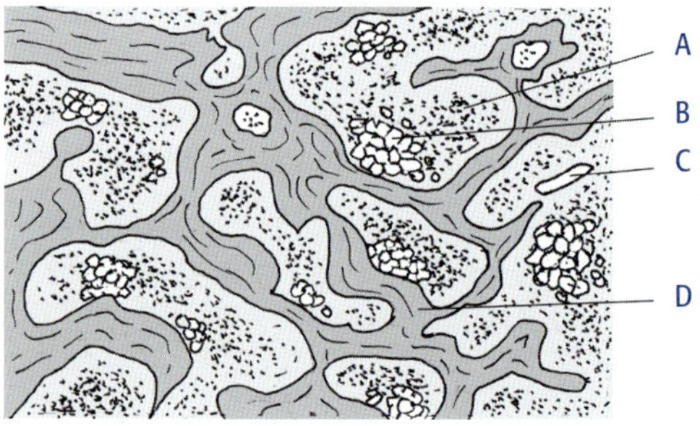

Fig. 7.1 Os trabéculaire. MO.

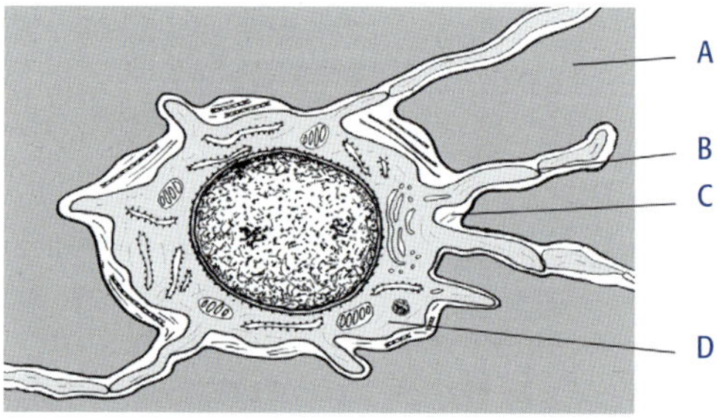

Fig. 7.5 Ostéocyte. ME.

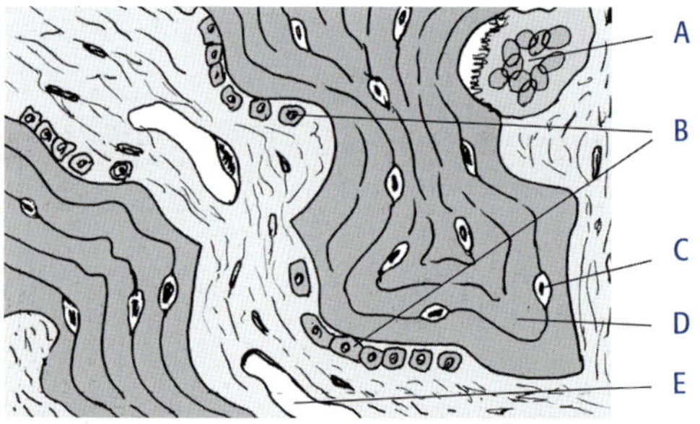

Fig. 7.2 Os trabéculaire. MO.

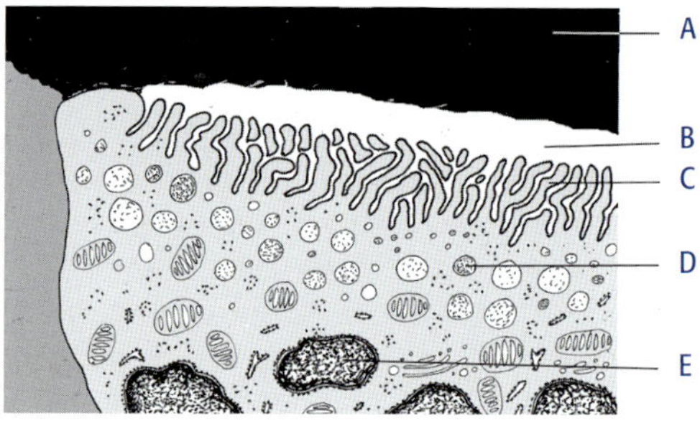

Fig. 7.6 Ostéoclaste. ME.

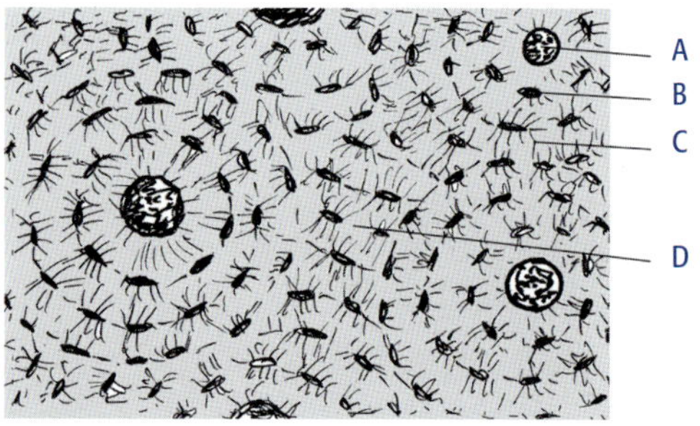

Fig. 7.3 Os haversien. MO.

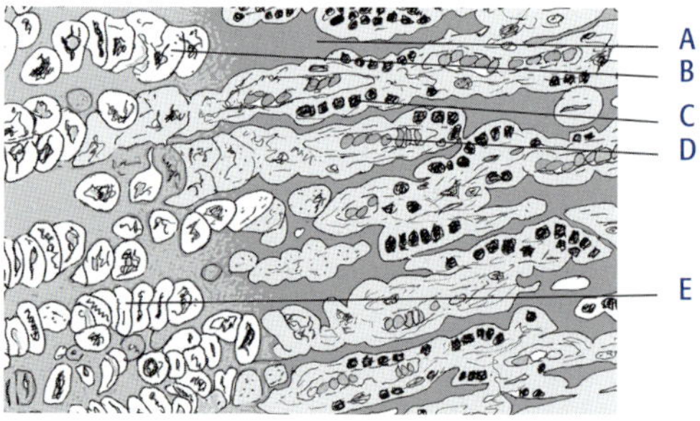

Fig. 7.7 Ossification endochondrale. MO.

QCM

1. L'examen en microscopie optique d'un ostéone permet de voir :

- ❑ **A.** Les ostéoplastes.
- ❑ **B.** Les ostéocytes.
- ❑ **C.** Les jonctions communicantes entre ostéocytes.
- ❑ **D.** Le canal de Havers.
- ❑ **E.** Les systèmes circonférentiels externes.

2. Parmi les propositions suivantes relatives au tissu osseux trabéculaire, laquelle (lesquelles) est (sont) exacte(s) ?

- ❑ **A.** Il est dépourvu de vaisseaux sanguins.
- ❑ **B.** Chez l'adulte, il est de type lamellaire.
- ❑ **C.** Sa matrice extracellulaire est minéralisée.
- ❑ **D.** Il siège essentiellement au niveau de la diaphyse des os longs.
- ❑ **E.** Il contient de la moelle osseuse hématopoïétique.

3. Parmi les propositions suivantes relatives au tissu osseux compact, laquelle (lesquelles) est (sont) exacte(s) ?

- ❑ **A.** Il s'observe principalement au niveau des épiphyses des os longs.
- ❑ **B.** Chez l'adulte, il est de type réticulaire.
- ❑ **C.** Les canaux de Volkmann relient les canaux de Havers au périoste.
- ❑ **D.** Les canaux de Havers contiennent un chylifère central.
- ❑ **E.** Une fois formés, chez l'adulte, les ostéones ne se modifient plus.

4. Parmi les propositions suivantes relatives aux ostéoblastes, laquelle (lesquelles) est (sont) exacte(s) ?

- ❑ **A.** Ils sont riches en réticulum endoplasmique granulaire.
- ❑ **B.** Ils contiennent un appareil de Golgi bien développé.
- ❑ **C.** Ils sont pauvres en mitochondries.
- ❑ **D.** Ils synthétisent du collagène de type I.
- ❑ **E.** Ils sont entièrement entourés de matrice extracellulaire minéralisée.

5. Parmi les propositions suivantes relatives aux ostéoclastes, laquelle (lesquelles) est (sont) exacte(s) ?

- ❑ **A.** Ils sont dépourvus de lysosomes.
- ❑ **B.** Ils possèdent un noyau volumineux, polylobé.
- ❑ **C.** Ils sécrètent des enzymes.
- ❑ **D.** Ils présentent une bordure en brosse.
- ❑ **E.** Ils sont entièrement entourés de matrice extracellulaire minéralisée.

6. Parmi les propositions suivantes relatives à l'ossification endochondrale, laquelle (lesquelles) est (sont) exacte(s) ?

- ❑ **A.** Les premières zones à s'ossifier dans un os long sont situées dans les épiphyses.
- ❑ **B.** Le premier tissu osseux formé est de type réticulaire.
- ❑ **C.** Les chondrocytes de la zone du cartilage hypertrophique synthétisent du collagène de type X.
- ❑ **D.** Les chondrocytes de la zone du cartilage sérié synthétisent de la phosphatase alcaline.
- ❑ **E.** Le cartilage articulaire s'appelle également cartilage de croissance.

7. Parmi les propositions suivantes relatives aux ostéoclastes, laquelle (lesquelles) est (sont) exacte(s) ?

- ❑ **A.** Les ostéoclastes ont une activité anhydrase carbonique.
- ❑ **B.** Les podosomes sont des dispositifs de jonction cellule-cellule situés entre les ostéoclastes.
- ❑ **C.** Au niveau des podosomes, la membrane plasmique des ostéoclastes est riche en cadhérine.
- ❑ **D.** L'ostéoclaste produit des ions Cl–.
- ❑ **E.** L'ostéoclaste sécrète des ions H^+.

8. Sur le tissu suivant, quelle(s) proposition(s) est (sont) exacte(s) ?

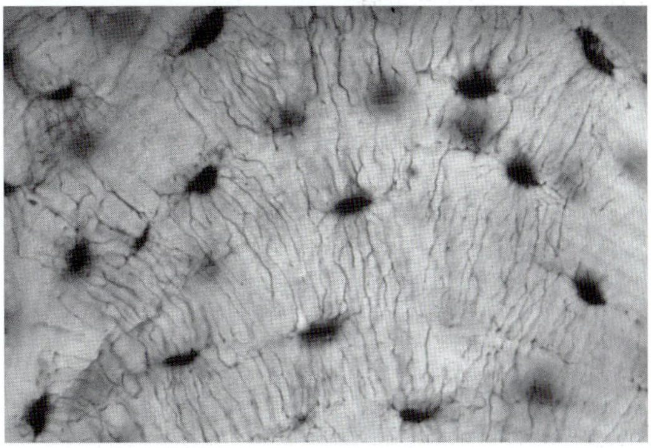

- ❑ **A.** Des synapses peuvent être observées.
- ❑ **B.** Les cellules sont de type épithélial, car juxtaposées et jointives.
- ❑ **C.** Il existe des jonctions communicantes entre ces cellules.
- ❑ **D.** Ces cellules sont très actives métaboliquement.
- ❑ **E.** Ces cellules ne se reproduisent plus après la naissance.

9. Sur le tissu suivant, quelle(s) proposition(s) est (sont) exacte(s) ?

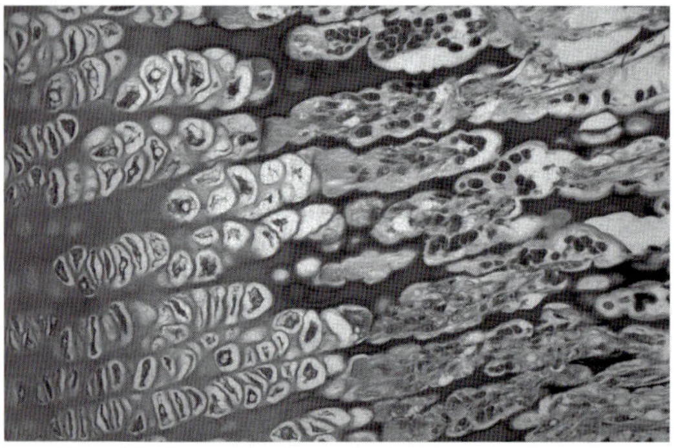

- ☐ **A.** Un tel aspect est spécifique de l'adule.
- ☐ **B.** Il s'agit d'une coupe longitudinale d'un os long en croissance.
- ☐ **C.** Il existe des cellules cartilagineuses.
- ☐ **D.** La matrice extracellulaire n'est pas minéralisée sur l'ensemble de la couple.
- ☐ **E.** Il existe de colonnes de chondrocytes exprimant le collagène X.

QROC

1. Décrire brièvement l'aspect en microscopie optique d'un ostéoclaste.
2. En quoi un ostéocyte diffère-t-il d'un ostéoblaste ?
3. Quel(s) type(s) de jonction peut-on observer en microscopie électronique entre les prolongements cytoplasmiques des ostéocytes ?
4. Qu'est-ce qu'un ostéone ?

Pour les corrections, se reporter à la page 196

8

Le tissu musculaire

Spécialisés dans la production d'un travail mécanique, la contraction musculaire, les myocytes (fibres musculaires ou cellules musculaires), cellules fonctionnelles principales des tissus musculaires, se caractérisent par la présence dans leur cytoplasme d'un matériel protéique filamentaire contractile, les myofilaments, groupés en myofibrilles. L'examen en MO d'une coupe préparée selon les méthodes de routine permet aisément de distinguer trois variétés de tissu musculaire : le tissu musculaire strié squelettique, le tissu musculaire strié cardiaque (ou myocardique) et le tissu musculaire lisse. Nous les envisagerons successivement.

I. Le tissu musculaire strié squelettique

A. Microscopie optique (MO)

1. Les rhabdomyocytes (fig. 8.1 à 8.4)

Entouré d'une membrane basale, le rhabdomyocyte (ou cellule musculaire striée squelettique) a la forme d'un cylindre allongé (dont le diamètre est d'environ 10 à 100 µm et dont la longueur excède rarement 10 cm). La cellule possède plusieurs centaines de noyaux situés en périphérie de la cellule, contre sa membrane plasmique. Les myofibrilles sont des cylindres parallèles allongés dans le sens de la cellule, faits de la succession régulière de petits segments identiques, représentant l'unité fonctionnelle élémentaire, appelés sarcomères (ou cases musculaires).
Cette disposition rend compte de la striation transversale des myofibrilles (et plus globalement de celle des cellules musculaires striées) bien visible en MO, surtout sur des colorations trichromiques. Chaque sarcomère est centré par une bande ou disque sombre, anisotrope, le disque A, de chaque côté duquel se trouve une bande ou disque clair, le disque I, coupé en deux demi-disques I par une mince ligne foncée, la strie ou disque Z.

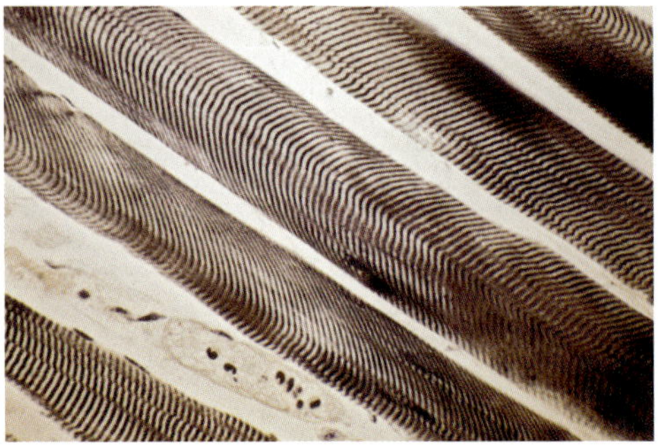

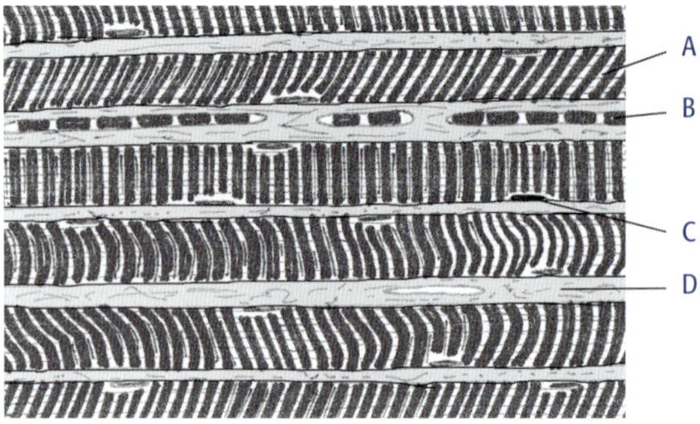

Fig. 8.1

Cellules musculaires striées squelettiques. Coupe longitudinale. MO. fg.

A. Cellule musculaire striée squelettique. B. Hématies dans un capillaire sanguin. C. Noyau d'un rhabdomyocyte. D. Tissu conjonctif de l'endomysium.

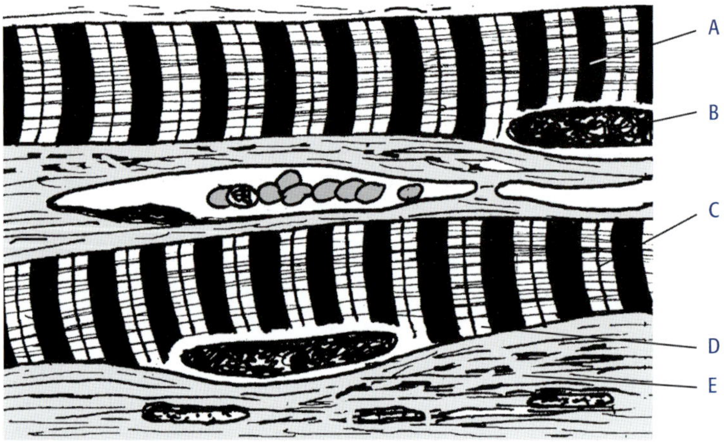

Fig. 8.2

Cellules musculaires striées squelettiques. Coupe longitudinale. MO. Fg.

A. Disque A. B. Disque I. C. Strie Z. D. Disque H. E. Noyau du myocyte.

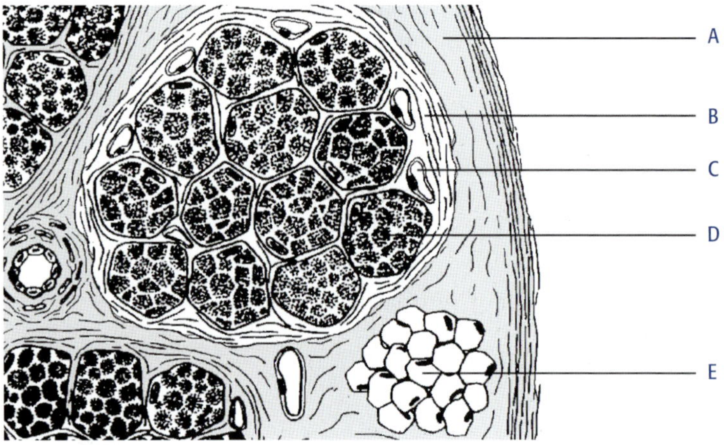

Fig. 8.3

Muscle strié squelettique. Coupe transversale. MO. fg.

A. Épimysium. B. Périmysium. C. Capillaire sanguin. D. Myofibrilles en coupe transversale. E. Adipocytes.

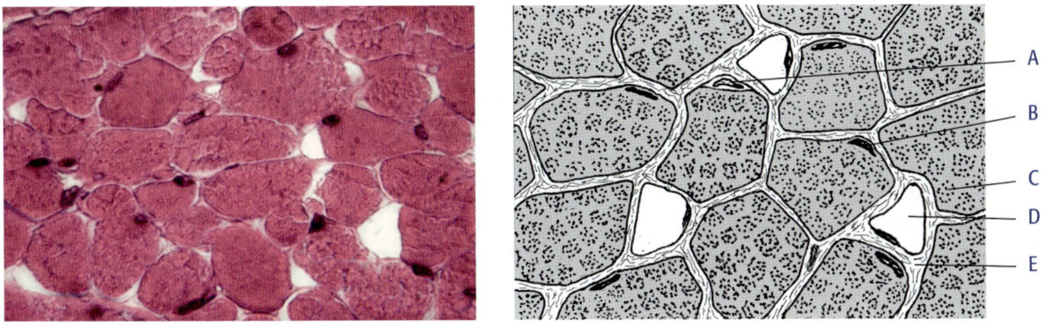

Fig. 8.4

Muscle strié squelettique. Coupe transversale. MO. Fg.

A. Noyau d'une cellule satellite. B. Noyau d'une cellule musculaire striée squelettique. C. Myofibrilles en coupe transversale. D. Capillaire sanguin. E. Tissu conjonctif.

2. Les cellules satellites

Les rhabdomyocytes sont associés à des cellules satellites, cellules quiescentes possédant un seul noyau et un cytoplasme très réduit, situées entre la membrane plasmique et la membrane basale du rhabdomyocyte. Les cellules satellites sont impliquées dans la croissance musculaire de l'enfant. En cas de lésion musculaire, elles sont activées, prolifèrent, fusionnent et permettent la réparation des myocytes lésés.

3. Les fuseaux neuromusculaires

Les fuseaux neuromusculaires sont des récepteurs sensoriels encapsulés, répondant au degré de tension et à la vitesse d'étirement du muscle. Ils sont disposés en parallèle avec les cellules musculaires striées dites extrafusales. Ils sont faits de cellules musculaires striées spécialisées dites intrafusales et de fibres nerveuses, motrices (fibres issues des motoneurones γ) et sensitives.

4. Le muscle squelettique

Un muscle squelettique est fait de rhabdomyocytes groupés en faisceaux et assemblés par du tissu conjonctivo-vasculaire (endomysium autour de chaque cellule, périmysium entourant les faisceaux et épimysium revêtant le muscle). La plupart des muscles striés squelettiques s'insèrent sur les os par l'intermédiaire de tendons dont les fibres collagènes s'insèrent aux extrémités de chaque cellule musculaire (jonctions myotendineuses).

L'innervation terminale du muscle squelettique peut être visualisée en MO par des techniques neurohistologiques qui dessinent en noir, en regard des plaques motrices, les ramifications terminales de l'axone du motoneurone α de la corne antérieure de la moelle. Cette synapse très particulière porte le nom de jonction neuromusculaire (fig. 8.5) ou plaque motrice. On appelle unité motrice l'ensemble des cellules musculaires striées squelettiques innervées par un motoneurone α.

B. Microscopie électronique (ME)

Le cytoplasme du rhabdomyocyte (fig. 8.6 et 8.7) contient les organites cellulaires habituels et de nombreux grains de glycogène, mais il se caractérise

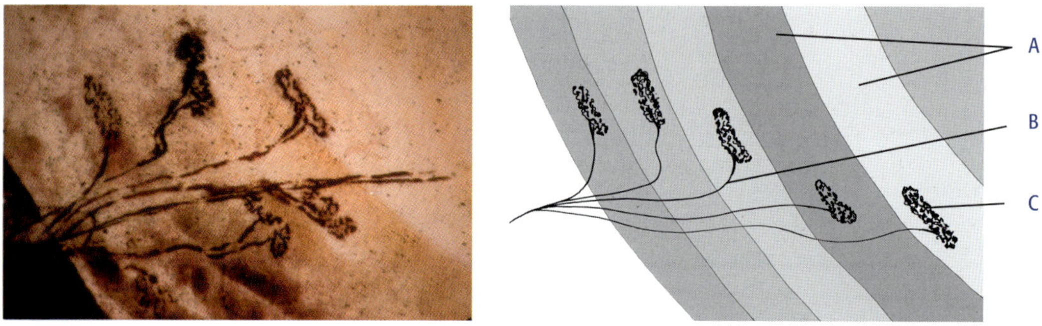

Fig. 8.5
Jonction neuromusculaire. MO. Fg.
A. Cellules musculaires striées squelettiques. B. Terminaison axonale. C. Plaque motrice.

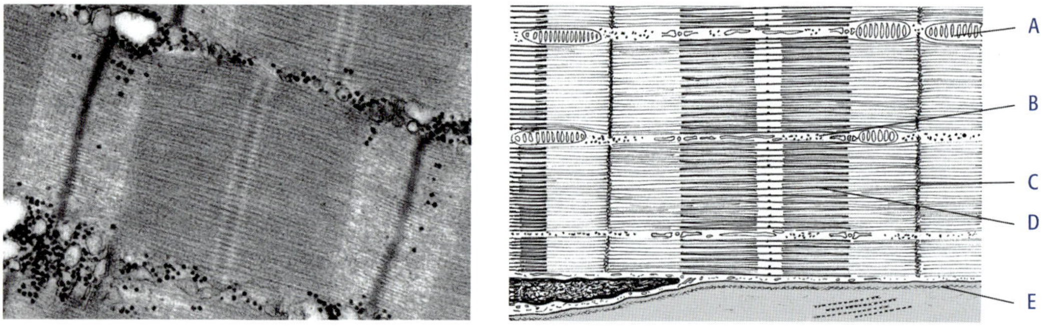

Fig. 8.6
Cellule musculaire striée squelettique. Coupe longitudinale. ME. fg.
A. Mitochondrie. B. Grains de glycogène. C. Strie Z. D. Filament épais. E. Membrane basale du myocyte.

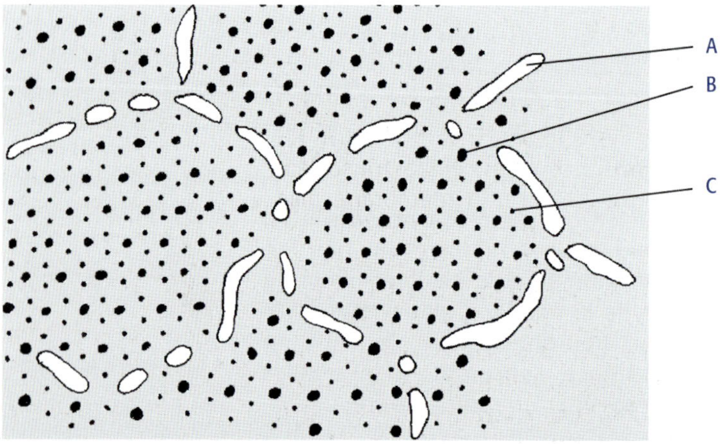

Fig. 8.7
Cellule musculaire striée squelettique. Coupe transversale. ME. Fg.
A. Tubule du système T. B. Filament épais. C. Filament fin.

surtout par l'abondance des mitochondries, la présence de deux systèmes de réticulum endoplasmique lisse et avant tout par la présence d'un matériel protéique fibrillaire contractile organisé de façon spécifique.

1. Le sarcomère

Chaque sarcomère est fait d'un faisceau de myofilaments parallèles à son grand axe. La répartition des deux contingents de myofilaments (filaments fins et filaments épais) détermine au sein du sarcomère des régions de structure différente rendant compte de la striation transversale des myofibrilles visible en MO. Les filaments épais sont disposés au milieu du sarcomère à l'emplacement du disque A. Le disque M correspond à leur renflement médian. Dans le disque H, ils sont seuls présents. Dans les parties latérales du disque A, les filaments fins et épais se chevauchent, les filaments fins se disposant entre les filaments épais selon un mode hexagonal régulier avec des ponts d'union. Au niveau du disque I, les filaments fins sont seuls présents. Le disque Z est marqué par l'interpénétration sur une faible distance des extrémités des filaments fins de deux sarcomères contigus avec, à ce niveau, un double système de ponts entre les filaments fins de chacun des deux sarcomères.

2. Le système sarcotubulaire

Le *système T* est formé par un système transversal de canalicules représentant des invaginations tubulaires de la membrane plasmique et entourant les myofibrilles au niveau de chaque jonction entre les disques A et I. Le *réticulum sarcoplasmique longitudinal* est constitué par un réseau de canalicules et de saccules anastomosés, longitudinaux, entourant chaque myofibrille et se résolvant en une citerne terminale au niveau de chaque jonction entre les disques A et I. À ce niveau, ils forment avec les citernes terminales du réticulum sarcoplasmique des « triades ». La MB du myocyte passe en pont au-dessus de l'origine des tubules T.

3. L'abondance des mitochondries

Disposées en file entre les myofibrilles, les mitochondries fournissent l'énergie chimique (ATP) nécessaire à la production d'énergie mécanique par le rhabdomyocyte.

4. La jonction neuromusculaire

La synapse entre l'axone du motoneurone α de la corne antérieure de la moelle et la cellule musculaire striée squelettique constitue la jonction neuromusculaire. Dans un muscle normal, chaque cellule musculaire possède une innervation unique. En un endroit de la membrane plasmique existe une structure particulière au niveau de laquelle s'effectue la jonction neuromusculaire : *la plaque motrice*. À ce niveau, les ramifications terminales de l'axone ne sont plus entourées que par des cellules de Schwann. Chaque arborisation axonale repose dans une gouttière creusée à la surface de la cellule musculaire. Elle renferme des mitochondries et des vésicules synaptiques et sa face supérieure est recouverte par une cellule de Schwann. À ce niveau, la membrane plasmique de la cellule musculaire est déprimée en de multiples invaginations parallèles déterminant les fentes synaptiques secondaires dont l'ensemble constitue l'appareil sous-neural de Couteaux, très riche en cholinestérase. La MB de la cellule musculaire persiste au niveau de la fente synaptique primaire et des fentes synaptiques secondaires.

C. **Caractérisations moléculaires *in situ***

1. Le sarcomère

a. Les filaments épais

Les filaments épais sont essentiellement formés de l'assemblage régulier de molécules de myosine. Chaque molécule de myosine est formée de deux chaînes lourdes et de deux paires de chaînes légères. Les deux chaînes lourdes de la myosine sont identiques et accolées l'une à l'autre : leur longue queue forme un axe torsadé et leur pôle globulaire émerge du filament épais sous la forme d'une tête double. L'émergence des têtes de myosine se fait selon une disposition générale ayant l'apparence d'une vis sans fin. La partie distale des têtes de myosine, appelée domaine moteur, possède une poche de fixation de l'ATP (à sa face interne) et un site d'interaction avec l'actine caractérisé par la présence d'une profonde crevasse (à sa face externe). La myosine possède une activité ATPasique qui s'accroît au contact de l'actine (activité ATPasique actine-dépendante).
Les deux paires de chaînes légères sont situées à la base des têtes de myosine, dans une région appelée domaine de transmission, dont elles assurent la rigidité.
Il existe différentes isoformes de myosine qui permettent de caractériser chaque type de cellule musculaire (myosine rapide et myosine lente).

b. Les filaments fins

Les filaments fins sont essentiellement composés de polymères d'actine. L'actine est une molécule polypeptidique de forme globulaire. La polymérisation des monomères d'actine se fait sous une forme filamentaire. Les polymères d'actine s'accolent par deux pour former une longue double hélice. Les myofilaments fins sont formés de l'association de cette double hélice d'actine et de deux protéines régulatrices : la tropomyosine, dimère filamenteux rigide de renforcement, et la troponine, complexe de trois sous-unités polypeptidiques (I, C et T) disposées à intervalles réguliers le long des filaments d'actine, en regard de chaque tête de myosine, et impliquées dans la régulation de la contraction musculaire par le calcium. De plus, chaque extrémité libre des filaments d'actine est coiffée par une molécule de tropomoduline (dont on peut penser qu'elle joue un rôle dans le maintien et la stabilisation de la longueur finale des filaments fins après qu'ils se sont assemblés au cours de l'histogenèse du myocyte).

c. Les disques M

Les disques M renferment des filaments de myomésine.

d. Les disques Z

Les disques Z sont formés par l'organisation quadratique de filaments d'α-actinine servant à relier l'extrémité des filaments fins de chaque sarcomère entre elles et avec les extrémités des filaments fins du sarcomère adjacent.

e. Le cytosquelette endosarcomérique

Le cytosquelette endosarcomérique, situé à l'intérieur des sarcomères, est représenté par la titine (ou connectine) et la nébuline. Par leur interaction avec les filaments épais et les filaments fins, ces molécules contribuent à l'assemblage et au maintien du sarcomère. La titine est une protéine qui, dans chaque demi-sarcomère, relie chaque filament épais à la strie Z. Composant élastique, elle maintient l'alignement des filaments épais et oppose une résistance à l'étirement excessif du sarcomère. La nébuline, qui est associée à chaque filament fin du muscle strié squelettique, est supposée déterminer la longueur du filament fin en réalisant un guide pour la polymérisation de l'actine.

2. Le cytosquelette exosarcomérique

Situé à l'extérieur des sarcomères, il comprend des microtubules et des filaments intermédiaires de desmine. Au cours de l'histogenèse du myocyte strié, la vimentine, la desmine et la nestine sont exprimées à des stades différents ; dans le myocyte mature, seule persiste la desmine.
Le cytosquelette exosarcomérique assure la cohésion entre les sarcomères et la membrane plasmique, ce qui permet la transmission de l'activité mécanique du sarcomère à la membrane plasmique de la cellule musculaire.

3. Le complexe dystrophine-protéines associées à la dystrophine

Le complexe dystrophine-protéines associées à la dystrophine sert à amarrer l'appareil contractile des trois types de myocytes (squelettiques, cardiaques et lisses) à la MEC. La dystrophine, protéine sarcoplasmique située sous la membrane plasmique du myocyte, permet l'ancrage de l'actine à la membrane plasmique par l'intermédiaire :

- de *protéines intracytoplasmiques* (les syntrophines) ;
- de *glycoprotéines* transmembranaires (le complexe des sarcoglycanes et le β-dystroglycane) ;
- et d'*une protéine extracellulaire* (l'α-dystroglycane) amarrée à la MEC (notamment à la laminine-2 ou mérosine située sous la MB).

> ▶ La dystrophine est codée par un gène situé sur le bras court du chromosome X, gène dont la mutation est responsable de la myopathie de Duchenne, transmise par les filles et touchant les garçons.

4. L'histoenzymologie

a. Les différents types de rhabdomyocytes

Les cellules musculaires striées squelettiques possèdent des caractéristiques morphofonctionnelles variables qui permettent de distinguer des cellules de type I, de type II et de type intermédiaire (fig. 8.8). En pratique médicale, ce sont les techniques histoenzymologiques (notamment l'ATPase à pH 9,4 et les enzymes mitochondriales) sur coupes au cryostat de biopsies musculaires qui permettent de les reconnaître et de les différencier (tableau 8.I).

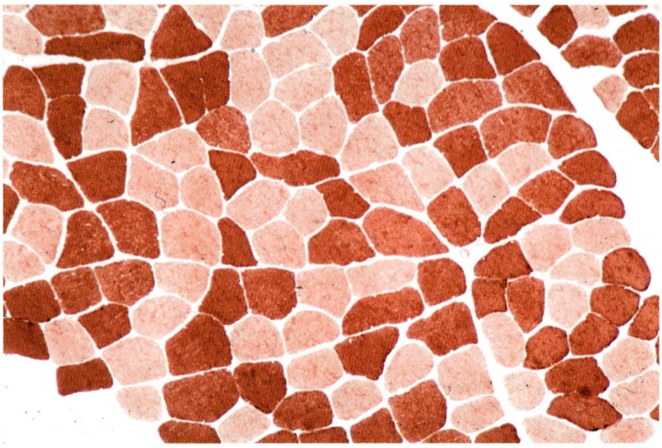

Fig. 8.8
Cellule musculaire striée squelettique. Histoenzymologie types I et II. MO.

Tableau 8.I. **Caractéristiques des deux principaux types de rhabdomyocytes.**

Caractéristiques	Rhabdomyocytes de type I	Rhabdomyocytes de type II
Rapidité de contraction	Lente	Rapide
Fonction	Posturale	Phasique
Glycolyse	Aérobie	Anaérobie
Capillaires sanguins	+++	+
Myoglobine	+++ (rouges)	+ (blanches)
Mitochondries	+++	+
Goutelettes lipidiques	+++	+
Glycogène	+	+++
ATPase à pH 9,4	+	+++

La composition d'un muscle, pour une espèce donnée, en cellules de type I et de type II, est remarquablement fixe et il existe une certaine corrélation entre le type des cellules musculaires striées et les propriétés contractiles du muscle. Le type des cellules musculaires est déterminé par la cellule nerveuse qui l'innerve.

b. Histoenzymologie de la plaque motrice

La mise en évidence de l'acétylcholinestérase permet de dessiner l'appareil sous-neural de la plaque motrice.

D. **Données histophysiologiques**

La musculature striée squelettique assure la motricité volontaire et réflexe sous le contrôle du système nerveux. La contraction musculaire produit de la force (mouvement, maintien de posture) mais aussi de la chaleur qui contribue à maintenir la température de l'organisme (frisson thermique en cas de refroidissement). La structure de base responsable de la contraction musculaire est l'unité motrice. Une unité motrice est formée par un motoneurone α et l'ensemble des fibres musculaires qu'il innerve.

Lors d'un mouvement, le contrôle de la force de contraction est lié à la fréquence des décharges dans la fibre nerveuse et au nombre d'unités motrices recrutées.

1. La contraction musculaire, prototype du moteur biologique

La contraction musculaire, c'est-à-dire le raccourcissement des fibres musculaires, résulte du glissement actif des filaments épais de myosine entre les filaments fins d'actine. Les moteurs biologiques sont les systèmes capables de transformer l'énergie biochimique en énergie mécanique (mouvement). Dans le muscle, le mouvement est lié à la modification structurale des liens unissant myosine et actine et résulte de la déphosphorylation de l'ATP musculaire.
Cette réaction est étroitement dépendante de la présence d'ions Ca^{2+}. Ceux-ci sont contenus à une concentration élevée dans les citernes du réticulum sarcoplasmique. La dépolarisation de la membrane du myocyte est conduite le long des membranes du système T, puis transférée au réticulum sarcoplasmique par l'intermédiaire des triades ; la dépolarisation de la membrane de ce dernier libère dans le cytoplasme le Ca^{2+} qui déclenche la contraction musculaire.
On distingue quatre temps dans la contraction musculaire :

- la fixation d'une molécule d'ATP sur la tête de myosine dissocie la myosine de l'actine (état relâché) ;
- le Ca^{2+} accumulé dans le cytosol lors de la dépolarisation de la membrane au niveau des triades se fixe sur la troponine C ce qui induit le déplacement de la tropomyosine, le contact actine-myosine, l'activation de l'ATPase actine-dépendante de la myosine et l'hydrolyse de l'ATP. La disposition de la tête de myosine sur le filament d'actine fait un angle d'environ 90° ;
- le détachement du phosphate de la tête de myosine s'associe à la libération d'énergie entraînant la fixation plus forte de la myosine sur l'actine et une rotation de 45° de la tête de myosine qui entraîne un déplacement d'environ 10 nm ;
- la libération de l'ADP laisse la tête de myosine ancrée à l'actine.

Ainsi, dans l'unité élémentaire responsable de la contraction musculaire, l'actine se comporte comme une crémaillère et la myosine comme la partie active du moteur biologique responsable de la progression du filament épais le long de la crémaillère actinique. Il en résulte un raccourcissement de chaque sarcomère, donc des myofibrilles, et finalement de la cellule musculaire.

2. La jonction neuromusculaire (fig. 8.9)

La jonction neuromusculaire est la synapse dont le fonctionnement est le mieux connu sur le plan moléculaire. Son neurotransmetteur est l'acétylcholine qui active des récepteurs de type muscarinique. Au niveau de la terminaison nerveuse, on trouve des canaux sodiques et potassiques voltage-dépendants comme sur toute la longueur de la fibre nerveuse ; de plus, il existe des canaux calciques voltage-dépendants. Ces canaux s'ouvrent en cas de dépolarisation axonale et permettent un flux intracellulaire de Ca^{2+}. L'augmentation de la concentration de Ca^{2+} dans la terminaison axonale déclenche la fusion des vésicules d'acétylcholine avec la membrane plasmique de l'extrémité axonale. Ainsi, lors de la transmis-

sion du signal axonal, la libération de neurotransmetteur dans la fente synaptique est brutale et massive. Une fois libérée dans la fente synaptique, l'acétylcholine se lie à son récepteur situé dans la membrane plasmique de la cellule musculaire uniquement au niveau de la fente synaptique. Il s'ensuit l'ouverture du canal du récepteur et l'entrée de Na^+ dans la cellule musculaire, déclenchant la dépolarisation de la membrane du myocyte.
L'inactivation de l'acétylcholine se produit par diffusion passive et élimination hors de la fente synaptique d'une partie du neurotransmetteur et par hydrolyse du reste du neurotransmetteur en acétate et choline par l'acétylcholinestérase, enzyme liée à la membrane basale dans la fente synaptique et synthétisée par la cellule musculaire striée.
Au sein de l'unité motrice, la dépendance de la cellule musculaire vis-à-vis du motoneurone α est démontrée (la section de l'axone du motoneurone entraîne l'atrophie des cellules musculaires qu'il innervait).

II. Le tissu musculaire strié cardiaque

A. Microscopie optique (MO)

1. Le cardiomyocyte (fig. 8.10 à 8.12)

Les cellules myocardiques contractiles (ou cardiomyocytes) sont allongées et ont une forme de cylindre bifurqué. Par ces bifurcations, elles entrent en connexion avec les cellules myocardiques adjacentes pour former un réseau tridimensionnel complexe. Les *stries scalariformes* (ou *disques intercalaires*), bien visibles en MO après des colorations à l'hématoxyline ferrique lente, correspondent aux jonctions intercellulaires. Chaque cellule possède un noyau unique, allongé, central. Comme les autres cellules musculaires, elles sont entourées par une MB. Les myofibrilles ont une structure identique à celle des myofibrilles des rhabdomyocytes.
Les cellules myocardiques sont entourées par un fin réseau de tissu conjonctif lâche contenant de nombreux capillaires sanguins ainsi que des terminaisons nerveuses.

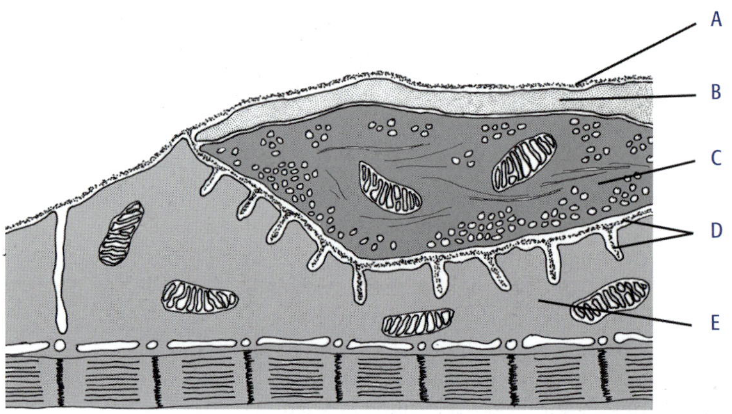

Fig. 8.9
Jonction neuromusculaire. ME.
A. Membrane basale. B. Cytoplasme schwannien. C. Terminaison axonale. D. Fente synaptique (primaire et secondaire, avec lame basale).

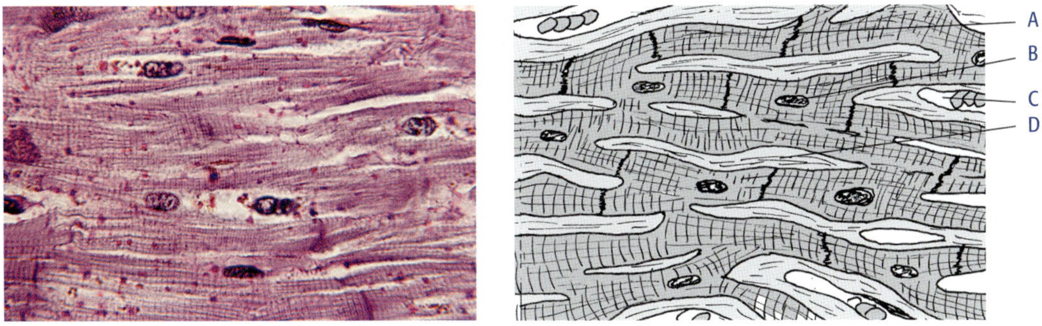

Fig. 8.10
Cellule musculaire striée cardiaque. Coupe longitudinale. MO. fg.
A. Strie scalariforme. B. Noyau d'un cardiomyocyte. C. Lumière d'un capillaire sanguin. D. Tissu conjonctif.

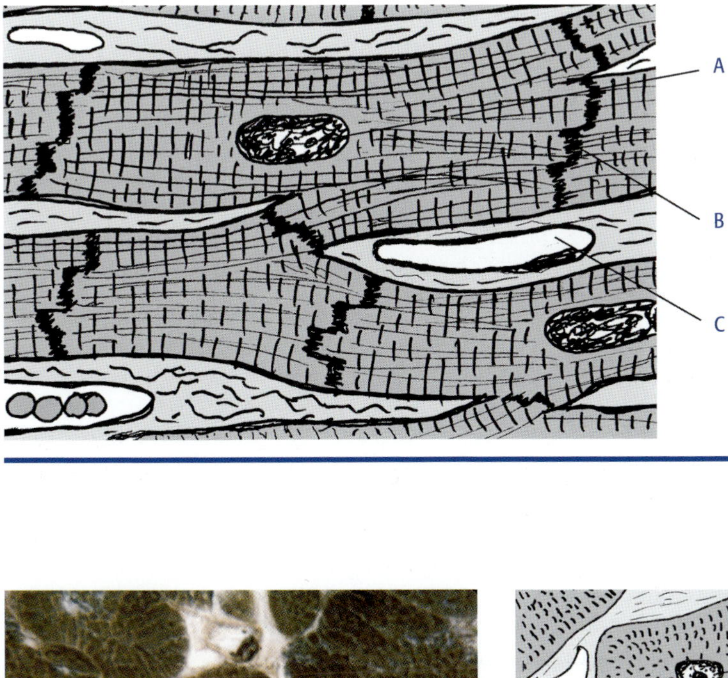

Fig. 8.11
Cellule musculaire striée cardiaque. Coupe longitudinale. MO. Fg.
A. Noyau d'un cardiomyocyte.
B. Strie scalariforme.
C. Capillaire sanguin.

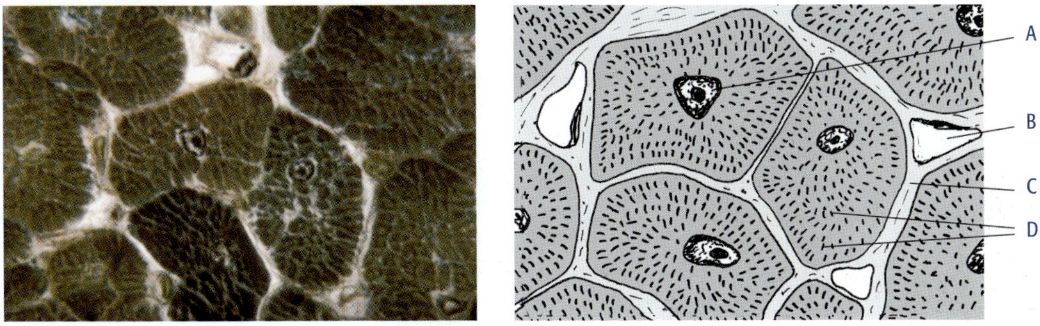

Fig. 8.12
Cellule musculaire striée cardiaque. Coupe transversale. MO. Fg.
A. Noyau d'un cardiomyocyte. B. Capillaire sanguin. C. Tissu conjonctif. D. Myofibrilles en coupe transversale.

2. Les cellules myoendocrines

Les cellules myoendocrines sont des cardiomyocytes pauvres en myofibrilles et différenciés dans le sens d'un phénotype sécrétoire endocrine. Plus nombreuses au niveau de l'oreillette droite, ces cellules contiennent des vésicules de sécrétion de *peptides natriurétiques auriculaires*. Ces hormones peptidiques sont sécrétées dans le sang quand la cellule subit un étirement excessif. Elle est responsable d'une diminution de la pression artérielle (par vasodilatation, accroissement de la natriurèse et de la diurèse).

3. Les cellules cardionectrices

Les cellules cardionectrices (fig. 8.13) sont des cardiomyocytes modifiés qui constituent le système de conduction du myocarde (système cardionecteur).

On distingue :

- les *cellules nodales* situées dans le nœud sino-auriculaire, le nœud auriculoventriculaire et le tronc du faisceau de His. Nettement plus petites que les cardiomyocytes banals, elles sont pauvres en myofibrilles et riches en glycogène. Leur aspect fusiforme et leur disposition enchevêtrée au sein d'un tissu conjonctif abondant et dense peuvent les rendre difficiles à différencier des fibroblastes qui les entourent, mais à un examen attentif on découvre leur striation transversale ;
- les *cellules de Purkinje*, situées dans les branches du faisceau de His et dans le réseau de Purkinje. Beaucoup plus volumineuses que les cardiomyocytes banals, elles possèdent un ou deux noyaux situés au centre d'une masse de cytoplasme abondant, clair, riche en glycogène et en mitochondries, pauvre en myofibrilles.

B. **Microscopie électronique (ME)**

1. Les myofibrilles

L'ultrastructure des *myofibrilles* des cardiomyocytes est identique à celle des myofibrilles des cellules musculaires striées squelettiques et les quelques différences morphologiques qui existent au niveau du *réticulum* sarcoplasmique et du *système T* sont mineures. Les *mitochondries* et les *grains de glycogène* sont plus nombreux que dans les rhabdomyocytes.

2. Les dispositifs de jonction (fig. 8.14)

Les dispositifs de jonction assurent la cohésion des cellules myocardiques de l'ensemble du cœur et permettent d'une part la transmission d'une cellule à l'autre de la tension développée par la contraction des myofibrilles et d'autre part la diffusion rapide de l'excitation d'une cellule à l'autre à travers le cœur. Ces dispositifs de jonction, correspondant aux disques intercalaires visibles en MO, comportent des jonctions communicantes (dans leurs portions longitudinales), des jonctions *adhaerens* (dans leurs portions transversales) et des desmosomes (dans les deux types de portions).

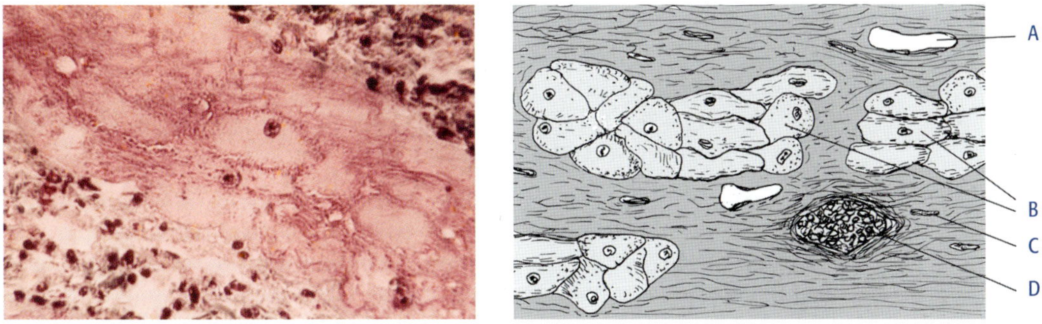

Fig. 8.13

Cellules cardionectrices. MO. Fg.

A. Vaisseau sanguin. B. Filet nerveux. C. Cellule de Purkinje. D. Noyau de fibroblaste.

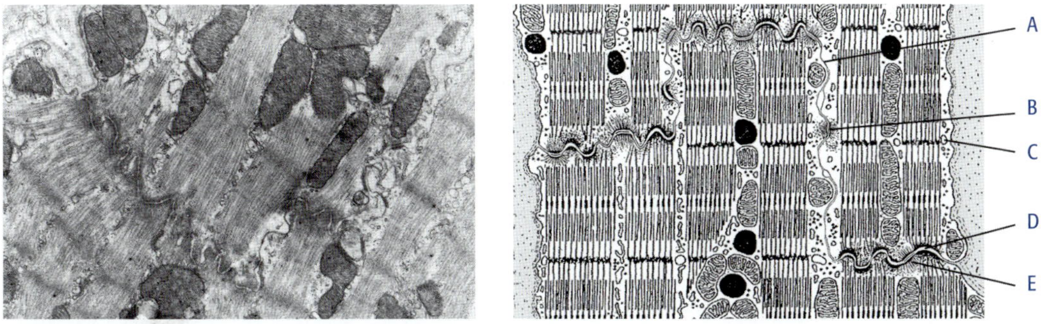

Fig. 8.14

Cellule musculaire striée cardiaque. Coupe longitudinale. ME.

A. Jonction communicante. B. Desmosome. C. Tubule du système T. D. Jonction adhaerens. E. Desmosome.

C. Caractérisations moléculaires in situ

Les sarcomères, le cytosquelette endosarcomérique, le cytosquelette exosarcomérique et le complexe dystrophine-protéines associées du muscle cardiaque ne sont pas différents de ce qui a été exposé pour le muscle strié squelettique (sauf pour la nébuline, absente du muscle cardiaque).

D. Données histophysiologiques

Le tissu musculaire strié cardiaque se singularise par son aptitude à se contracter de façon spontanée, rythmique et harmonieuse. La fréquence cardiaque est déterminée par l'activité intrinsèque du nœud sino-auriculaire (*pacemaker*). Le cœur est toutefois innervé par le système nerveux végétatif et le rythme des battements cardiaques peut être modifié par les influx sympathiques et parasympathiques.

III. Le tissu musculaire lisse

A. Microscopie optique (MO)

1. Le léiomyocyte (fig. 8.15 et 8.16)

Fusiforme et allongée, la cellule musculaire lisse (ou léiomyocyte) comporte un noyau unique, central, coiffé à ses deux extrémités par une sorte de petit cône de cytoplasme qui contient les organites vitaux de la cellule alors que la plus grande partie de la cellule est remplie de myofibrilles parallèles au grand axe de la cellule. La membrane plasmique est revêtue d'une MB.

2. Organisation

Les léiomyocytes sont isolés ou groupés en tuniques ou en muscles individualisés. Les léiomyocytes isolés se voient dans la capsule ou le stroma de certains organes pleins (comme la prostate), dans le tissu conjonctif sous-cutané (au niveau du scrotum, de l'aréole et du mamelon du sein), dans le tissu érectile (voir chapitre 4) ou encore au centre des villosités intestinales (muscle de Brücke). Le plus souvent, les léiomyocytes sont groupés en couches superposées pour former des tuniques qui constituent la musculature lisse des organes creux (vaisseaux sanguins et lymphatiques, tube digestif et canaux excréteurs des glandes digestives, arbre trachéobronchique, voies urogénitales, utérus). Enfin, rarement, les cellules musculaires lisses se groupent pour former de petits muscles individualisés, comme les muscles arrecteurs des poils, les muscles constricteur et dilatateur de l'iris, les muscles ciliaires, le muscle trachéal.

3. Les léiomyocytes artériels

Les léiomyocytes artériels peuvent présenter, selon les conditions physiologiques et/ou pathologiques, un aspect différent : phénotype sécrétoire (dévolu à la synthèse des macromolécules de la MEC de la paroi artérielle) ou phénotype contractile (prédominance du matériel myofilamentaire contractile). Au niveau des vaisseaux, les léiomyocytes peuvent former des dispositifs de bloc (artères hélicines). On donne parfois le nom de *cellules rameuses* aux cellules musculaires lisses étoilées de la média des grosses artères élastiques, comme l'aorte.

4. Les cellules myoépithéliales (fig. 8.17)

Les cellules myoépithéliales sont des cellules musculaires lisses de forme étoilée qui se moulent sur les acinus de certaines glandes exocrines, le plus souvent d'origine ectodermique (glandes sudoripares, glandes lacrymales, glandes salivaires, glandes mammaires). Leur contraction entraîne l'expulsion du produit de sécrétion hors des acinus glandulaires (fig. 3.9)

5. Les cellules myoépithélioïdes

Les cellules myoépithélioïdes ont un double phénotype, contractile et sécrétoire. Prenant la place des cellules musculaires lisses de l'artère afférente au niveau où elle pénètre dans le glomérule rénal, les cellules myoépithélioïdes ne sont séparées de l'endothélium artériel que par leur MB.

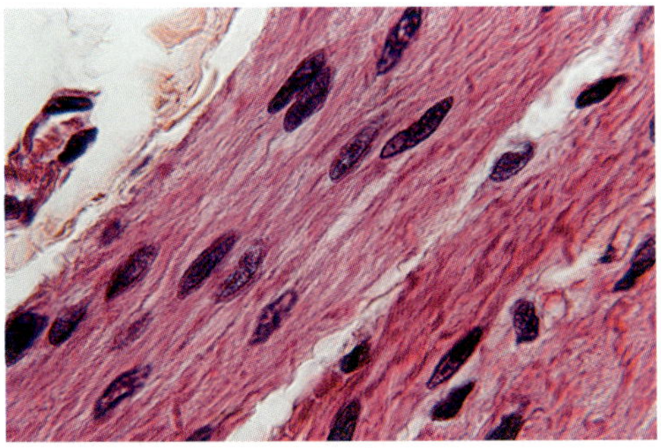

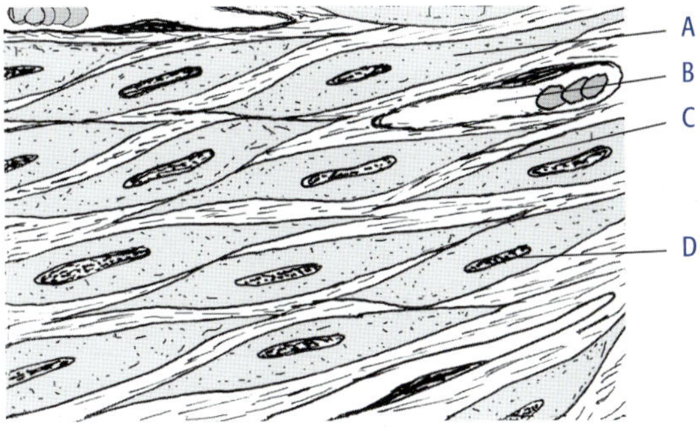

Fig. 8.15

Cellules musculaires lisses. Coupe longitudinale. MO. Fg.

A. Léiomyocyte. B. Capillaire sanguin. C. Tissu conjonctif. D. Noyau d'un léiomyocyte.

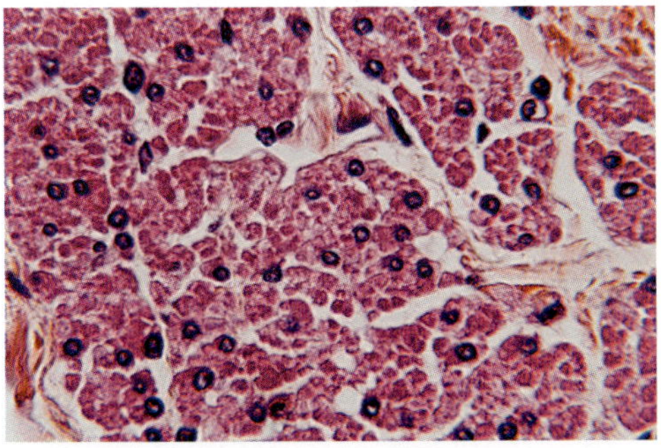

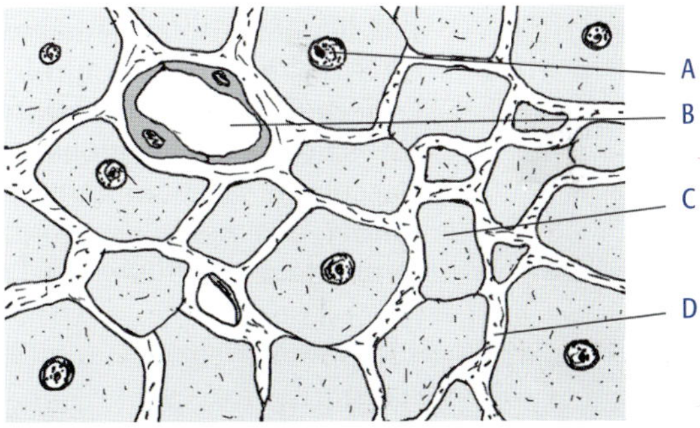

Fig. 8.16

Cellules musculaires lisses. Coupe transversale. MO. Fg.

A. Noyau d'un léiomyocyte. B. Lumière d'un capillaire sanguin. C. Section transversale d'un léiomyocyte (passant en dehors du noyau). D. Tissu conjonctif.

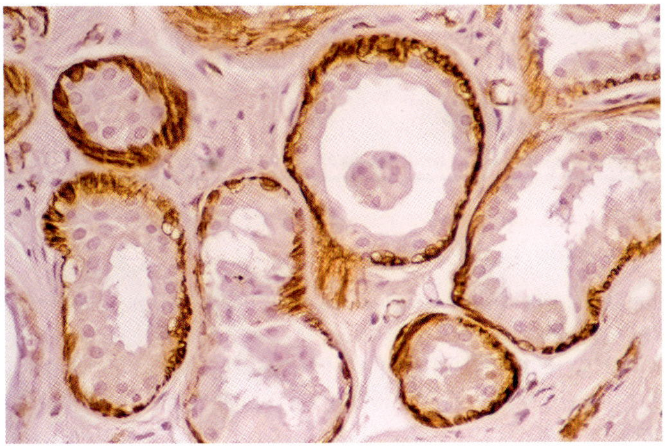

Fig. 8.17

Cellule myoépithéliale (immunohistochimie avec un anticorps dirigé contre l'actine du muscle lisse).

Leur cytoplasme est caractérisé par une double différenciation musculaire lisse (myofibrilles) et glandulaire endocrine (vésicules de sécrétion). Elles sécrètent dans le sang de l'artériole afférente une hormone, la rénine.

6. Les péricytes

Les péricytes sont des cellules contractiles, analogues à des cellules musculaires lisses, qui sont incluses dans un dédoublement de la MB de certains capillaires continus.

7. Les myofibroblastes

Ils ont été abordés au chapitre 4.

B. Microscopie électronique (ME)

Les myofibrilles, parallèles au grand axe de la cellule, sont composées de myofilaments (filaments fins d'actine et filaments épais de myosine) disposés de façon irrégulière. En ME (fig. 8.18), au niveau de la face interne de la membrane plasmique et à l'intérieur du cytoplasme, l'appareil contractile présente de petites zones denses sur lesquelles s'insèrent des filaments intermédiaires de vimentine et de desmine. La contraction musculaire, sous le contrôle du calcium, conduit à un effet mécanique via l'insertion des myofilaments sur la membrane plasmique. Cette dernière est riche en invaginations vésiculaires (cavéoles). En certains endroits, elle s'accole à la membrane plasmique des léiomyocytes adjacents pour former des nexus (ou jonctions communicantes ou *gap junctions*) qui permettent la diffusion de l'excitation d'une cellule à l'autre.

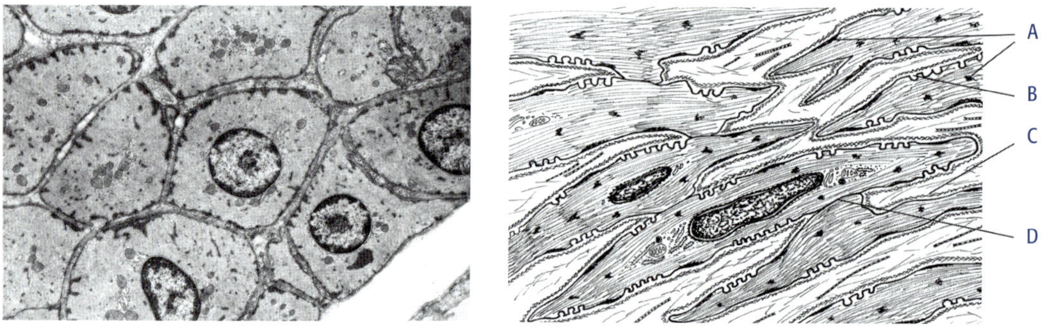

Fig. 8.18

Cellule musculaire lisse. ME. a. Coupe transversale. b. Coupe longitudinale.

A. Zones denses. *B.* Cavéole. *C.* Membrane basale d'une cellule musculaire lisse. *D.* Jonction communicante (nexus).

C. Caractérisations moléculaires *in situ*

Les immunomarquages des léiomyocytes les plus fréquemment positifs sont ceux révélant l'α-actine musculaire lisse, la desmine et la vimentine. Il existe des différences entre léiomyocytes viscéraux et vasculaires pour les protéines cytosquelettiques et enzymatiques.

D. Données histophysiologiques

1. La contraction de la cellule musculaire lisse ne s'exerce pas sous le contrôle de la volonté

Selon les cas, la contraction des cellules musculaires lisses peut être déclenchée par un influx nerveux végétatif, par une stimulation hormo-

nale ou par des modifications locales survenant à l'intérieur du muscle lisse lui-même et en particulier par l'étirement. Les terminaisons nerveuses qui innervent les cellules musculaires lisses sont des terminaisons nerveuses libres ; il n'existe pas de synapse identifiable.
La membrane des cellules musculaires lisses est divisée en deux domaines distincts :

- le domaine des plaques d'adhérence impliqué dans l'accrochage des filaments d'actine de la cellule aux molécules de la MEC. À leur niveau, se trouvent des intégrines et de nombreuses protéines cytoplasmiques ;
- le domaine cavéolaire correspondant aux zones riches en invaginations vésiculaires de la membrane plasmique ou cavéoles. Immédiatement sous la membrane plasmique se trouvent des formations sacculaires dérivées du réticulum endoplasmique lisse remplies de Ca^{2+}. La fonction des cavéoles pourrait s'apparenter à celle des systèmes T des cellules musculaires striées (régulation des flux calciques responsables de la contraction myocytaire). Les mécanismes de la contraction sont néanmoins différents de ceux observés dans le rabdomyocyte. Les ions Ca^{2+} libérés dans le cytosol au moment de l'excitation membranaire se fixent sur une protéine appelée calmoduline. Le complexe Ca^{2+}/calmoduline active une kinase qui permet la phosphorylation de la myosine et permet l'interaction actine-myosine.

2. Le myomètre

La tunique musculeuse de l'utérus (ou myomètre) se compose de cellules musculaires lisses arrangées en faisceaux diversement orientés et groupés, entre lesquels se trouve du tissu conjonctivo-vasculaire. Le péristaltisme utérin (sous contrôle des œstrogènes, et donc d'intensité variable au cours du cycle menstruel) assure le transport rapide des spermatozoïdes du col utérin jusqu'à l'isthme tubaire. Au cours de la grossesse, la progestérone maintient au repos les cellules musculaires lisses du corps utérin et préserve ainsi d'un accouchement prématuré. Les jonctions communicantes se mettent en place en fin de grossesse. Lors de l'accouchement, les cellules musculaires lisses du corps utérin sont soumises à d'intenses contractions.

En conclusion, le tableau 8.II présente les caractéristiques de chacun de ces tissus.

Tableau 8.II. **Comparaison entre les 3 types de myocytes.**

	MB	Noyau(x)		Sarcomères	Système T	Jonctions entre les myocytes	Jonctions myotendineuses	Jonctions neuromusculaires
		Nombre	Position					
Rhabdomyocytes	+	Multiples (plusieurs centaines)	Sous-membranaires	+	+		+	+
Cardiomyocytes	+	Unique	Central	+	+	+ (stries scalariformes)		
Léiomyocytes	+	Unique	Central			+ (nexus)		

POINTS CLÉS

- ▶ Cellules musculaires striées squelettiques (rhabdomyocyte), cellules musculaires striées cardiaques (cardiomyocyte) et cellules musculaires lisses forment les trois variétés de tissus musculaires.
- ▶ Le rhabdomyocyte est une cellule multinucléée dont le cytoplasme présente une striation transversale.
- ▶ Les noyaux du rhabdomyocytes se situent en position périphérique sous la membrane plasmique.
- ▶ Les myofibrilles du rhabdomyocyte sont composées de la juxtaposition d'unités élémentaires appelées sarcomères.
- ▶ L'aspect ultrastructural de chaque sarcomère s'explique par l'arrangement des protéines musculaires (actine, myosine...).
- ▶ Les rhabdomyocytes peuvent être différenciés selon leur activité ATPasique.
- ▶ Chaque rhabdomyocyte reçoit une synapse (jonction neuromusculaire ou plaque motrice) provenant d'un axone issu d'un motoneurone α.
- ▶ Le système tubulaire T permet le couplage excitation-contraction.
- ▶ Le cardiomyocyte est une cellule mononucléée dont le cytoplasme présente une striation transversale.
- ▶ Les sarcomères des cardiomycytes sont identiques à ceux des rhadbdomyocytes.
- ▶ Les cardiomyocytes sont reliés entre eux par des dispositifs de jonction (localisés au niveau des disques intercalaires).
- ▶ Les léiomyocytes (cellules musculaires lisses) sont uninucléés et dépourvus de striation cytoplasmique.
- ▶ La contraction des léiomycytes ne s'exerce pas sous le contrôle de la volonté.

ENTRAÎNEMENT

DOC

Inscrire les légendes correspondant aux structures désignées par les lettres portées en légende du schéma.

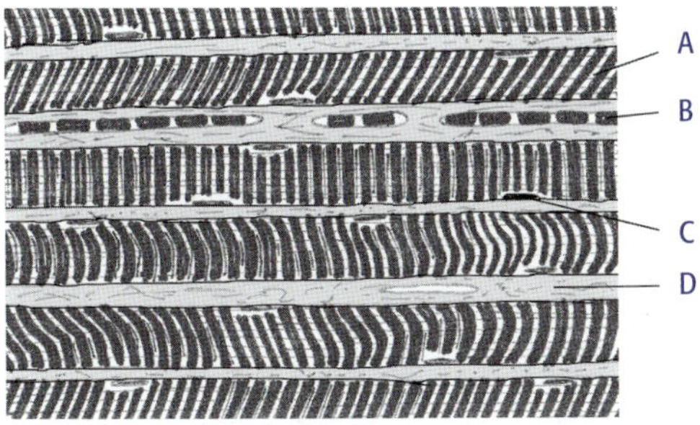

Fig. 8.1 Cellule musculaire striée squelettique. Coupe longitudinale. MO.

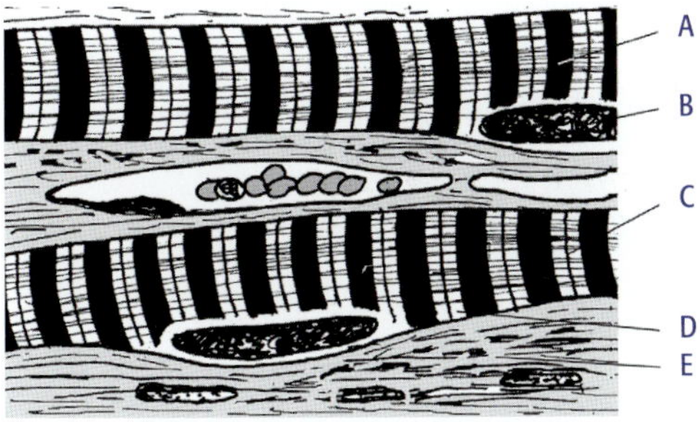

Fig. 8.2 Cellule musculaire striée squelettique. Coupe longitudinale. MO.

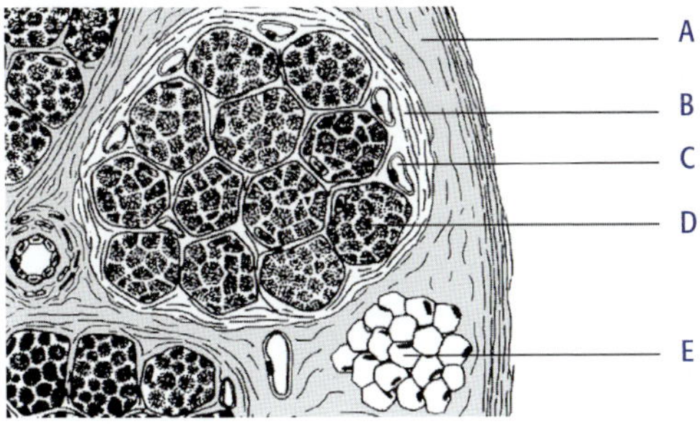

Fig. 8.3 Muscle strié squelettique. Coupe transversale. MO.

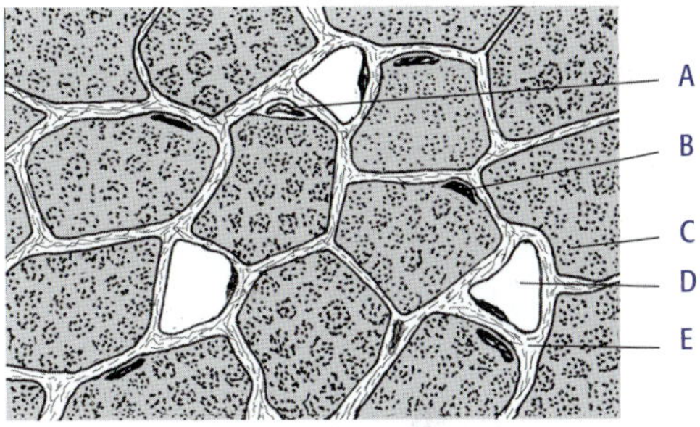

Fig. 8.4 Muscle strié squelettique. Coupe transversale. MO.

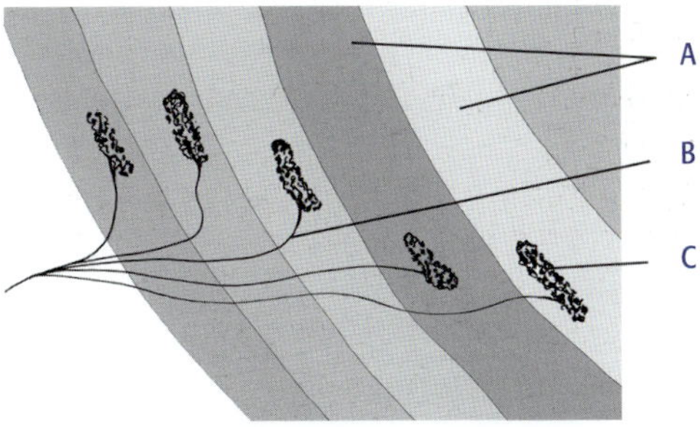

Fig. 8.5 Jonction neuromusculaire. MO. Fg.

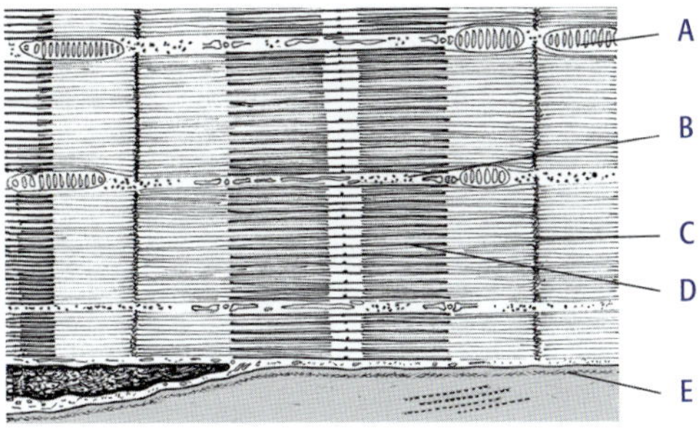

Fig. 8.6 Cellule musculaire striée squelettique. Coupe longitudinale. ME.

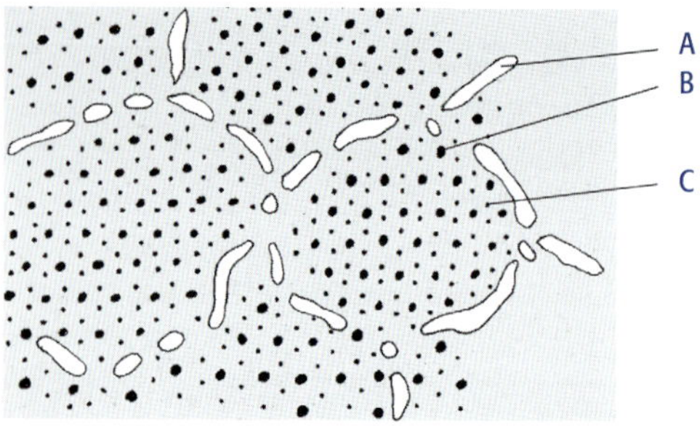

Fig. 8.7 Cellule musculaire striée squelettique. Coupe transversale. ME.

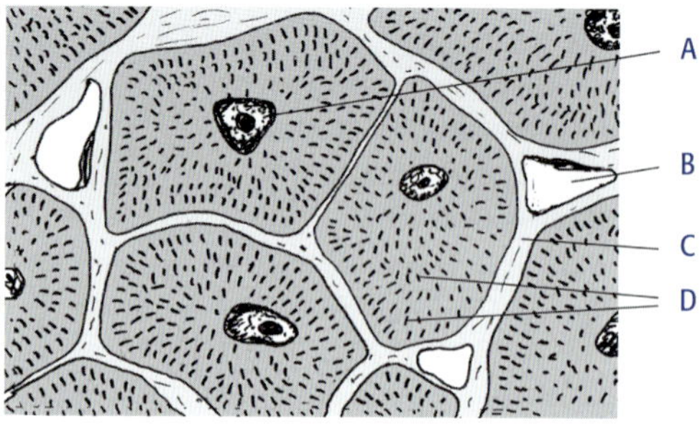

Fig. 8.12 Cellule musculaire striée cardiaque. Coupe transversale. MO.

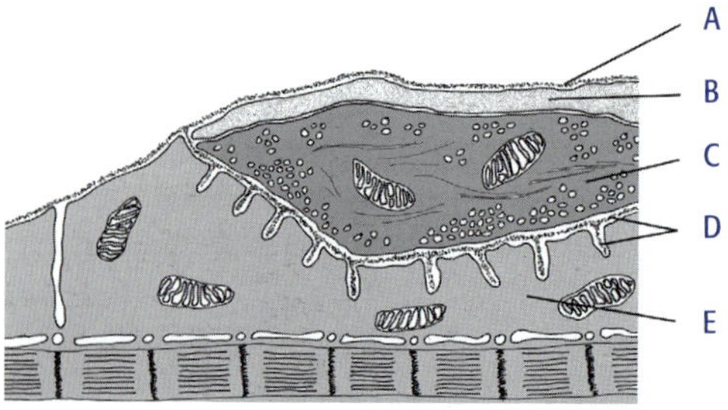

Fig. 8.9. Jonction neuromusculaire. ME.

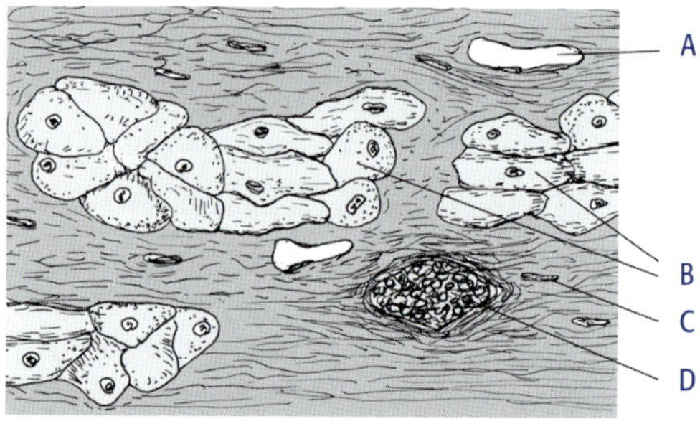

Fig. 8.13 Cellules cardionectrices. MO.

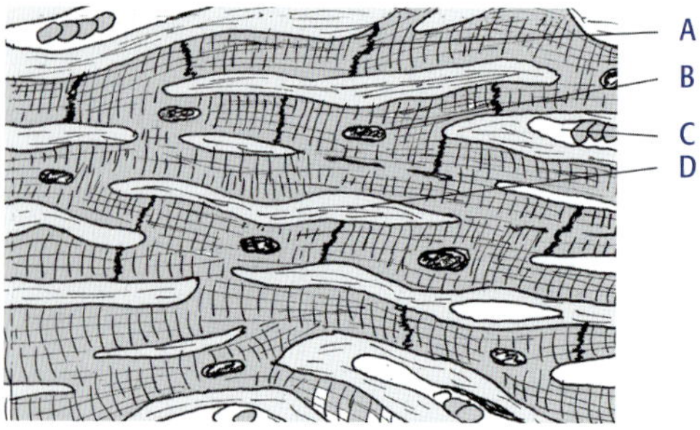

Fig. 8.10 Cellule musculaire striée cardiaque. Coupe longitudinale. MO.

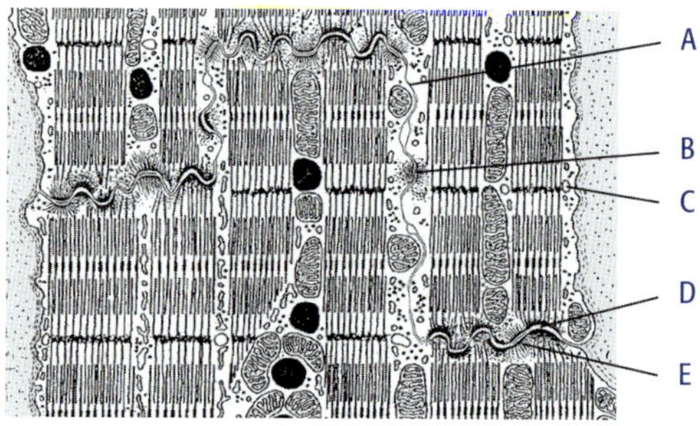

Fig. 8.14 Cellule musculaire striée cardiaque. Coupe longitudinale. ME.

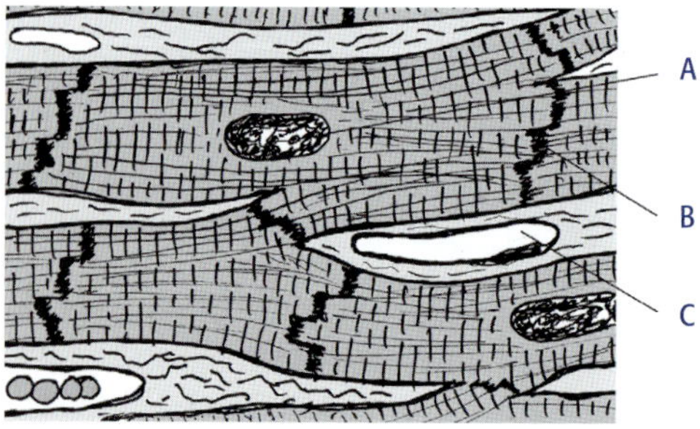

Fig. 8.11 Cellule musculaire striée cardiaque. Coupe longitudinale. MO.

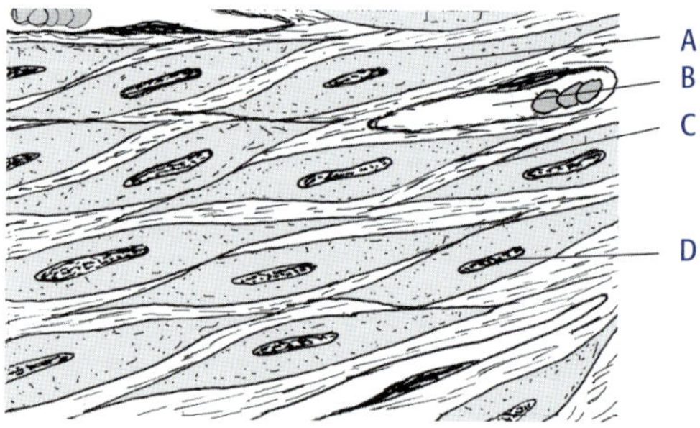

Fig. 8.15 Cellules musculaires lisses. Coupe longitudinale. MO.

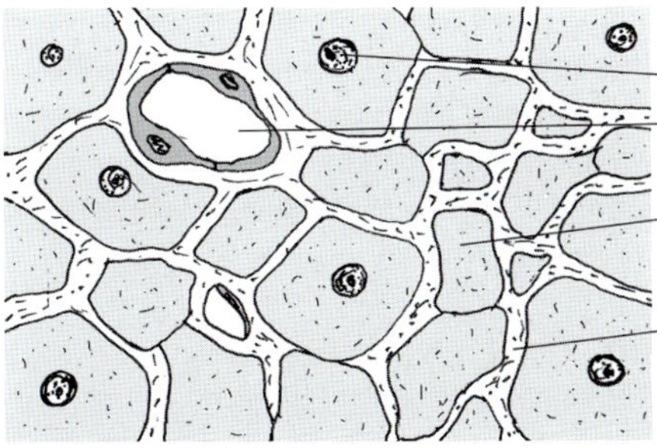

Fig. 8.16 Cellules musculaires lisses. Coupe transversale. MO.

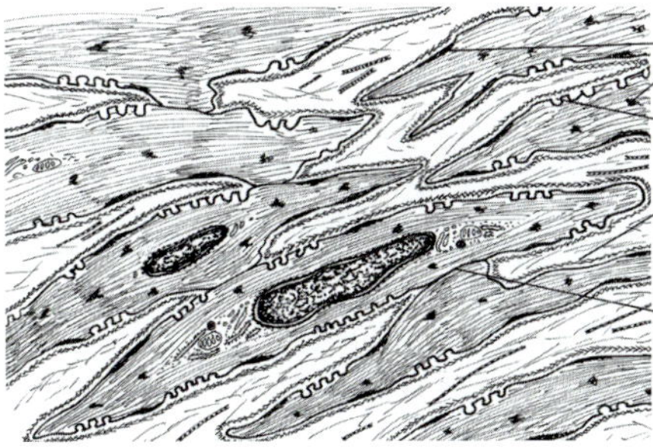

Fig. 8.18 Cellule musculaire lisse. Coupe longitudinale. ME.

QCM

1. L'examen au microscope optique d'une coupe de tissu musculaire strié squelettique colorée par l'hématéine-éosine permet de voir :

- ❑ **A.** Les noyaux des rhabdomyocytes.
- ❑ **B.** Les myofibrilles.
- ❑ **C.** Les disques A.
- ❑ **D.** Les disques Z.
- ❑ **E.** Les filaments de desmine.

2. L'examen au microscope optique d'une coupe de myocarde colorée par l'hématéine-éosine permet de voir :

- ❑ **A.** Les disques A.
- ❑ **B.** Les disques intercalaires.
- ❑ **C.** Les plaques motrices.
- ❑ **D.** Les fuseaux neuromusculaires.
- ❑ **E.** Du tissu conjonctif.

3. L'examen en microscopie électronique d'une coupe de cellules musculaires lisses permet de voir :

- ❑ **A.** La membrane basale des léiomyocytes.
- ❑ **B.** Les myofibrilles.
- ❑ **C.** Le noyau.
- ❑ **D.** Les mitochondries.
- ❑ **E.** Les plaques motrices.

4. Parmi les propositions suivantes relatives à un sarcomère d'un cardiomyocyte, laquelle (lesquelles) est (sont) exacte(s) ?

- ❑ **A.** Le disque M renferme des filaments de myomésine.
- ❑ **B.** Le disque A est limité sur ses deux faces par une strie Z.
- ❑ **C.** La strie Z contient des filaments d'α-actinine.
- ❑ **D.** La vimentine oppose une résistance à l'étirement excessif du sarcomère.
- ❑ **E.** La tropomyosine est un complexe de 3 sous-unités polypeptidiques.

5. Parmi les propositions suivantes relatives à un sarcomère d'un rhabdomyocyte, laquelle (lesquelles) est (sont) exacte(s) ?

- ❑ **A.** Le disque M contient des filaments fins.
- ❑ **B.** Le disque H contient des filaments fins.
- ❑ **C.** Le disque A contient des filaments fins.
- ❑ **D.** Le disque A contient des filaments épais.
- ❑ **E.** Le disque I contient des filaments épais.

6. Parmi les propositions suivantes relatives aux rhabdomyocytes, laquelle (lesquelles) est (sont) exacte(s) ?

- ❑ **A.** Les mitochondries sont groupées autour des noyaux.
- ❑ **B.** Le système T représente des invaginations tubulaires de la membrane basale.
- ❑ **C.** Le réticulum sarcoplasmique longitudinal est bordé de ribosomes.
- ❑ **D.** Les myofibrilles s'anastomosent entre elles.
- ❑ **E.** Le cytoplasme contient de nombreux grains de glycogène.

7. Parmi les propositions suivantes relatives aux léiomyocytes, laquelle (lesquelles) est (sont) exacte(s) ?

- ❑ **A.** Ils sont dépourvus de myofibrilles.
- ❑ **B.** Ils renferment des filaments intermédiaires de desmine.
- ❑ **C.** Ils renferment des filaments intermédiaires de vimentine.
- ❑ **D.** Le complexe dystrophine-protéines associées est absent.
- ❑ **E.** Ils sont reliés les uns aux autres par des *zonula occludens*.

8. Parmi les propositions suivantes relatives aux cellules satellites du tissu musculaire, laquelle (lesquelles) est (sont) exacte(s) ?

❑ **A.** Elles possèdent un seul noyau.
❑ **B.** Elles prolifèrent en cas de lésion musculaire.
❑ **C.** Le muscle cardiaque en contient.
❑ **D.** Le muscle lisse en contient.
❑ **E.** Elles siègent entre la membrane plasmique et la membrane basale du myocyte.

9. Parmi les propositions suivantes relatives aux muscles striés squelettiques, laquelle (lesquelles) est (sont) exacte(s) ?

❑ **A.** Leurs insertions sur le squelette peuvent se faire par des tendons.
❑ **B.** Ils contiennent des fuseaux neuromusculaires.
❑ **C.** Ils contiennent des capillaires sanguins.
❑ **D.** Ils contiennent des ramifications terminales de l'axone des motoneurones de la corne antérieure de la moelle.
❑ **E.** Ils contiennent des cellules myoendocrines.

10. Parmi les propositions suivantes relatives au myocarde, laquelle (lesquelles) est (sont) exacte(s) ?

❑ **A.** Il est dépourvu de tissu conjonctif lâche.
❑ **B.** Il contient des capillaires sanguins.
❑ **C.** Les cellules cardionectrices sont riches en myofibrilles.
❑ **D.** Les cellules de Purkinje sont des cellules quiescentes servant à la régénération du myocarde en cas de lésion.
❑ **E.** Il contient des cellules myoépithélioïdes.

11. Parmi les propositions suivantes relatives au myomètre, laquelle (lesquelles) est (sont) exacte(s) ?

❑ **A.** Il est fait de cellules musculaires lisses.
❑ **B.** Ses cellules sont au repos pendant la grossesse.
❑ **C.** Des jonctions de type *occludens* se mettent en place en fin de grossesse.
❑ **D.** Des jonctions de type *adhaerens* se mettent en place en fin de grossesse.
❑ **E.** Ses myocytes se contractent de façon intense pendant l'accouchement.

12. Parmi les propositions suivantes relatives aux rhabdomyocytes de type I, laquelle (lesquelles) est (sont) exacte(s) ?

❑ **A.** Leur fonction est posturale.
❑ **B.** La glycolyse y est principalement aérobie.
❑ **C.** Ils sont riches en myoglobine.
❑ **D.** Ils sont riches en mitochondries.
❑ **E.** Ils sont pauvres en glycogène.

13. Parmi les propositions suivantes relatives aux rhabdomyocytes de type II, laquelle (lesquelles) est (sont) exacte(s) ?

❑ **A.** Leur fonction est phasique.
❑ **B.** La glycolyse y est principalement anaérobie.
❑ **C.** Ils sont pauvres en myoglobine.
❑ **D.** Ils sont relativement pauvres en capillaires sanguins.
❑ **E.** Ils sont très riches en ATPase à pH 9,4.

14. Parmi les immunomarquages suivants, quel(s) est (sont) celui (ceux) qui est (sont) habituellement positif(s) dans les cellules musculaires lisses ?

❑ **A.** GFAP.
❑ **B.** Cytokératine.
❑ **C.** Vimentine.
❑ **D.** Desmine.
❑ **E.** Chromogranine.

15. Parmi les propositions suivantes relatives aux jonctions neuromusculaires, laquelle (lesquelles) est (sont) exacte(s) ?

❑ **A.** Il existe des canaux calciques voltage-dépendants au niveau de la membrane plasmique de la terminaison nerveuse.
❑ **B.** L'acétylcholine est le neurotransmetteur.
❑ **C.** L'entrée de Na^+ dans la cellule musculaire déclenche la dépolarisation de la membrane du myocyte.
❑ **D.** Le myocyte synthétise une enzyme capable d'hydrolyser le neurotransmetteur.
❑ **E.** L'appareil sous-neural de Couteaux est riche en choline-acétylase.

16. Parmi les propositions suivantes relatives au tissu musculaire cardiaque, laquelle (lesquelles) est (sont) exacte(s) ?

❑ **A.** Ses contractions normales sont arythmiques.
❑ **B.** L'excitation diffuse rapidement d'une cellule à l'autre.
❑ **C.** Les cellules cardionectrices sont des cellules nerveuses.
❑ **D.** Il est apte à se contracter spontanément.
❑ **E.** Il n'est pas innervé.

17. Parmi les propositions suivantes relatives aux stries Z des myocytes, laquelle (lesquelles) est (sont) exacte(s) ?

❑ **A.** Les myocytes cardiaques en sont dépourvus.
❑ **B.** Elles se situent au milieu du disque A.
❑ **C.** Elles contiennent de la myomésine.
❑ **D.** Elles sont formées par l'organisation quadratique de filaments d'actine.
❑ **E.** Elles sont visibles en microscopie optique.

18. Parmi les propositions suivantes relatives à la photographie ci-dessous, laquelle (lesquelles) est (sont) exacte(s) ?

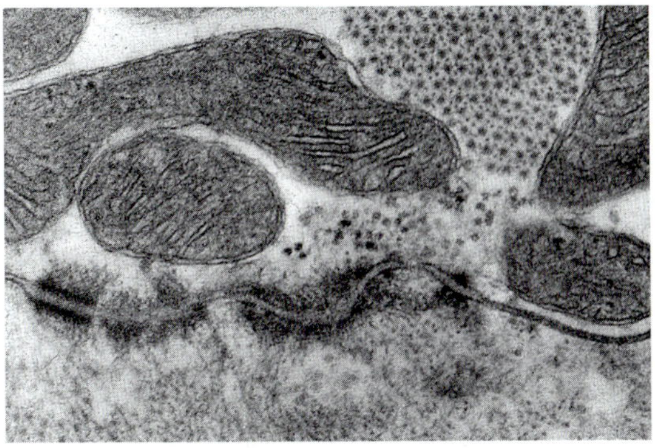

- ❑ **A.** On observe un desmosome.
- ❑ **B.** On observe une synapse.
- ❑ **C.** On observe une jonction communicante.
- ❑ **D.** On observe des myofribrilles sectionnées transversalement au niveau d'un disque I.
- ❑ **E.** Les mitochondries sont à crête tubulaire.

QROC

1. Décrire brièvement l'aspect en microscopie optique d'une coupe transversale de cellule musculaire lisse.

2. Qu'est-ce qu'une unité motrice ?

3. Quelles différences existent entre une cellule myocardique et une cellule musculaire lisse concernant le nombre et la position des noyaux ?

4. Quels sont les filaments présents dans le disque I d'un sarcomère de cellule myocardique ?

5. Décrire brièvement la morphologie et le rôle des cellules satellites dans le muscle strié squelettique.

6. Quel est le rôle des fuseaux neuromusculaires ?

7. Indiquer le nom de l'hormone sécrétée par les cellules myoendocrines du cœur.

8. Décrire brièvement les caractéristiques morphologiques des cellules de Purkinje du système cardionecteur.

9. Donner la définition et le rôle des cellules myoépithéliales.

10. Quel est le nom de l'hormone sécrétée par les cellules myoépithélioïdes de l'artère afférente du glomérule rénal ?

11. Qu'est-ce qu'un péricyte ?

12. Quels sont les dispositifs de jonction qui correspondent aux disques intercalaires visibles en microscopie optique entre les cellules myocardiques ?

13. Quelle est la fonction du complexe dystrophine-protéines associées à la dystrophine ?

Pour les corrections, se reporter à la page 197

9 Le tissu nerveux

Le tissu nerveux, substratum histologique du système nerveux (SN), est spécialisé dans la conduction, la transmission et le traitement des informations. Présent dans toutes les régions du corps, il est – avec le système hormonal et le monde des cytokines – l'un des trois grands moyens de communication de l'organisme.

D'un point de vue anatomique, il est commode de distinguer, au sein du tissu nerveux, ce qui appartient au système nerveux central (SNC) de ce qui appartient au système nerveux périphérique (SNP), tout en se souvenant que ces distinctions sont arbitraires et que le SN forme un tout qui, *in vivo*, n'est pas découpé en organes séparés. Le SNC (ou névraxe), concentré à l'intérieur du crâne et de la colonne vertébrale qui le protègent, est constitué de haut en bas par l'encéphale (cerveau, tronc cérébral – pédoncules, protubérance et bulbe – et cervelet) prolongé par la moelle épinière. Le SNP, en parfaite continuité avec le SNC, est formé par les ganglions et les nerfs périphériques qui irradient du névraxe vers tous les points de l'organisme, assurant l'acheminement des informations vers le SNC et celui des ordres du SNC vers les effecteurs périphériques.

D'un point de vue physiologique, on distingue volontiers dans l'ensemble du SNC et SNP ce qui ressortit au SN de la vie de relation et ce qui appartient à la vie végétative (système nerveux végétatif ou autonome : SNV ou SNA) ; on a tendance actuellement à isoler également un SN intestinal ou SN entérique (SNE). Mais, là encore, ces distinctions arbitraires ne remettent aucunement en cause l'unicité du SN.

D'un point de vue histologique, l'élément constitutif de base du tissu nerveux est la cellule nerveuse ou neurone. Chaque neurone comporte un corps cellulaire centré par le noyau et des prolongements cytoplasmiques de deux sortes : les dendrites, souvent multiples, et toujours très courtes (quelques mm au maximum) conduisent l'influx nerveux vers le corps cellulaire, alors que l'axone, toujours unique, parfois très long (pouvant atteindre 1 m) conduit le signal nerveux (ou influx nerveux) à partir du corps cellulaire et en s'en éloignant, jusqu'à ses cibles. Un neurone seul, isolé, n'a pas de signification. La fonction du SN implique que les neurones communiquent entre eux, au niveau de synapses, réalisant ainsi des chaînes, des boucles, des circuits, des réseaux nerveux extraordinairement compliqués.

▶ La complexité et la diversité du tissu nerveux sont telles que la meilleure formule pour l'approche histologique générale et globale qui seule a sa place dans cet ouvrage nous a paru être de partir d'un exemple et de l'exploiter sans chercher à envisager tous les cas de figure et sans prétendre le moins du monde à une quelconque exhaustivité. L'exemple le plus simple permettant de mettre en place tant les éléments constitutifs du SNC (substance grise et substance blanche) que ceux du SNP (ganglions et nerfs périphériques) est celui d'une coupe horizontale de la moelle épinière avec les racines.

I. Microscopie optique (MO)

Sur une coupe horizontale de moelle épinière humaine colorée par la simple hématéine-éosine, après inclusion en paraffine, on repère aisément au MO dès le faible grandissement (fig. 9.1 et 9.2) et, un axe de substance grise, en forme de X, avec, de chaque côté, une corne antérieure (ou ventrale), une corne postérieure (ou dorsale) et – au niveau de la moelle thoracique – une corne intermédiaire (ou latérale). Cet axe gris est centré par le canal de l'épendyme et est entouré par des cordons de substance blanche : cordons antérolatéraux et cordons postérieurs. La racine antérieure (ou ventrale), motrice, part de la corne antérieure. La racine postérieure (ou dorsale) entre dans la moelle au niveau de la corne postérieure. Le ganglion spinal (ou rachidien) est situé sur le trajet de la racine postérieure. Plus loin, les deux racines se réunissent pour former un nerf périphérique.

Si l'on passe à des grandissements supérieurs, chacune de ces composantes peut être analysée plus en détail.

A. L'axe de substance grise (SG)

1. Morphologie des neurones

La SG contient le corps cellulaire de tous les neurones de la moelle épinière. Parmi eux, les plus visibles, les plus volumineux, les plus reconnaissables sont les corps cellulaires des motoneurones α de la corne antérieure de la moelle. Leur axone, après être sorti de la moelle par la racine antérieure, entre dans la constitution des nerfs mixtes et se termine dans les muscles striés squelettiques au niveau de la jonction neuromusculaire (voir chapitre 8). De forme polygonale, ces corps cellulaires neuronaux sont centrés par un volumineux noyau sphérique, clair, contenant un gros nucléole, arrondi, dense. Dans leur cytoplasme, on devine des mottes basophiles ou corps de Nissl que des colorations particulières (à base de bleu de toluidine) permettent de mieux mettre en évidence (fig. 9.3). On observe également le départ de multiples prolongements cytoplasmiques correspondant aux dendrites et justifiant l'appellation de neurones multipolaires. Du fait de son calibre plus fin et de l'absence de corps de Nissl à son niveau, l'axone n'est habituellement pas visible sur des coupes colorées par l'hématéine-éosine. Grâce à certaines colorations spéciales (technique de Cajal à l'or sublimé par exemple), on discerne

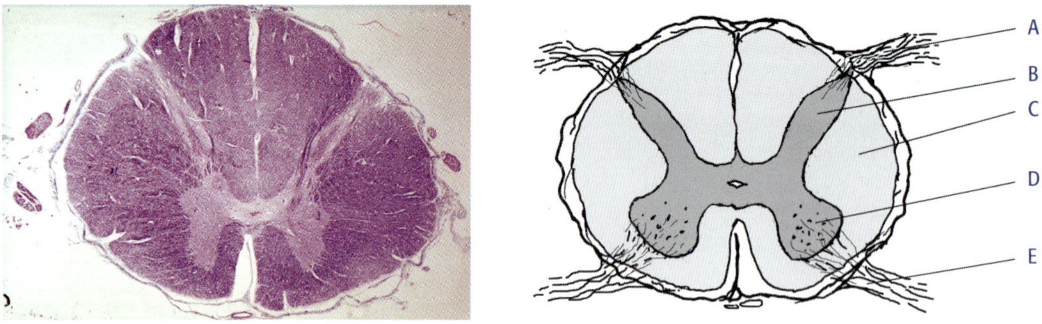

Fig. 9.1

Moelle épinière. MO. fg.

A. Racine postérieure. B. Corne postérieure. C. Cordon latéral. D. Corne antérieure. E. Racine antérieure.

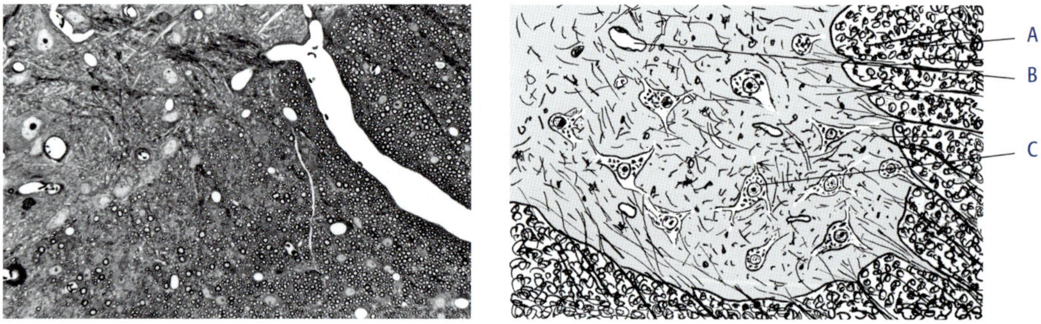

Fig. 9.2

Moelle épinière. Corne antérieure. MO. fg.

A. Cordon latéral. B. Capillaire sanguin. C. Motoneurone de la corne antérieure.

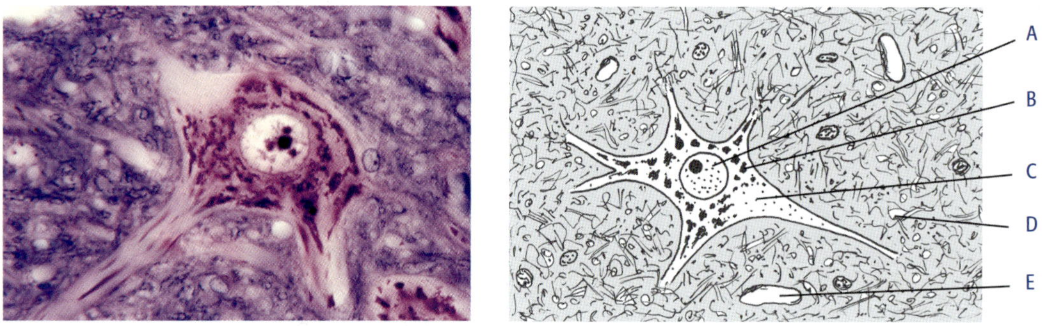

Fig. 9.3

Neurone multipolaire. Coloration de Nissl. MO. Fg.

A. Corps de Nissl. B. Noyau. C. Axone. D. Nucléole. E. Noyau d'astrocyte.

dans l'ensemble du cytoplasme neuronal, corps cellulaire et prolongements (tant axonal que dendritiques), un fin feutrage de neurofibrilles colorées en noir (fig. 9.4) correspondant aux éléments du cytosquelette que la ME permettra de distinguer en microfilaments (d'actine), neurofilaments (filaments intermédiaires) et neurotubules (microtubules).

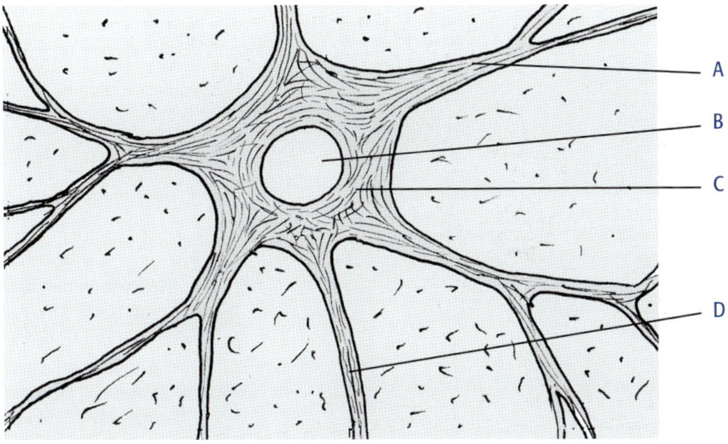

Fig. 9.4
Neurone multipolaire. Coloration des neurofibrilles. MO. Fg.
A. Dendrite. B. Noyau. C. Réseau neurofibrillaire. D. Axone.

2. Classification des neurones

L'utilisation de colorations faisant appel à des imprégnations métalliques, notamment argentiques (techniques de Golgi), permet de visualiser en noir la forme générale des neurones, de leur corps cellulaire, de leurs dendrites et à un moindre degré de leur axone. Ainsi peut-on établir une classification morphologique des neurones.

a. Selon la disposition générale des prolongements par rapport au corps cellulaire

On distingue des neurones unipolaires (qui ne possèdent qu'un seul prolongement), bipolaires (présentant un prolongement afférent et un prolongement efférent), pseudo-unipolaires (dont le prolongement unique se bifurque à distance du corps cellulaire en un prolongement afférent et un prolongement efférent) et multipolaires (possédant des prolongements multiples : un seul axone, mais de nombreux dendrites et dont les motoneurones α de la corne antérieure de la moelle représentent le meilleur exemple).

b. Selon la forme du corps cellulaire

La forme du corps cellulaire peut être très différente d'un neurone à l'autre. Ainsi peut-on reconnaître des neurones étoilés, fusiformes, coniques, polyédriques (comme les motoneurones de la corne antérieure de la moelle), sphériques, pyramidaux (selon leur volume, on distingue les cellules pyramidales en petites, moyennes, grandes ou géantes) (fig. 9.5).

c. Selon l'organisation dendritique

Selon l'organisation dans l'espace des ramifications dendritiques, on distingue des neurones isodendritiques (divergence des dendrites dans toutes les directions), comme pour les motoneurones de la corne antérieure de la moelle (fig. 9.6), allodendritiques (symétrie limitée de l'arbre dendritique) et idiodendritiques (organisation spécifique de l'arbre dendritique), comme dans les cellules de Purkinje du cortex cérébelleux (fig. 9.7).

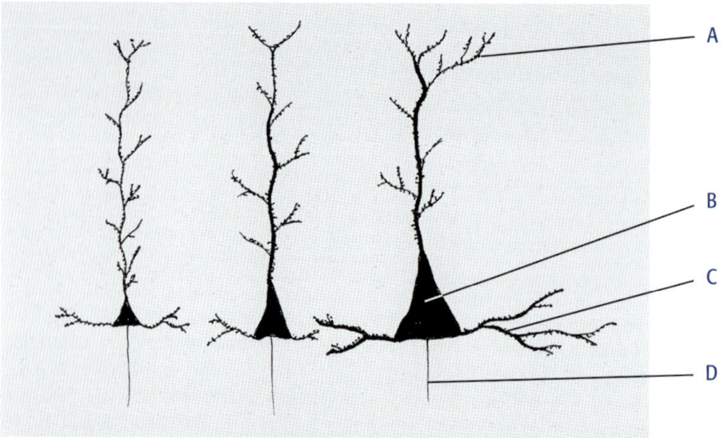

Fig. 9.5

Neurone pyramidal. Technique de Golgi. MO. Fg.

A. Dendrite apicale recouverte d'épines dendritiques. B. Corps cellulaire. C. Dendrite basolatérale. D. Axone.

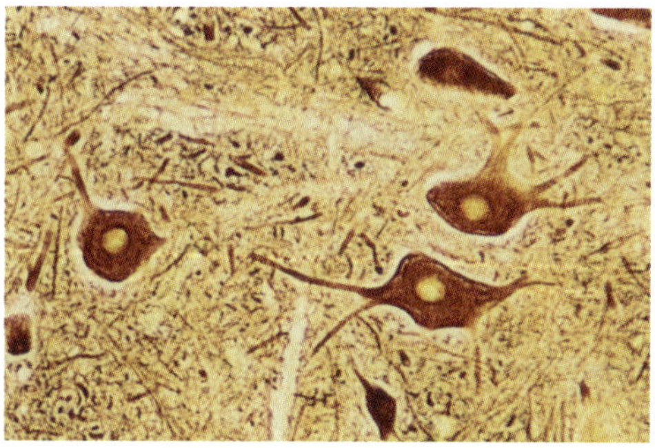

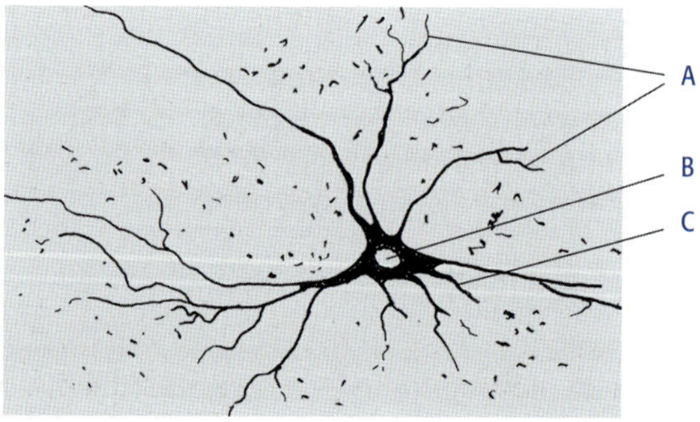

Fig. 9.6

Neurone multipolaire. Technique de Golgi. MO. Fg.

A. Dendrites. B. Noyau. C. Début de l'axone.

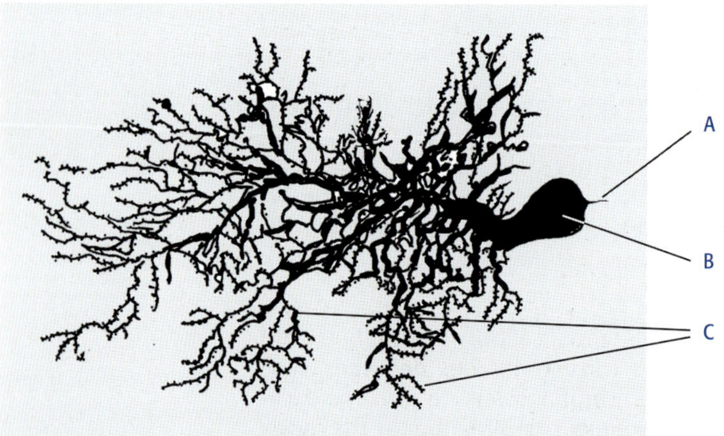

Fig. 9.7

Cellule de Purkinje du cervelet. Technique de Golgi. MO. Fg.

A. Début de l'axone. B. Corps cellulaire. C. Dendrites couvertes d'épines dendritiques..

d. Selon la longueur de l'axone

Selon la longueur de l'axone, on distingue les neurones de Golgi type I (neurones de projection, à axone long, comme les motoneurones de la corne antérieure de la moelle) et les neurones de Golgi type II (neurones d'association, à axone court).
Ainsi, en fonction de cette classification, les motoneurones de la corne antérieure de la moelle sont des neurones multipolaires, polyédriques, isodendritiques, de Golgi type I.

3. Les autres constituants de la SG

En dehors des corps cellulaires des neurones, l'observation en MO d'une coupe de moelle colorée par les techniques usuelles, permet de reconnaître les autres constituants de la SG.
Seuls les noyaux des cellules gliales sont bien visibles ; les uns, relativement arrondis, volumineux et clairs, appartiennent à des astrocytes, les autres également arrondis mais plus petits et plus sombres à des oligodendrocytes et à des cellules microgliales (ou microglie). Diverses techniques d'imprégnation métallique (à l'or ou à l'argent) permettent d'identifier plus précisément ces différents types cellulaires et de montrer la forme étoilée de l'astrocyte avec de nombreux prolongements cellulaires autrefois qualifiés à tort de « fibres gliales » ainsi que les prolongements moins nombreux et plus courts des oligodendrocytes.
Les capillaires sanguins sont très nombreux.
Le fond éosinophile compris entre les corps cellulaires neuronaux, les cellules gliales et les capillaires sanguins est grossièrement amorphe. Il est dépourvu de structures morphologiquement identifiables et est inaccessible à une analyse morphologique précise en MO. Il correspond au neuropile, dont seule la ME permettra l'étude. C'est dans ce neuropile que siègent les synapses, mais la MO ne permet pas de les voir.

B. **Le canal de l'épendyme** (fig. 9.8)

La paroi du canal de l'épendyme est formée par un épithélium prismatique ou cubique simple dont le pôle apical est parfois cilié. Cet épithélium épendymaire se retrouve à tous les autres niveaux du système ventriculaire du SNC. En fait, au niveau de la moelle, la lumière du canal épendymaire est souvent virtuelle et il n'est pas rare de ne voir qu'un petit amas de cellules épendymaires sans lumière décelable.

C. **Les cordons de substance blanche (SB)** (fig. 9.9)

Les cordons de SB de la moelle correspondent à des axones myélinisés groupés en faisceaux parallèles. Ces axones appartiennent à plusieurs groupes de neurones de situation anatomique et de signification physiologique différentes. Ceux formant les cordons postérieurs proviennent de corps cellulaires neuronaux situés dans les ganglions spinaux et véhiculent la sensibilité profonde vers le bulbe, puis le thalamus et le cortex cérébral. Les axones des cordons antérolatéraux correspondent les uns à des voies ascendantes (partant de la corne postérieure de la moelle et se dirigeant vers le cervelet, le thalamus ou d'autres régions de l'encéphale),

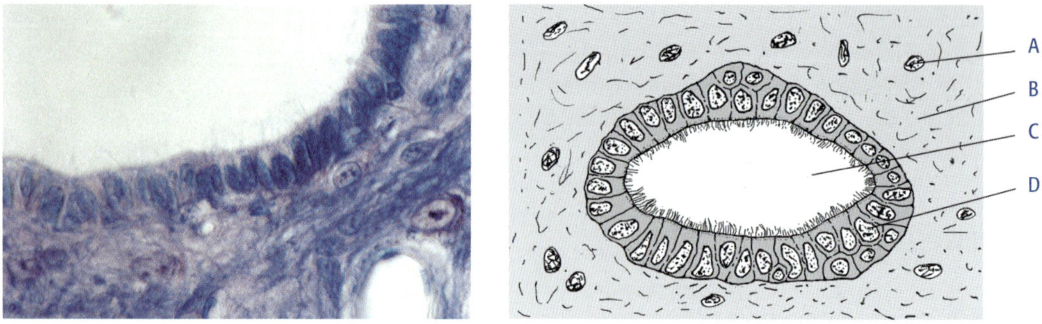

Fig. 9.8

Moelle épinière. Canal de l'épendyme. MO. Fg.

A. Noyau d'un astrocyte. B. Substance grise périépendymaire. C. Lumière du canal de l'épendyme. D. Noyau d'un épendymocyte.

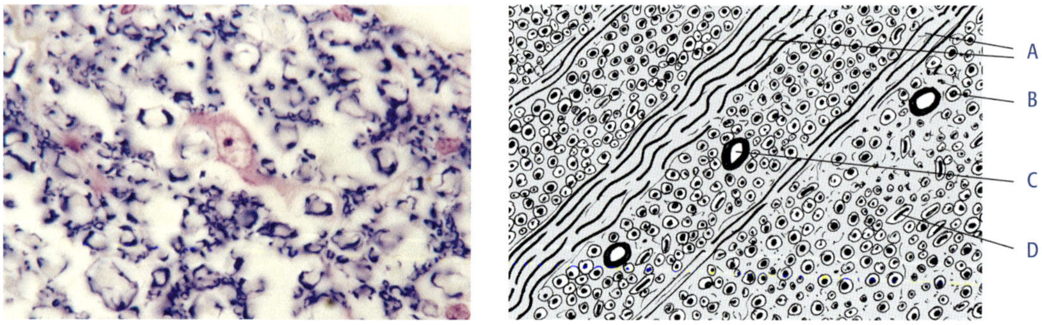

Fig. 9.9

Moelle épinière. Cordon antérolatéral. MO. Fg.

A. Axones de la racine antérieure (colorés en noir par l'argent). B. Axone myélinisé coupé en travers. C. Vaisseau sanguin. D. Axone myélinisé coupé en biais.

les autres à des voies descendantes (notamment le faisceau pyramidal) apportant aux motoneurones de la corne antérieure de la moelle les ordres venus des structures supérieures de l'encéphale.

En MO, sur une coupe horizontale de moelle épinière préparée de façon routinière, les faisceaux d'axones myélinisés se présentent comme un groupement côte à côte de sections circulaires comprenant un centre ponctiforme éosinophile correspondant à l'axone coupé transversalement et une couronne vidée de son contenu par les solvants des graisses et correspondant à la gaine de myéline entourant l'axone. Les noyaux de cellules gliales (astrocytes et oligodendrocytes) sont moins bien visibles que dans la SG. Toutefois, certaines colorations permettent de les mettre en évidence. Les capillaires sanguins sont beaucoup moins abondants que dans la SG.

Les colorations dites myéliniques permettent de visualiser les gaines de myéline, en noir (coloration de Loyez à la laque d'hématoxyline) ou en bleu-vert *(luxol-fast blue)*. La coloration de Bodian au protéinate d'argent, qui colore les axones en noir, peut être fructueusement associée à la coloration par le bleu luxol.

D. **Le ganglion spinal** (fig. 9.10 et 9.11)

Un ganglion nerveux est constitué par un amas de corps cellulaires neuronaux situés dans le SNP.

▶ Attention ! De même que la *moelle épinière* ne doit pas être confondue avec la *moelle osseuse*, un *ganglion nerveux* ne doit pas être confondu avec un *ganglion lymphatique*. D'ailleurs, pour plus de sécurité, certains auteurs préfèrent parler de « nœuds lymphatiques » (traduction littérale de l'anglais « *lymphatic nodes* »).

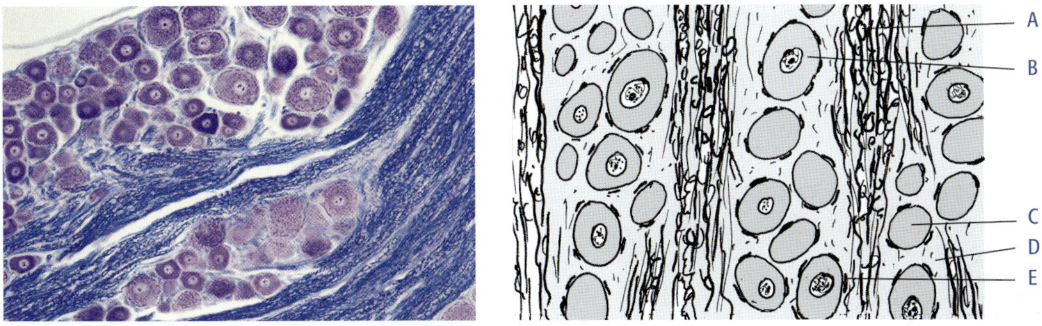

Fig. 9.10

Ganglion spinal. MO. fg.

A. Fibres nerveuses myélinisées. B. Corps cellulaire d'un neurone en T. C. Coupe tangentielle d'un corps cellulaire de neurone en T. D. Tissu conjonctif. E. Noyau d'une cellule capsulaire.

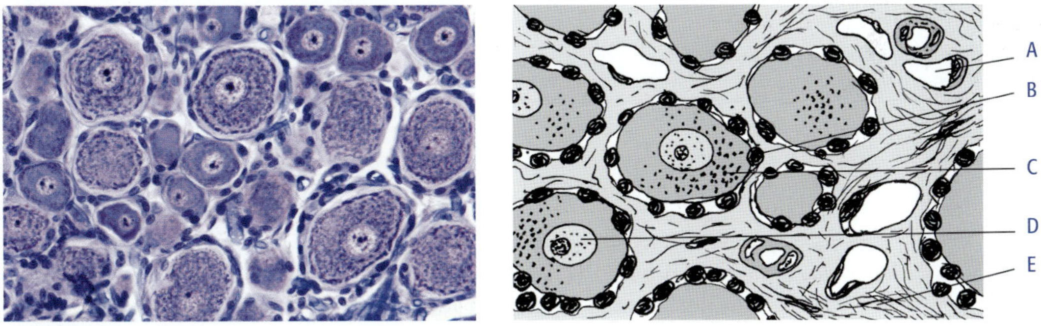

Fig. 9.11

Ganglion spinal. MO. Fg.

A. Capillaire sanguin. B. Noyau d'une cellule capsulaire. C. Corps de Nissl dans le cytoplasme du corps cellulaire d'un neurone en T. D. Noyau d'un neurone en T. E. Tissu conjonctif.

Les ganglions nerveux spinaux (ou rachidiens) et crâniens contiennent le corps cellulaire des neurones sensitifs pseudo-unipolaires (protoneurones sensitifs ou neurones en T). Ces corps cellulaires, volumineux, sphériques, sont centrés par un gros noyau clair nucléolé et sont entourés par des cellules capsulaires (ou cellules satellites). Aucune synapse ne s'y fait. Le stroma conjonctivo-vasculaire est en continuité avec l'enveloppe conjonctive fibreuse du ganglion. Les récepteurs périphériques capables de transformer une stimulation mécanique, chimique ou thermique en un message nerveux afférent contiennent tous – quelle que soit leur structure – la terminaison du prolongement périphérique d'une cellule nerveuse en T du ganglion rachidien ou crânien.

► Il importe de bien distinguer les ganglions spinaux et les ganglions végétatifs, sympathiques ou parasympathiques, qui contiennent le corps cellulaire des neurones végétatifs dits postganglionnaires et dans lesquels de nombreuses synapses s'effectuent.

E. **Le nerf périphérique** (fig. 9.12)

Les nerfs périphériques sont constitués de fibres nerveuses myélinisées et amyéliniques, groupées en fascicules. Chaque fascicule est limité par son *périnèvre*. À l'intérieur de chaque fascicule, entre les fibres nerveuses, se trouve l'*endonèvre*. L'ensemble des fascicules est maintenu par l'*épinèvre*.

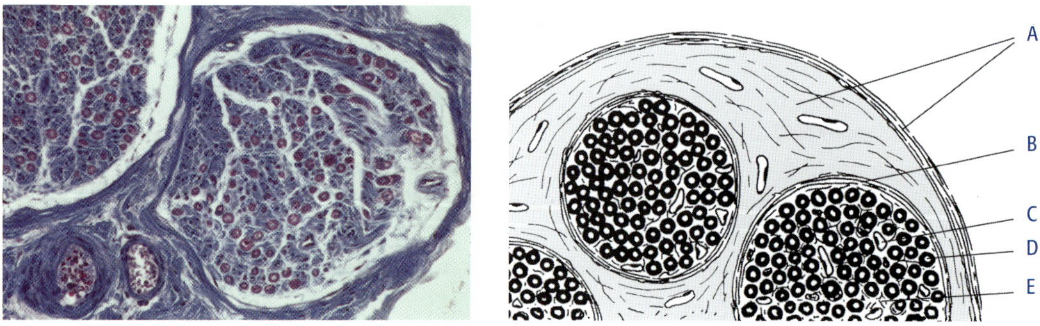

Fig. 9.12
Nerf périphérique. Coupe transversale. MO. fg.
A. Épinèvre. B. Périnèvre. C. Capillaire sanguin endoneural. D. Fibre nerveuse myélinisée. E. Endonèvre.

1. Les fibres nerveuses

Les techniques usuelles de MO ne permettent pas une bonne étude histologique des fibres nerveuses périphériques. La coloration de Bodian-luxol, qui colore les axones en noir et les gaines de myéline en bleu des mers du sud, permet sur coupes à paraffine une première analyse des fibres myélinisées. Par la méthode du *teasing* (ou dissociation des fibres), avec une coloration par le tétroxyde d'osmium (ou acide osmique, OsO4), les fibres nerveuses myélinisées sont accessibles à une étude histologique permettant de voir les internodes (entre deux nœuds de Ranvier successifs), de constater l'état normal ou non de la gaine de myéline, de mesurer leur longueur.

2. L'endonèvre

L'endonèvre est le tissu conjonctif lâche situé à l'intérieur des fascicules. Il contient des fibroblastes dispersés, quelques mastocytes, de nombreuses fibres de collagène orientées longitudinalement et de nombreux capillaires sanguins.

3. L'épinèvre

L'épinèvre correspond au tissu conjonctif dense qui enveloppe le tronc nerveux et réunit les uns aux autres ses différents fascicules. Il est fait de fibroblastes et de faisceaux de fibres de collagène ; il contient un nombre variable d'adipocytes et de nombreux vaisseaux sanguins *(vasa nervorum)*.

4. Le périnèvre

Il entoure chaque fascicule nerveux. Il est fait d'une dizaine de couches de cellules périneurales aplaties, formant la « gaine lamelleuse » décrite par Ranvier.

Le tableau 9.I résume les différences et les caractéristiques du SNC et du SNP.

Tableau 9.I. **Éléments constitutifs du système nerveux central (SNC) et du système nerveux périphérique (SNP).**

		SNC			SNP		
		Revêtement ventriculaire	SG	SB	Revêtement astrocytaire	Ganglions	Nerfs
Neurones	Corps cellulaire +/- synapses		++			++	
	Axones +/- myéline		+/–	++		+	++
Cellules gliales	Épendymocytes	+					
	Astrocytes		++	+	++		
	Oligodendrocytes		+	++			
	Microglie		+	+			
Cellules de Schwann						+	+
Cellules capsulaires						+	
Capillaires sanguins			++	+		+	+
Tissu conjonctif						+	+

II. Microscopie électronique (ME)

A. **Le neurone** (fig. 9.13)

Les corps de Nissl correspondent, en ME, à des amas de citernes de réticulum endoplasmique granulaire entre lesquelles se trouvent de nombreux ribosomes libres souvent arrangés en petites rosettes de 5 à 6 grains (polysomes). L'abondance de cet ergastoplasme est le témoin de l'importance des synthèses protéiques de la cellule nerveuse. Présents également dans les dendrites, les corps de Nissl sont par contre totalement absents de l'axone et très peu abondants dans son cône d'implantation.

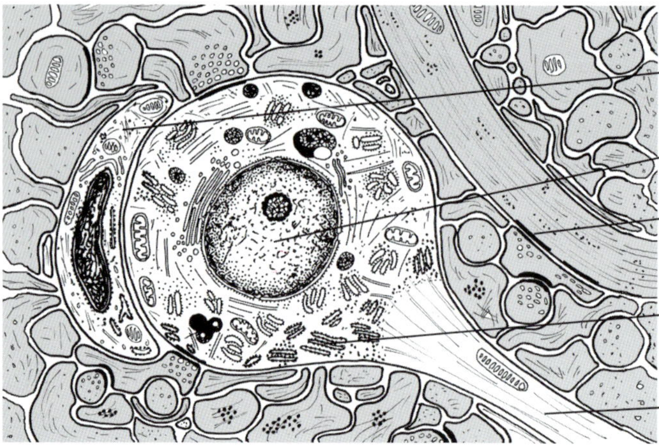

Fig. 9.13
Neurone et oligodendrocyte. ME.
A. Oligodendrocyte. B. Noyau du neurone. C. Synapse. D. Corps de Nissl (réticulum endoplasmique granulaire). E. Axone.

Le cytosquelette des neurones, comme celui de toutes les cellules eucaryotes, est fait de microfilaments d'actine (particulièrement abondants dans la région centrale de l'axone où ils sont disposés parallèlement à son grand axe), de microtubules (ou neurotubules, particulièrement abondants dans les dendrites) et de filaments intermédiaires (ou neurofilaments) faits de protéines spécifiques.

Les autres organites. En plus des principaux organites précédemment décrits, on trouve encore dans le cytoplasme neuronal un appareil de Golgi (habituellement très volumineux, entourant le noyau et s'étendant dans tout le corps cellulaire), de nombreuses mitochondries, du réticulum endoplasmique lisse, des lysosomes, des amas de lipofuscine (pigment jaune-brun visible dès la MO et dont l'abondance augmente avec l'âge). Les neurones adultes ne possèdent habituellement pas de centrosome. Des grains de pigment de neuromélanine sont présents dans le cytoplasme de certains groupes de neurones du tronc cérébral ; enfin, les neurones neurosécrétoires (de l'hypothalamus) renferment des vésicules de sécrétion, arrondies, denses, entourées d'un halo clair.

B. **Les synapses** (fig. 9.14)

Les synapses sont des zones spécialisées de contact permettant la transmission à sens unique de l'influx nerveux d'un neurone à un autre neurone (ou à une cellule effectrice). On évalue le nombre total des neurones du système nerveux humain à une centaine de milliards ; en multipliant ce nombre par environ 1 000, on obtient approximativement celui des synapses. Si, dans leur grande majorité, les synapses sont axo-dendritiques et axo-somatiques, il existe toutefois des synapses axo-axoniques, ainsi que, plus rarement, des synapses dendro-dendritiques, dendro-somatiques ou somato-somatiques. Les synapses sont soit activatrices soit inhibitrices.

1. L'élément présynaptique

En dehors des mitochondries et du cytosquelette, les deux constituants les plus importants de l'élément présynaptique sont :

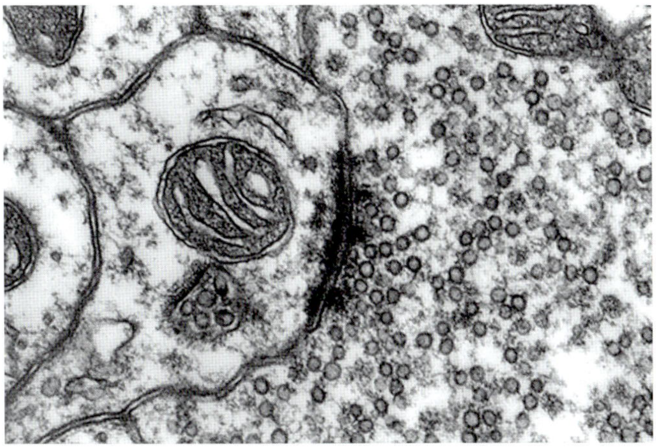

Fig. 9.14
Synapse.

- les vésicules synaptiques (à centre clair – arrondies ou ovalaires – ou à cœur dense, petites ou grandes),
- l'épaississement de la membrane présynaptique, correspondant à la grille présynaptique dans laquelle les vésicules synaptiques viennent s'enchâsser avant la libération des neurotransmetteurs.

2. L'élément postsynaptique

La membrane postsynaptique est souvent le siège d'un épaississement dense aux électrons, plus marqué que les épaississements présynaptiques. À une certaine distance de la membrane postsynaptique, de nombreuses structures de morphologie variée ont été décrites et peuvent être regroupées sous le terme d'appareils sous-synaptiques. Les mieux caractérisés sont les appareils épineux situés à la base des épines dendritiques et se présentant comme un empilement parallèle de citernes aplaties.

3. La fente synaptique

Séparant la membrane présynaptique de la membrane postsynaptique, la fente synaptique est large d'environ 20 nm.

C. **La myéline**

De nombreux axones sont entourés sur la plus grande partie de leur trajet par une gaine de myéline qui accroît la vitesse de conduction de l'influx nerveux. Bien qu'il existe de notables différences dans la constitution moléculaire lipidique et protéique entre la myéline du SNC (fig. 9.15) et celle du SNP, leur aspect ultrastructural est très voisin. En coupe transversale, sur des préparations fixées à l'acide osmique, la gaine de myéline apparaît en ME comme une structure lamellaire régulièrement spiralée, constituée par l'alternance de lignes denses périodiques et de bandes claires. Chaque bande claire est centrée par une double ligne intrapériodique beaucoup plus fine que la ligne dense périodique. Cette structure s'explique par le mode de fabrication de la myéline avec l'enroulement autour de l'axone et l'accolement consécutif des membranes plasmiques

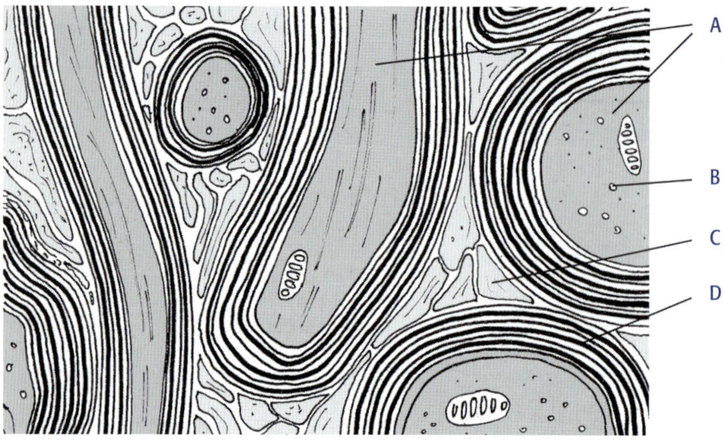

Fig. 9.15
Myéline du système nerveux central. ME.
A. Axones. B. Microtubule (en coupe transversale). C. Prolongement astrocytaire. D. Ligne dense périodique de la myéline.

de la cellule myélinisante, l'oligodendrocyte pour le SNC et la cellule de Schwann pour le SNP ; la ligne dense périodique correspond à la fusion des feuillets internes de la membrane plasmique (et correspond donc à l'emplacement virtuel du cytoplasme) alors que la double ligne dense intrapériodique correspond à l'adossement des feuillets externes de la membrane plasmique (laissant un minime espace extracellulaire quasi-virtuel entre eux). Un même oligodendrocyte, par ses prolongements cytoplasmiques multiples, forme plusieurs segments myéliniques autour d'un nombre variable d'axones, alors qu'une cellule de Schwann ne myélinise qu'un seul axone.
La gaine de myéline est faite d'internodes (ou segments interannulaires) qui se succèdent le long de l'axone. Chaque internode est séparé du suivant par un nœud de Ranvier, dépourvu de myéline, constituant sur le plan électrique une zone de faible résistance, ce qui explique que le potentiel d'action progresse de façon discontinue et que la conduction soit saltatoire (sautant d'un nœud de Ranvier à l'autre). Il existe une proportionnalité entre le diamètre de l'axone, l'épaisseur de la gaine de myéline, la longueur des internodes et la vitesse de conduction de l'influx nerveux.

D. Les cellules gliales (ou cellules névrogliques)

1. Les astrocytes (fig. 9.16 et 9.17)

Ils se caractérisent en ME par l'abondance des filaments intermédiaires (gliofilaments) riches en GFAP (protéine gliofibrillaire acide) et de grains de glycogène. Par le réseau tridimensionnel que forment leurs prolongements cytoplasmiques, les astrocytes jouent un rôle de support structural au sein du parenchyme du SNC. Par ailleurs, de petites languettes cytoplasmiques partant des prolongements cytoplasmiques entourent étroitement les synapses et permettent ainsi la sélectivité de la transmission nerveuse en empêchant la diffusion des neurotransmetteurs. Les astrocytes envoient également des prolongements cytoplasmiques (ou pieds vasculaires des astrocytes) qui entourent complètement les capillaires sanguins et les séparent des neurones ; entre ces prolongements astrocytaires et l'endothélium capillaire se trouve une MB. Enfin, la surface du

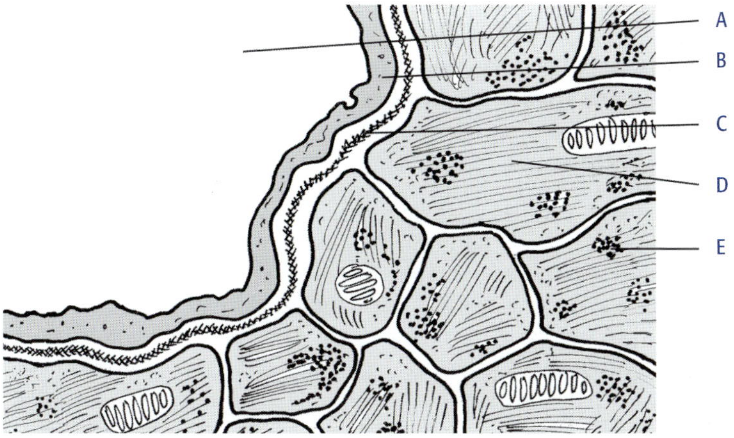

Fig. 9.16
Pieds astrocytaires participant à la barrière sang-cerveau. ME.
A. Lumière d'un capillaire sanguin. B. Cellule endothéliale du capillaire sanguin. C. Membrane basale du capillaire sanguin. D. Gliofilaments dans un « pied vasculaire » d'astrocyte. E. Grains de glycogène dans un prolongement cytoplasmique d'un astrocyte.

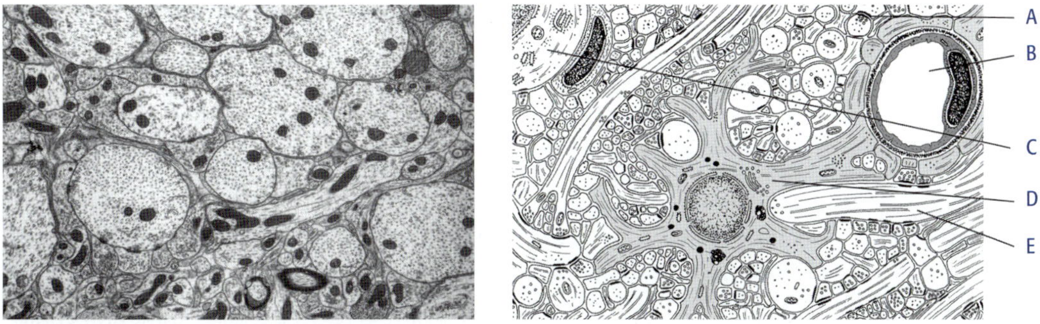

Fig. 9.17
Neuropile. Astrocyte. Substance grise. ME.
A. Synapse. B. Lumière d'un capillaire sanguin. C. Corps cellulaire d'un neurone. D. Astrocyte. E. Dendrite.

névraxe est formée par la juxtaposition de prolongements cytoplasmiques astrocytaires réalisant un revêtement astrocytaire marginal dont la face externe est en contact, par l'intermédiaire d'une MB continue, avec le liquide céphalorachidien (ou liquide cérébrospinal).

2. Les oligodendrocytes (fig. 9.13)

Ils possèdent un corps cellulaire de petit volume d'où partent quelques prolongements cytoplasmiques, plus fins et moins nombreux que ceux des astrocytes. Dans la SG, ils siègent préférentiellement contre les corps cellulaires des neurones (oligodendrocytes satellites). Dans la SB, ils assurent la formation de la myéline (voir plus haut).

3. Les épendymocytes (fig. 9.18)

Ils revêtent les cavités ventriculaires du SNC. Leurs faces latérales sont reliées par des complexes de jonction ne comportant pas de *zonula occludens*, leur pôle apical est cilié et leur pôle basal émet un prolongement cytoplasmique qui s'enchevêtre avec les prolongements cytoplasmiques des astrocytes sous-épendymaires.

4. Les cellules microgliales (ou microglie) (fig. 9.19)

Ce sont des monocytes sanguins ayant pénétré dans le parenchyme du SNC et pouvant, lors de lésions du tissu nerveux, se transformer en macrophages.

E. **Les capillaires sanguins**

Les capillaires du SNC sont des capillaires continus, faits de cellules endothéliales jointives entourées par une MB continue se dédoublant par endroits pour envelopper des péricytes. Ils se distinguent morphologiquement des capillaires continus banals par deux points essentiels : la rareté des vésicules de pinocytose et la présence de jonctions intercellulaires de type *zonula occludens*. De ce fait, les capillaires sanguins jouent un rôle essentiel dans la restriction des échanges entre le sang et le SNC (« barrière sang-cerveau »).

F. **La substance grise (SG)** (fig. 9.17)

C'est dans la SG que siègent toutes les synapses du SNC. Elle est constituée par le groupement des corps cellulaires neuronaux et de leurs prolongements qui se fait suivant une organisation spatiale particulière à chaque région, par des cellules gliales et par des capillaires. Ces éléments qui constituent le neuropile sont jointifs et ne laissent entre leurs membranes plasmiques qu'un espace de 20 à 25 nm qui définit le compartiment extracellulaire de la SG. Le volume du compartiment extracellulaire, siège de la MEC du SNC, est important si l'on envisage l'étendue des surfaces de contact entre ces innombrables prolongements. Représentant de 20 à 30 % du volume tissulaire total, son rôle est fondamental. Les neurones n'ont en effet aucun contact direct avec les capillaires et leurs échanges avec le sang peuvent s'effectuer par l'intermédiaire des astrocytes ou par diffusion dans la MEC.

G. **La substance blanche (SB)** (fig. 9.20)

Là aussi, les éléments sont jointifs et ne laissent que peu d'espace extracellulaire. Les axones myélinisés y sont groupés en faisceaux. Les cellules gliales sont groupées entre ces faisceaux ou allongées suivant leur axe longitudinal. Les capillaires sont moins nombreux que dans la SG.

H. **Le nerf périphérique** (fig. 9.21)

Qu'ils soient ou non myélinisés, les axones des nerfs périphériques sont toujours entourés par des cellules de Schwann. Le terme de « fibre nerveuse périphérique » désigne l'ensemble d'une succession de cellules de Schwann et de l'axone (ou des axones) qui lui est (ou sont) associé(s).

1. Les cellules de Schwann

Elles sont revêtues par une membrane basale. Chaque cellule de Schwann entoure un ou plusieurs axones invaginés dans des dépressions de sa membrane plasmique ; les rapports précis qu'affectent les axones avec les cellules de Schwann qui leur sont associées permettent de reconnaître des fibres nerveuses amyéliniques et des fibres nerveuses myélinisées.

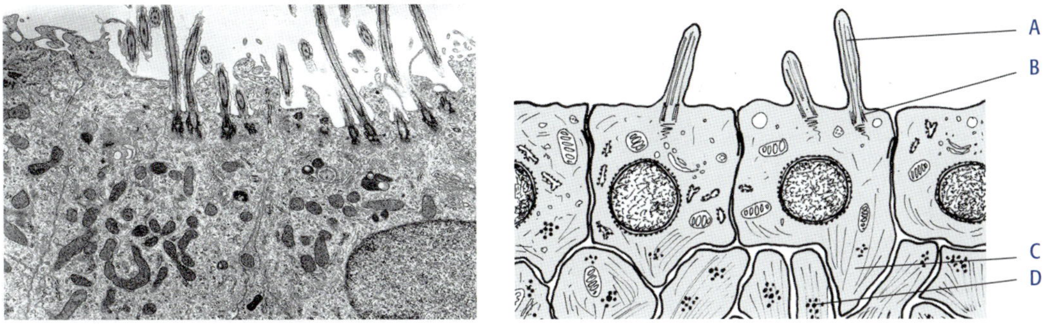

Fig. 9.18
Épithélium épendymaire. ME.
A. Cil. B. Corpuscule basal. C. Prolongement cytoplasmique basal d'un épendymocyte. D. Grains de glycogène dans un prolongement cytoplasmique astrocytaire.

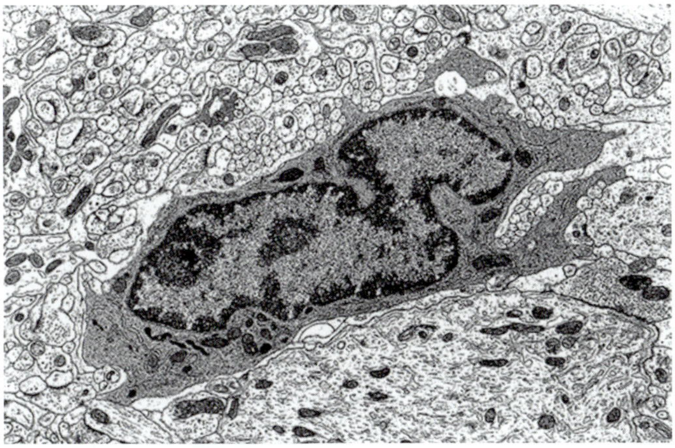

Fig. 9.19
Microglie. ME.

Fig. 9.20
Substance blanche. ME.
A. Axone myélinisé.
B. Oligodendrocyte. C. Astrocyte.
D. Lumière d'un capillaire sanguin.

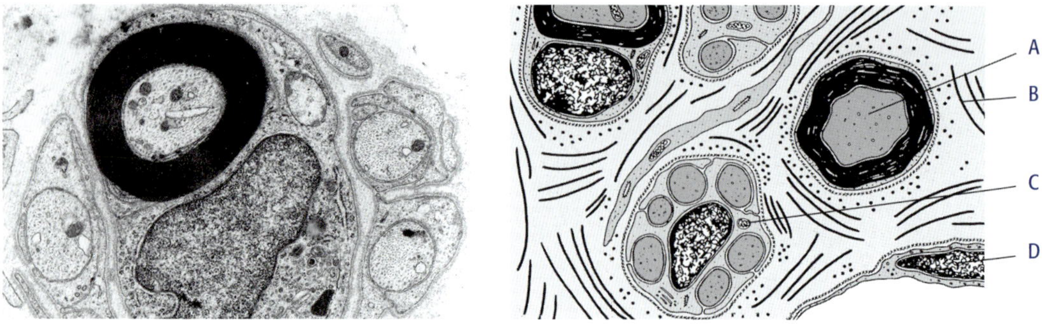

Fig. 9.21
Nerf périphérique. Coupe transversale. ME.
A. Axone myélinisé. B. Microfibrille de collagène. C. Fibre nerveuse amyélinique. D. Noyau de la cellule endothéliale d'un capillaire sanguin.

2. Les fibres nerveuses périphériques amyéliniques (fig. 9.22)

Elles sont constituées par un faisceau d'axones associés à une même séquence de cellules de Schwann. Chaque axone (d'un à une dizaine) est logé dans une invagination de la cellule de Schwann et apparaît ainsi suspendu à la surface de la cellule par un mésaxone. Par définition, une fibre nerveuse périphérique amyélinique est totalement dépourvue de myéline.

3. Les fibres nerveuses myélinisées (fig. 9.23)

Elles sont constituées par un axone myélinisé unique, associé à une même séquence de cellules de Schwann. L'ultrastructure des incisures de Schmidt-Lanterman s'explique par des manques partiels d'accolement au niveau des lignes denses périodiques entraînant la persistance entre les tours de spire d'un peu de cytoplasme schwannien (voir plus haut l'ultrastructure de la myéline).

4. Les cellules périneurales

Revêtues par une MB, elles sont disposées concentriquement et séparées les unes des autres par quelques microfibrilles de collagène le plus souvent longitudinales.

III. Caractérisations moléculaires *in situ*

Les marqueurs neuronaux sont nombreux (protéines de neurofilament, périphérine, synaptophysine, etc.). La mise en évidence biochimique, histochimique ou immunocytochimique d'un neurotransmetteur défini permet de classer les synapses en cholinergiques (acétylcholine), noradrénergiques (noradrénaline), dopaminergiques (dopamine), sérotoninergiques (sérotonine), gabaergiques (GABA). Beaucoup d'autres molécules servent de neurotransmetteurs (histamine, adrénaline, acide glutamique, acide aspartique, glycine, taurine, oxyde nitrique NO, etc.). Le dogme classique que chaque neurotransmetteur serait exclusif au niveau d'un neurone n'a plus cours : de nombreuses synapses sont le siège d'une colocalisation de deux ou plusieurs transmetteurs.
Les marqueurs de cellules gliales concernent surtout les astrocytes (GFA, vimentine, protéine S100) (fig. 9.24).

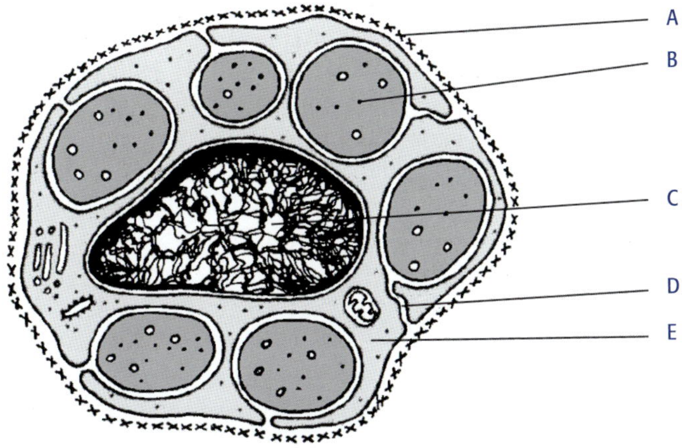

Fig. 9.22

Fibre nerveuse périphérique amyélinique. ME.

A. Membrane basale de la cellule de Schwann. B. Axone. C. Noyau de la cellule de Schwann. D. Mésaxone. E. Cytoplasme de la cellule de Schwann.

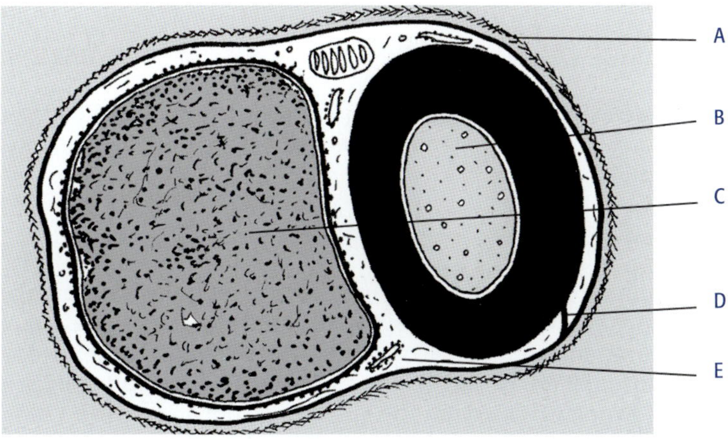

Fig. 9.23

Fibre nerveuse périphérique myélinisée. ME.

A. Membrane basale de la cellule de Schwann. B. Axone myélinisé. C. Noyau de la cellule de Schwann. D. Mésaxone externe. E. Cytoplasme de la cellule de Schwann.

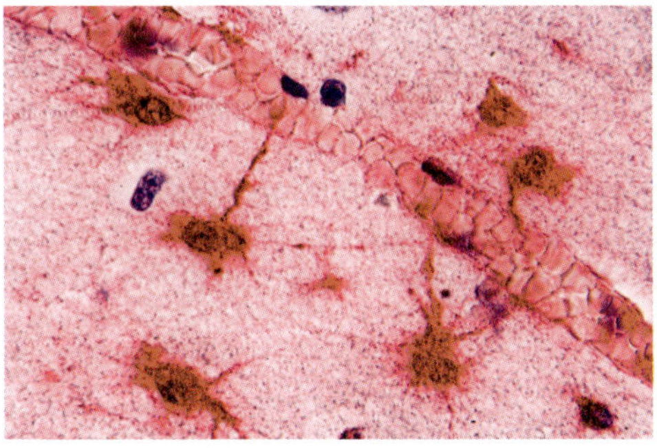

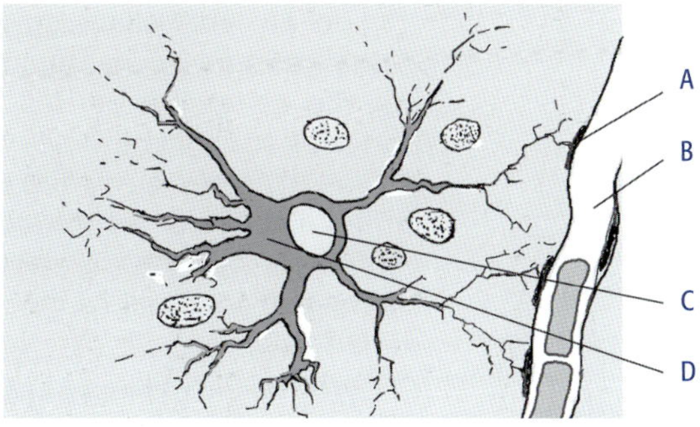

Fig. 9.24

Astrocyte. Immunomarquage par anti-GFAP. MO. Fg.

A. Pied vasculaire d'astrocyte. B. Lumière d'un capillaire cérébral. C. Noyau de l'astrocyte. D. Cytoplasme astrocytaire immunomarqué.

Les différentes protéines de la myéline peuvent être identifiées *in situ* par des immunomarquages en ME.

L'immunocytochimie permet enfin de distinguer les cellules de Schwann et les cellules périneurales : les cellules de Schwann sont protéine S100-positives, souvent GFAP- et vimentine-positives ; elles sont EMA-négatives (EMA : *Epithelial Membrane Antigen*, antigène épithélial de membrane). À l'inverse, les cellules périneurales sont protéine S100-négatives et EMA-positives.

▶ La composition de la MEC du SNC est assez différente de celle des autres tissus.

▶ Elle est moins riche en collagènes, en fibronectine et en laminine, mais contient en revanche plus de protéoglycanes et de glycoprotéines.

▶ Elle contient également des protéases extracellulaires et des inhibiteurs des protéases.

IV. Données histophysiologiques

A. Le cytosquelette neuronal

Les différents éléments du cytosquelette jouent un rôle majeur dans le maintien de la forme des prolongements neuronaux. De plus, les microtubules assurent le flux axonal.

B. Le flux axonal

Le flux axonal (ou transport axonal) permet les transports bidirectionnels d'organites (mitochondries, vésicules synaptiques, lysosomes), de canaux ioniques, de neurotransmetteurs et neuromodulateurs, d'oligomères des protéines du cytosquelette, de molécules diverses entre le corps cellulaire et les extrémités axonales. Les synthèses protéiques ont lieu dans le corps cellulaire du neurone et ne peuvent se produire dans l'axone. Ainsi, les produits nouvellement synthétisés doivent cheminer le long de l'axone pour permettre le maintien de l'intégrité de la terminaison nerveuse qui est parfois très éloignée du site du corps cellulaire comme dans le cas des motoneurones lombosacrés. On distingue un flux axonal antérograde (rapide ou lent) allant du corps cellulaire vers la périphérie et un flux axonal rétrograde cheminant en sens inverse. Le flux axonal rapide antérograde est assuré par les kinésines qui se lient aux organites à transporter et aux microtubules axonaux. Le flux axonal rétrograde est assuré par les dynéines qui réalisent comme précédemment un pont protéique entre l'organite et les microtubules. Dans les deux cas, le mouvement est généré par l'activité ATPasique de ces molécules. Les mécanismes du flux axonal lent sont mal connus.

C. Cytophysiologie synaptique

Lorsqu'il atteint l'extrémité synaptique, le potentiel d'action (influx nerveux) entraîne la dépolarisation de sa membrane plasmique ; il s'ensuit l'ouverture des canaux calciques voltage-dépendants situés dans cette membrane et donc l'entrée de Ca^{2+} dans la terminaison présynaptique ; cet événement entraîne la fusion des vésicules synaptiques avec la membrane plasmique et donc la libération du neurotransmetteur qui se fixe sur les récepteurs protéiques de la membrane postsynaptique, ce qui déclenche l'ouverture des canaux sodiques qui leur sont associés et donc l'entrée de Na^+ dans l'élément postsynaptique ; l'afflux de Na^+ dans l'élément postsynaptique entraîne la dépolarisation de la membrane de la cellule cible et donc la transmission du signal envoyé par le neurone présynaptique.

Le cycle des petites vésicules synaptiques dans la terminaison nerveuse requiert successivement :

- le remplissage des vésicules avec le neurotransmetteur ;
- la translocation des vésicules vers les zones actives de la membrane présynaptique ;
- l'arrimage des vésicules à la membrane plasmique présynaptique ;
- la fusion des membranes avec ouverture de « pores » de fusion ;
- la libération du neurotransmetteur par exocytose dans la fente synaptique ;
- le recyclage membranaire des vésicules.

Le mécanisme par lequel le neurotransmetteur est libéré dans la fente synaptique répond à la description générale du phénomène d'exocytose qui a été exposée dans le chapitre 3. Le rôle majeur est donc dévolu au complexe formé par l'interaction des protéines cytoplasmiques NSF et SNAPs avec les glycoprotéines membranaires v-SNAREs et t-SNAREs. La synaptotagmine (*calmodulin-binding protein* transmembranaire présente dans toutes les vésicules synaptiques) joue un rôle majeur dans le déclenchement du processus d'exocytose par le Ca^{++} entré dans la cellule.

Les grandes vésicules synaptiques à centre dense sont produites dans le corps cellulaire par le réseau *trans* du Golgi. Elles contiennent des neurohormones ou des neuropeptides, éventuellement associés à des neurotransmetteurs classiques. Elles contiennent également des protéines solubles du type de la chromogranine.

La libération des neuropeptides à partir des terminaisons nerveuses du SNC a plus de points communs avec la libération des hormones à partir des cellules endocrines qu'avec l'exocytose des petites vésicules synaptiques. L'exocytose des grandes vésicules à centre dense se distingue en effet de celle des petites vésicules synaptiques par au moins quatre points :

- les grandes vésicules à centre dense sont situées à distance des zones actives et les neuropeptides sont libérés de façon ectopique, c'est-à-dire pas directement dans la fente synaptique ;
- il n'y a pas de recyclage local des grandes vésicules à centre dense dans les extrémités présynaptiques, car les neuropeptides sont synthétisés *de novo* par clivage de précurseurs peptidiques synthétisés dans le corps cellulaire ;
- les grandes vésicules à centre dense sont dépourvues de la plupart des protéines spécifiques associées aux petites vésicules synaptiques, ou en contiennent des quantités bien moindres (c'est le cas de la synaptophysine) ;
- le contenu des grandes vésicules à centre dense est libéré par une augmentation globale de la concentration en Ca^{++} et non par un couplage localisé entre les canaux calcium et l'exocytose.

D. Les conséquences de la section d'un nerf périphérique

1. Dégénérescence wallérienne et repousse axonale

Après la section, les axones du bout distal ainsi que leur gaine de myéline se fragmentent et les débris myélino-axoniques sont éliminés par des macrophages. Dans le même temps, les cellules de Schwann du bout distal prolifèrent à l'intérieur de la membrane basale restée intacte et forment ainsi une sorte de tube qui va servir de guide à la repousse des axones du bout proximal. Le processus progresse vers le bout distal et bientôt les cellules de Schwann commencent à édifier autour des axones une nouvelle gaine de myéline dont les internodes sont toujours plus courts qu'auparavant. Ainsi, progressivement, la fibre nerveuse est reconstituée à partir du bout proximal, à une vitesse d'environ quelques millimètres par jour. Cette régénération n'est possible que si les bouts proximal et distal restent dans le prolongement l'un de l'autre et à une distance réduite.

2. Réaction rétrograde du corps cellulaire

La section de l'axone d'un motoneurone de la corne antérieure de la moelle entraîne une réaction rétrograde du corps cellulaire qui correspond à une augmentation de l'ARN cytoplasmique, traduisant l'augmentation des synthèses protéiques que nécessite la régénération de l'axone. Cette réaction se manifeste morphologiquement par un gonflement du corps cellulaire avec aplatissement et refoulement du noyau contre la membrane plasmique et disparition des corps de Nissl qui persistent seulement en périphérie. En effet, l'ARN devient visible sous forme de ribosomes et de polysomes et non plus de réticulum endoplasmique granulaire comme dans les corps de Nissl.

E. La plasticité neuronale et synaptique

On donne le nom de plasticité du SN à tous les ajustements, à toutes les formes de réorganisation du SN, consécutifs aux modifications de son milieu interne ou externe. La plasticité neuronale et synaptique se manifeste au cours du développement embryonnaire (établissement des connexions synaptiques) et pendant les premières années de la vie. Chez l'adulte, une certaine plasticité persiste, mais à un moindre degré. Cette plasticité intervient dans les phénomènes de régénération (rétablissement de connexions après une lésion) ainsi que dans les processus de réorganisation des circuits neuronaux sous-tendant les phénomènes d'apprentissage et de mémoire.

F. Le non-renouvellement des neurones

Chez l'adulte, les neurones matures ne se renouvellent pas, car ce sont des cellules hors cycle qui ne se divisent pas. Les cellules neurosensorielles olfactives font exception : elles se renouvellent pendant toute la vie à partir de cellules souches situées dans la couche basale de l'épithélium olfactif.

▶ De nombreux travaux insistent actuellement sur l'existence dans le cerveau adulte d'une population de cellules souches capables de se différencier en neurones et en cellules gliales. Leur rôle et leur importance ne sont toutefois pas encore clairement établis dans l'espèce humaine.

POINTS CLÉS

▶ SNC et SNP forment les deux parties du système nerveux.

▶ On décrit un système nerveux de la vie de relation et un système nerveux végétatif.

▶ Dans le SNC, les corps cellulaires des neurones sont situés dans la substance grise.

▶ Les cellules gliales du SNC sont les astrocytes, les oligodendrocytes, les épendymocytes et les cellules microgliales.

▶ La substance blanche du SNC est constituée d'axones myélinisés.

▶ Dans le SNP, les corps cellulaires des neurones sont situés dans les ganglions.

▶ Le nerf périphérique contient les axones du SNP entourés par les cellules de Schwann.

▶ Les neurones communiquent entre eux par des synapses. Cette communication est réalisée par la libération de neurotransmetteurs dans la fente synaptique.

▶ La myéline est uns structure lipidique qui sert d'isolant et assure une vitesse de conduction nerveuse élevée.

▶ Les protéines fabriquées dans le corps cellulaire des neurones sont véhiculées en périphérie de l'axone via le flux axonal.

ENTRAÎNEMENT

DOC

Inscrire les légendes correspondant aux structures désignées par les lettres portées en légende du schéma.

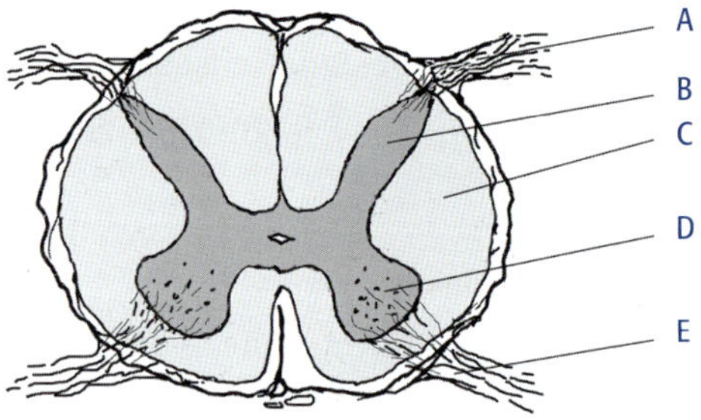

Fig. 9.1. Moelle épinière. MO. fg.

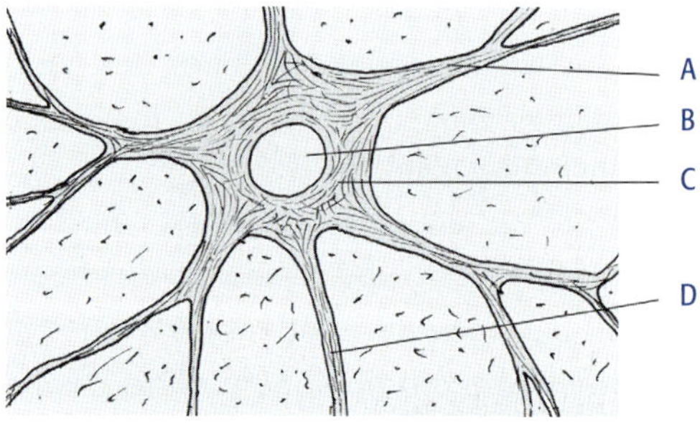

Fig. 9.4. Neurone multipolaire. Coloration des neurofibrilles. MO. Fg.

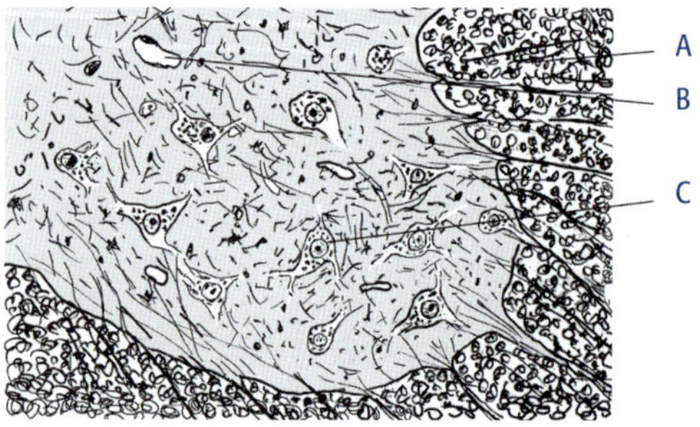

Fig. 9.2. Moelle épinière. Corne antérieure. MO. fg.

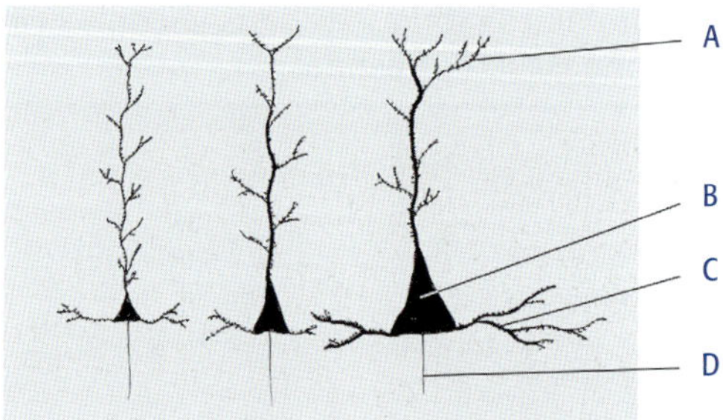

Fig. 9.5. Neurone pyramidal. Technique de Golgi. MO. Fg.

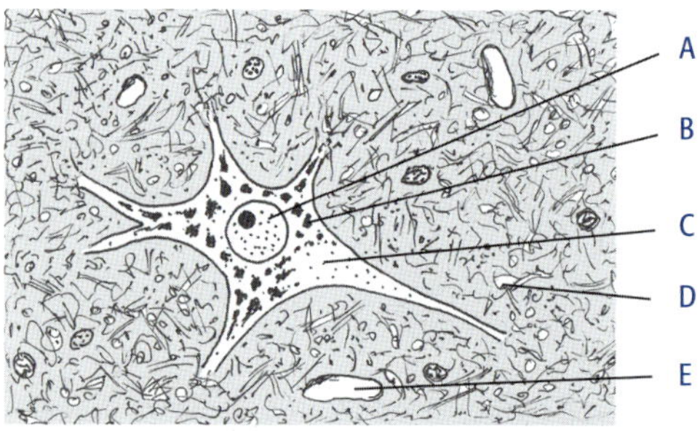

Fig. 9.3. Neurone multipolaire. Coloration de Nissl. MO. Fg.

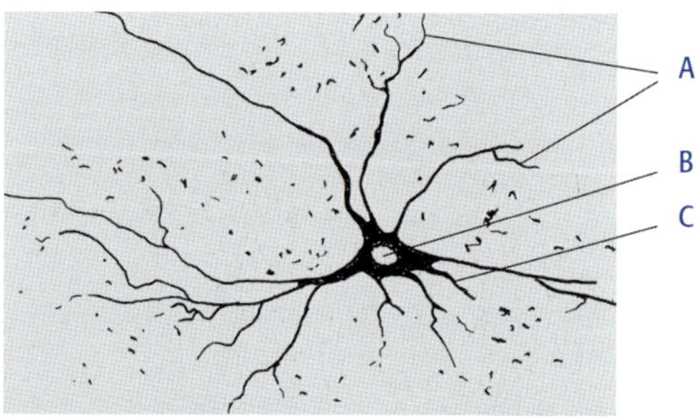

Fig. 9.6. Neurone multipolaire. Technique de Golgi. MO. Fg.

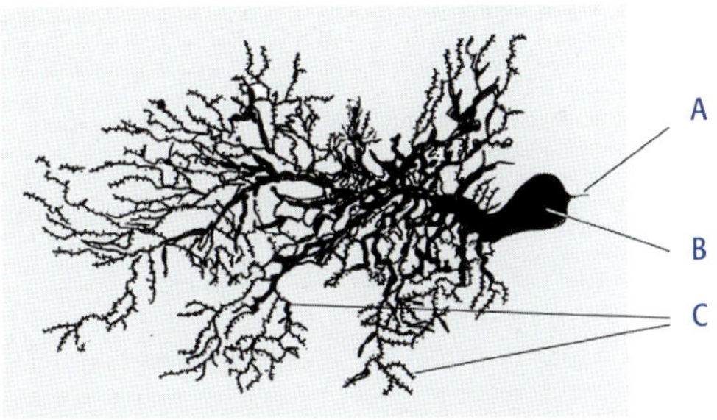

Fig. 9.7. Cellule de Purkinje du cervelet. Technique de Golgi. MO. Fg.

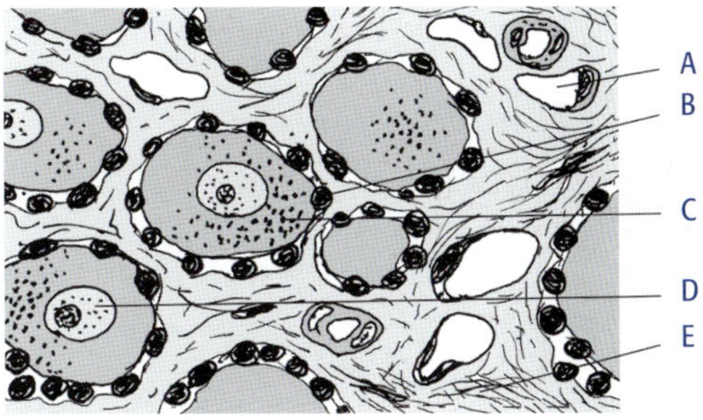

Fig. 9.11. Ganglion spinal. MO. Fg.

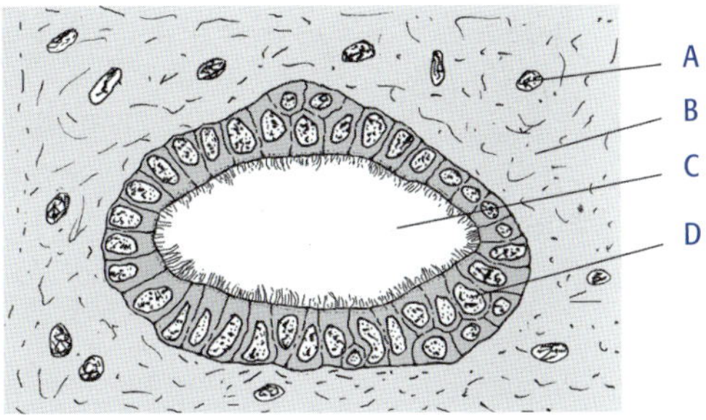

Fig. 9.8. Moelle épinière. Canal de l'épendyme. MO. Fg.

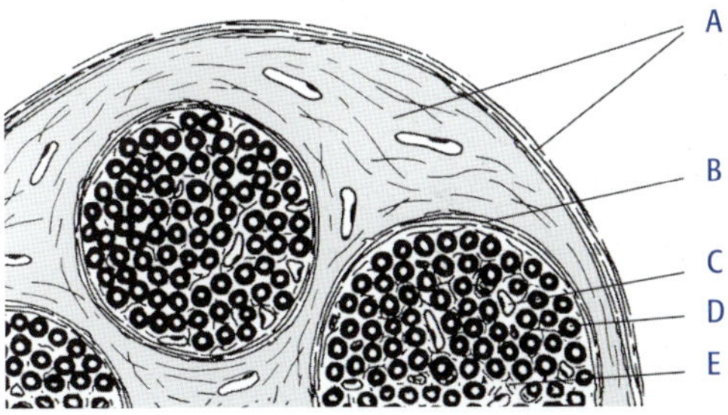

Fig. 9.12. Nerf périphérique. Coupe transversale. MO. fg.

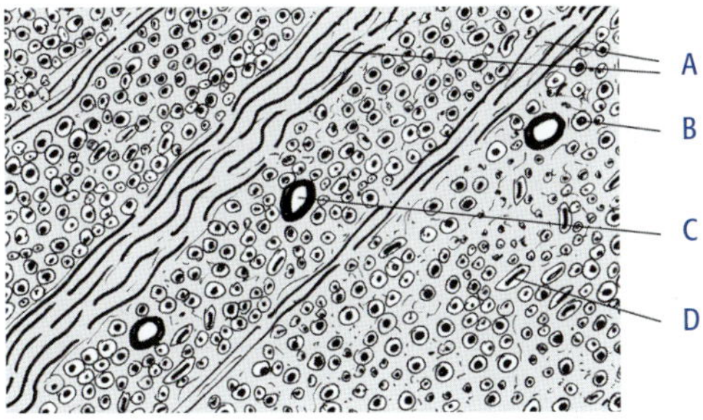

Fig. 9.9. Moelle épinière. Cordon antérolatéral. MO. Fg.

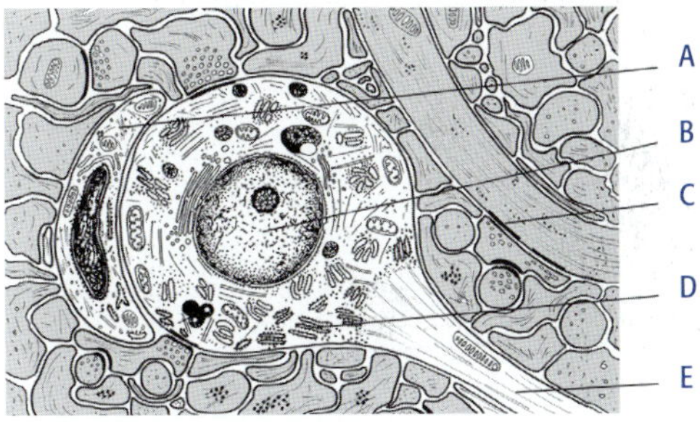

Fig. 9.13. Neurone et oligodendrocyte. ME.

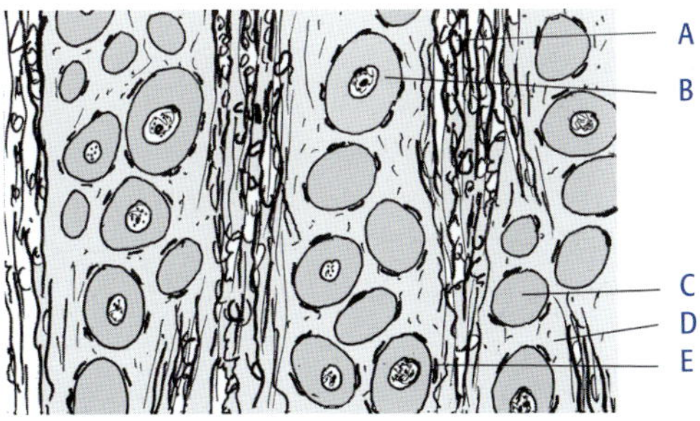

Fig. 9.10. Ganglion spinal. MO. fg.

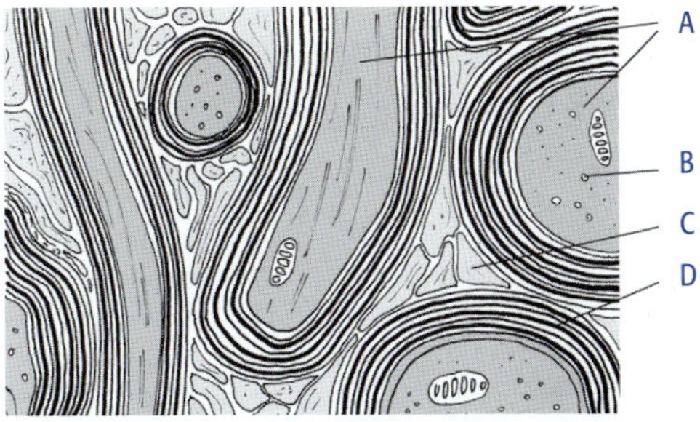

Fig. 9.15. Myéline du système nerveux central. ME.

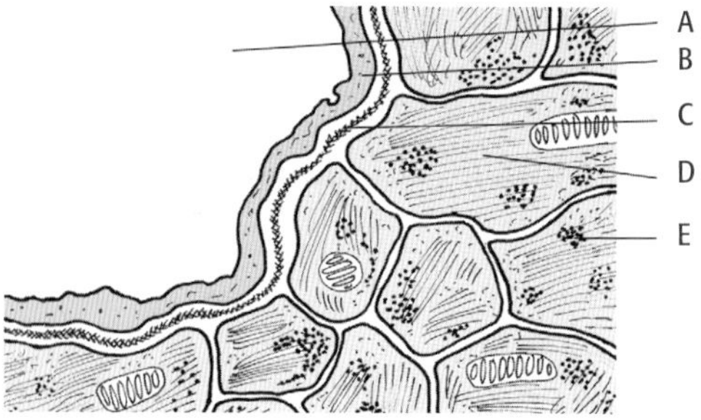

Fig. 9.16. Pieds astrocytaires participant à la barrière sang-cerveau. ME.

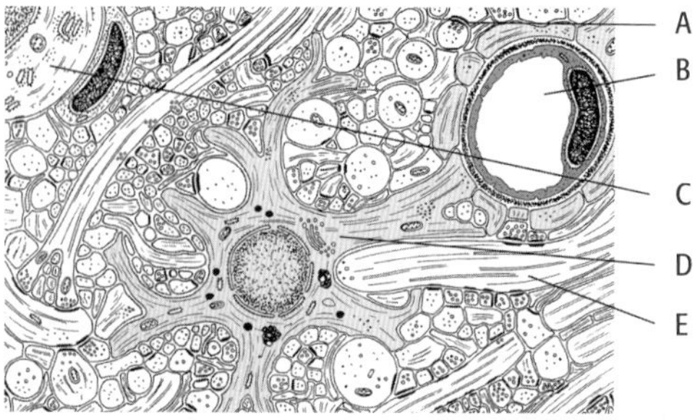

Fig. 9.17. Neuropile. Astrocyte. Substance grise. ME.

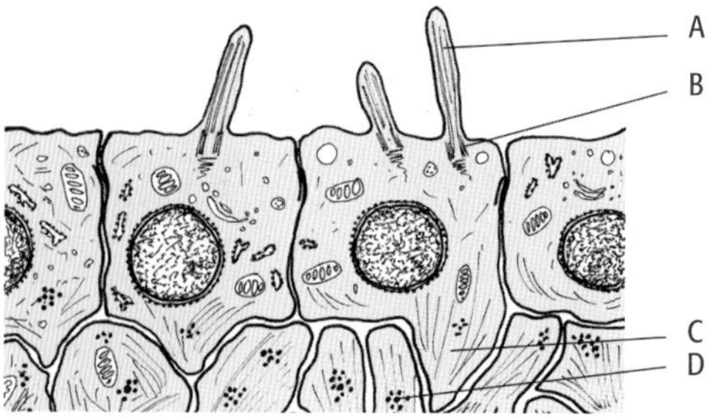

Fig. 9.18. Épithélium épendymaire. ME.

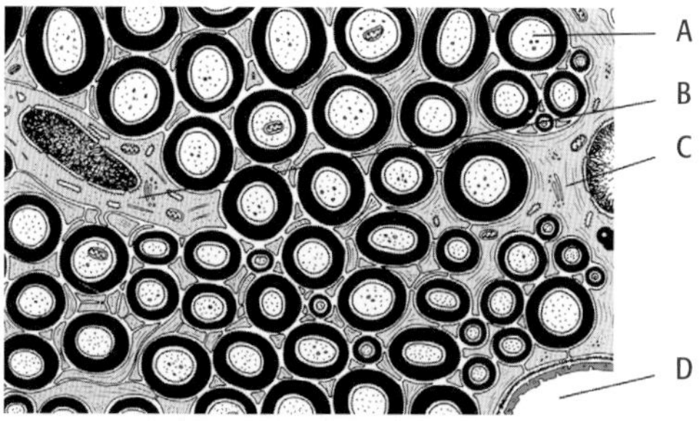

Fig. 9.20. Substance blanche. ME.

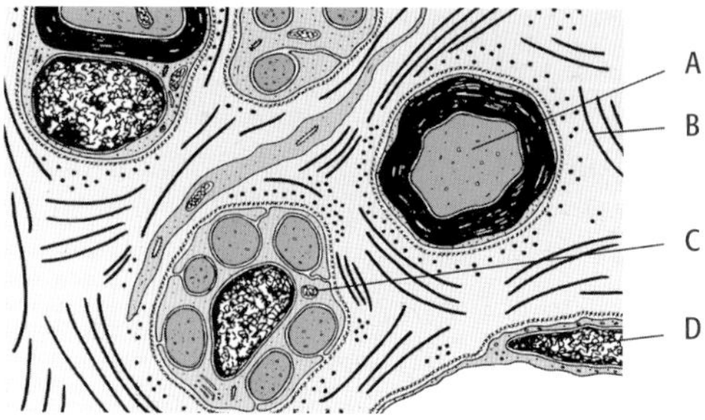

Fig. 9.21. Nerf périphérique. Coupe transversale. ME.

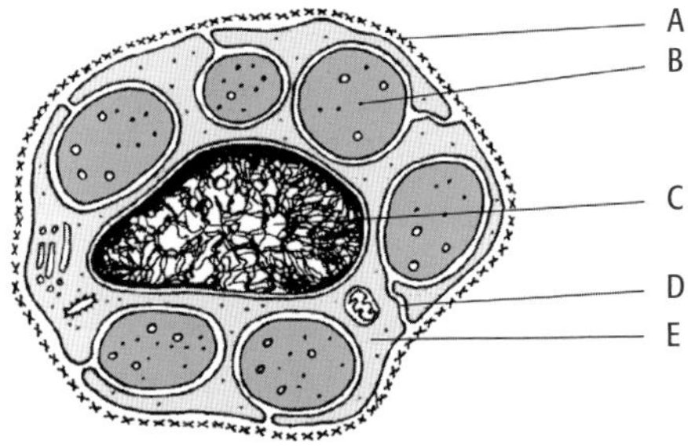

Fig. 9.22. Fibre nerveuse périphérique amyélinique. ME.

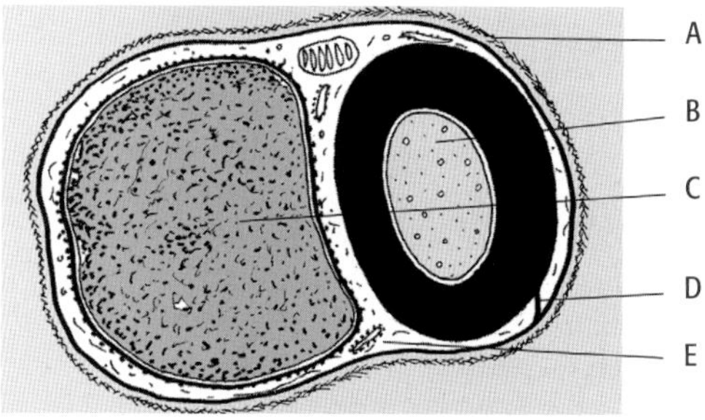

Fig. 9.23. Fibre nerveuse périphérique myélinisée. ME.

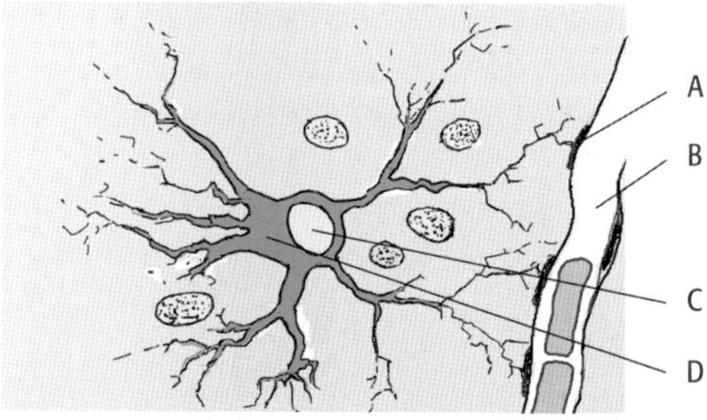

Fig. 9.24. Astrocyte. Immunomarquage par anti-GFAP. MO. Fg.

QCM

1. L'examen en microscopie optique d'une coupe de moelle épinière après coloration de Bodian-Luxol permet de voir :

- ❑ **A.** Les axones colorés en noir.
- ❑ **B.** Les corps de Nissl colorés en noir.
- ❑ **C.** Les gaines de myéline colorées en bleu-vert.
- ❑ **D.** Les synapses.
- ❑ **E.** Les neurotubules.

2. Parmi les propositions suivantes relatives aux neurones, quelle(s) est (sont) celle(s) qui est (sont) exacte(s) ?

- ❑ **A.** Le corps cellulaire est centré par le noyau.
- ❑ **B.** L'axone est toujours unique.
- ❑ **C.** Les dendrites sont toujours très courts.
- ❑ **D.** Les dendrites sont souvent multiples.
- ❑ **E.** La longueur de l'axone n'excède pas quelques millimètres.

3. Parmi les propositions suivantes relatives aux motoneurones de la corne antérieure de la moelle épinière, quelle(s) est (sont) celle(s) qui est (sont) exacte(s) ?

- ❑ **A.** Ce sont des neurones multipolaires.
- ❑ **B.** Ce sont des neurones idiodendritiques.
- ❑ **C.** Ce sont des neurones de Golgi type I.
- ❑ **D.** Leur corps cellulaire est situé dans l'axe gris de la moelle.
- ❑ **E.** Leur axone sort de la moelle par la racine antérieure.

4. Parmi les propositions suivantes relatives aux motoneurones α de la moelle épinière, quelle(s) est (sont) celle(s) qui est (sont) exacte(s) ?

- ❑ **A.** Ce sont des neurones pseudo-unipolaires.
- ❑ **B.** Ce sont des neurones isodendritiques.
- ❑ **C.** Ce sont des neurones de Golgi type II.
- ❑ **D.** Leur corps cellulaire est situé dans la corne postérieure de la moelle.
- ❑ **E.** Leur axone sort de la moelle par la racine postérieure.

5. L'examen en microscopie optique d'une coupe de l'axe gris de la moelle épinière après coloration par l'hématéine-éosine permet de voir :

- ❑ **A.** Des noyaux de cellules gliales.
- ❑ **B.** Des capillaires sanguins.
- ❑ **C.** Des cellules épendymaires.
- ❑ **D.** Les synapses.
- ❑ **E.** Les mitochondries des corps cellulaires neuronaux.

6. L'examen en microscopie optique d'une coupe des cordons de substance blanche de la moelle épinière après coloration par l'hématéine-éosine permet de voir :

- ❑ **A.** Des noyaux de cellules gliales.
- ❑ **B.** Des capillaires sanguins.
- ❑ **C.** Des cellules épendymaires.
- ❑ **D.** Des synapses.
- ❑ **E.** Des cellules de Schwann.

7. L'examen en microscopie optique d'une coupe de ganglion spinal après coloration par l'hématéine-éosine permet de voir :

- ❑ **A.** Les corps cellulaires des motoneurones α.
- ❑ **B.** Des cellules capsulaires.
- ❑ **C.** Les corps cellulaires de neurones orthosympathiques.
- ❑ **D.** Du tissu conjonctif.
- ❑ **E.** Les corps cellulaires de neurones pseudo-unipolaires.

8. L'examen en microscopie optique d'une coupe transversale de nerf permet de :

- ❑ **A.** voir les nœuds de Ranvier.
- ❑ **B.** mesurer la longueur des internodes.
- ❑ **C.** voir les capillaires de l'endonèvre.
- ❑ **D.** localiser le périnèvre.
- ❑ **E.** distinguer les axones des dendrites.

9. Parmi les propositions suivantes relatives à l'examen en microscopie électronique d'un motoneurone de la corne antérieure de la moelle épinière, quelle(s) est (sont) celle(s) qui est (sont) exacte(s) ?

- ❑ **A.** Des microtubules sont présents dans le corps cellulaire.
- ❑ **B.** L'appareil de Golgi est habituellement très volumineux.
- ❑ **C.** Les mitochondries sont nombreuses.
- ❑ **D.** Des grains de sécrétion de neurohormones s'observent dans le péricaryon.
- ❑ **E.** Des grains de neuromélanine se voient dans les dendrites.

10. Parmi les propositions suivantes relatives aux synapses, quelle(s) est (sont) celle(s) qui est (sont) exacte(s) ?

- ❑ **A.** L'élément présynaptique contient des mitochondries.
- ❑ **B.** Les vésicules synaptiques siègent dans l'élément postsynaptique.
- ❑ **C.** L'épaississement de la membrane présynaptique correspond à la grille présynaptique.
- ❑ **D.** La fente synaptique est large d'environ 20 µm.
- ❑ **E.** L'élément postsynaptique peut contenir des appareils sous-synaptiques.

11. Parmi les propositions suivantes relatives à la myéline du système nerveux central, quelle(s) est (sont) celle(s) qui est (sont) exacte(s) ?

- ❑ **A.** Une même cellule myélinisante peut myéliniser plusieurs axones.
- ❑ **B.** Chaque internode est séparé du suivant par un nœud de Ranvier.
- ❑ **C.** Les nœuds de Ranvier sont dépourvus de myéline.
- ❑ **D.** L'épaisseur de la gaine de myéline est proportionnelle au diamètre de l'axone.
- ❑ **E.** La vitesse de conduction est proportionnelle à l'épaisseur de la gaine de myéline.

12. Parmi les propositions suivantes relatives à la myéline du système nerveux périphérique, quelle(s) est (sont) celle(s) qui est (sont) exacte(s) ?

- ❑ **A.** Une même cellule myélinisante peut myéliniser plusieurs axones.
- ❑ **B.** Chaque internode est séparé du suivant par un nœud de Ranvier.
- ❑ **C.** Les nœuds de Ranvier sont dépourvus de myéline.
- ❑ **D.** La longueur des internodes est proportionnelle au diamètre de l'axone.
- ❑ **E.** La vitesse de conduction est proportionnelle au diamètre de l'axone.

13. Parmi les propositions suivantes relatives aux astrocytes, quelle(s) est (sont) celle(s) qui est (sont) exacte(s) ?

- ❑ **A.** Les astrocytes sont riches en gliofilaments.
- ❑ **B.** Il existe une membrane basale entre les prolongements astrocytaires péricapillaires et l'endothélium capillaire.
- ❑ **C.** La face externe du revêtement astrocytaire marginal est revêtue par une membrane basale.
- ❑ **D.** La face interne du revêtement astrocytaire marginal est en contact direct avec le liquide céphalorachidien.
- ❑ **E.** Certains prolongements astrocytaires entourent étroitement les synapses.

14. Parmi les propositions suivantes relatives aux cellules gliales, quelle(s) est (sont) celle(s) qui est (sont) exacte(s) ?

- ❑ **A.** Les cellules microgliales dérivent des monocytes sanguins.
- ❑ **B.** Le pôle basal des épendymocytes est cilié.
- ❑ **C.** Les oligodendrocytes assurent la formation de la myéline du système nerveux central.
- ❑ **D.** Dans la substance grise, les oligodendrocytes siègent préférentiellement contre les corps cellulaires des astrocytes.
- ❑ **E.** Les astrocytes contiennent de la protéine gliofibrillaire acide.

15. Parmi les propositions suivantes relatives au flux axonal, quelle(s) est (sont) celle(s) qui est (sont) exacte(s) ?

- ❑ **A.** Le flux axonal rétrograde va du corps cellulaire vers la terminaison axonale.
- ❑ **B.** Le flux axonal antérograde rapide est assuré par les vimentines.
- ❑ **C.** Le flux axonal antérograde lent est assuré par les dynéines.
- ❑ **D.** Les microtubules de l'axone sont nécessaires au flux axonal.
- ❑ **E.** Il permet – entre autres – le transport de mitochondries.

16. Parmi les propositions suivantes relatives à cette coupe transversale de moelle épinière sur la figure ci-dessous, la(es)quelle(s) est (sont) exacte(s) ?

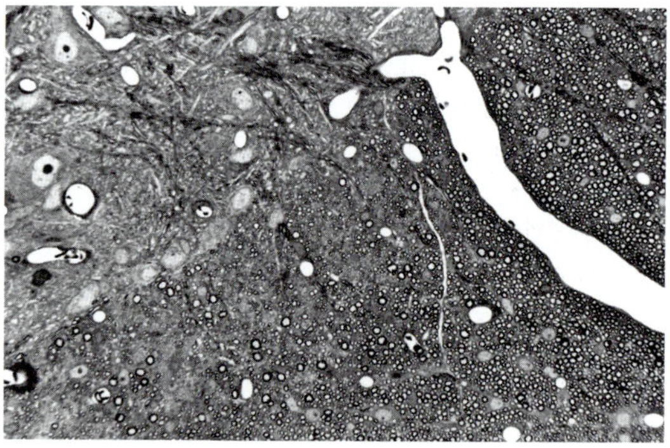

- ❑ **A.** La substance blanche n'est pas visible sur la microphotographie.
- ❑ **B.** Les corps cellulaires des neurones se voient sur la partie bas et droite de la photographie.
- ❑ **C.** Ce tissu n'est pas vascularisé.
- ❑ **D.** On voit des sections transversales de fibres nerveuses myélinisées.
- ❑ **E.** Les cellules gliales sont des cellules de Schwann.

17. Parmi les propositions suivantes relatives aux cellules illustrées sur la figure ci-dessous, la(es)quelle(s) est (sont) exacte(s) ?

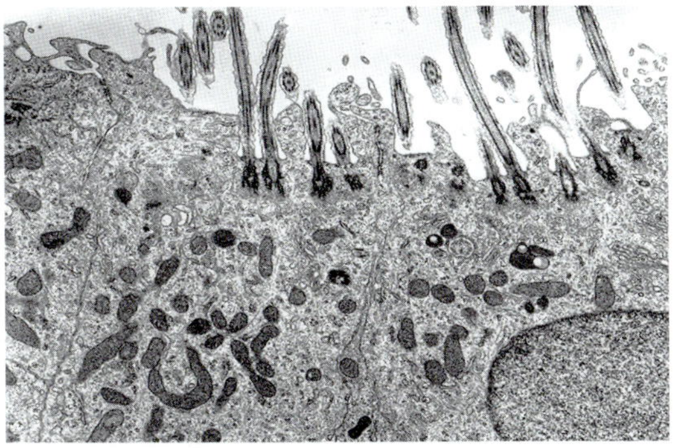

- ❑ **A.** Elles présentent des stéréocils.
- ❑ **B.** On observe des corpuscules basaux.
- ❑ **C.** Ce tissu forme la glia limitans.
- ❑ **D.** Il existe de nombreuses mitochondries.
- ❑ **E.** Ces cellules forment la barrière hémato-encéphalique.

18. Parmi les propositions suivantes relatives au tissu sur la figure ci-dessous, la(es)quelle(s) est (sont) exacte(s) ?

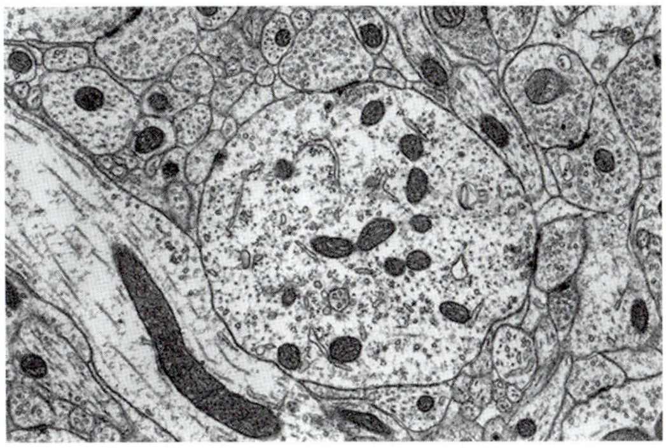

- ❑ **A.** Cette coupe peut être observée dans la substance grise.
- ❑ **B.** Cette coupe peut être observée dans la substance blanche.
- ❑ **C.** Cette coupe peut être observée dans un ganglion spinal.
- ❑ **D.** On y observe des synapses.
- ❑ **E.** Cette région se nomme le neuropile.

QROC

1. Donner le nom d'un organite cytoplasmique que l'on peut rencontrer dans le corps cellulaire neuronal, les dendrites et l'axone.
2. Donner le nom d'un organite cytoplasmique que l'on peut rencontrer dans le corps cellulaire, dans les dendrites, mais pas dans l'axone.
3. Donner le nom de deux organites qui se rencontrent aussi bien dans les dendrites que dans l'axone.
4. Qu'appelle-t-on neurone pseudo-unipolaire ?
5. Qu'est-ce qu'un neurone isodendritique ?
6. Donner la définition des cellules microgliales.
7. Donner la définition des épendymocytes.
8. Quel est le siège préférentiel des oligodendrocytes de la substance grise ?
9. Quel est le siège préférentiel des oligodendrocytes de la substance blanche ?
10. Quels sont les constituants de la surface externe du système nerveux central ?
11. Indiquer le nom de la principale protéine des filaments intermédiaires des astrocytes.
12. Quelles sont les deux caractéristiques morphologiques essentielles qui différencient les capillaires du système nerveux central des capillaires continus banals du reste de l'organisme ?
13. Quelle est la définition d'une fibre nerveuse périphérique ?
14. Comment s'appelle le tissu conjonctif qui entoure chaque fascicule dans un nerf périphérique ?

Pour les corrections, se reporter à la page 199

10 Les populations cellulaires libres

Le terme – qui est loin d'être parfait – de *populations cellulaires libres* recouvre des cellules qui, à l'inverse des tissus que nous venons d'étudier, ne s'associent pas pour former un ensemble cohérent, topographiquement déterminé et relativement bien circonscrit. C'est pour cette raison que l'on utilise également pour les désigner globalement le terme de *systèmes cellulaires dispersés*, c'est-à-dire distribués dans les tissus proprement dits de l'organisme. Comme ces cellules, pour la plupart d'entre elles, se trouvent dans le sang, qu'elles y circulent, pénètrent dans de nombreux tissus et recirculent dans le sang, on leur applique parfois le terme de *cellules migratrices*. Des échanges cellulaires permanents se font entre tissus et sang qui permettent de considérer ce dernier comme la voie principale des courants de migration cellulaire.

Une caractéristique fonctionnelle commune à toutes ces populations cellulaires est donc la *mobilité*, avec, comme conséquence morphologique commune, le fait qu'elles baignent « librement » dans le plasma sanguin, la lymphe ou la MEC du tissu conjonctif (ou des autres tissus dans lesquels elles se trouvent) et que leur membrane plasmique est caractérisée par la présence d'expansions et de voiles cytoplasmiques plus ou moins développées *sans aucunes jonctions*, tant entre cellules qu'entre cellule et matrice. On se souviendra néanmoins que, lors de certains processus physiologiques ou pathologiques, l'expression de molécules d'adhérence entraînera des accolements et interactions étroites entre certaines de ces cellules et l'endothélium vasculaire, par exemple.
En pratique, on regroupe sous cette appellation tous les éléments figurés du sang (les globules rouges, les globules blancs et les plaquettes) et toutes les cellules impliquées dans la défense de l'organisme, c'est-à-dire dans l'immunité. De nombreux recouvrements existent évidemment entre les cellules du sang et les cellules immunitaires agissant dans les tissus, puisque, même si certaines cellules ne se trouvent normalement que dans les tissus et ne circulent pas dans le sang à l'état normal (les plasmocytes, les mastocytes et les macrophages), tous les globules blancs font partie des cellules immunitaires.

Les problèmes posés par les populations cellulaires libres sont en pratique bien différents selon que l'on s'intéresse à ce qui se passe dans le sang ou à ce qui se passe dans les tissus. Nous envisagerons donc – certes, un peu artificiellement – séparément ces deux situations.

I. Les cellules du sang

En suspension dans un milieu liquide complexe (le plasma), les cellules du sang circulant justifient le qualificatif de cellules libres, car à l'état normal, elles sont indépendantes les unes des autres et ne contractent de contacts précis avec la paroi des vaisseaux qu'au moment, pour certaines d'entre elles, de quitter le sang pour entrer dans les tissus.

A. Microscopie optique (MO)

Les cellules du sang (fig. 10.1) sont faciles à prélever et à étudier cytologiquement. L'étude de leur nombre et de leur aspect cytologique donne de précieuses indications dans de nombreuses situations pathologiques.
Bien que ces diverses cellules soient parfaitement identifiables sur les préparations histologiques de routine (hématéine-éosine sur coupes à paraffine), la cytologie des cellules du sang bénéficie de leur étude sur frottis colorés par la méthode de May-Grünwald-Giemsa.
Le sang est composé de cellules en suspension dans un liquide complexe, le plasma. Les cellules sanguines (45 % environ du volume sanguin total d'un adulte) forment une population cellulaire morphologiquement et fonctionnellement hétérogène, en perpétuel remaniement. À l'état normal, les globules rouges et les plaquettes ne quittent pas le compartiment vasculaire et exercent leur fonction physiologique dans le sang circulant ; ce n'est qu'en cas de lésion de la paroi vasculaire que les hématies et les plaquettes se retrouveront dans les tissus (hémorragie). Il en va tout différemment pour les globules blancs qui en permanence quittent le sang en franchissant la paroi vaisseaux sanguins (préférentiellement au niveau des veinules post-capillaires) et se retrouvent dans les tissus où ils exercent leurs fonctions.

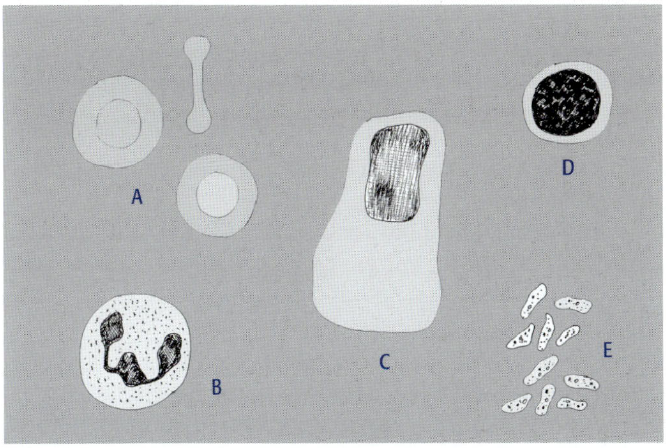

Fig. 10.1
Cellules du sang. MO.
A. Hématie. B. Granulocyte. C. Monocyte. D. Lymphocyte. E. Plaquettes.

1. Les globules rouges

Les globules rouges (ou hématies, ou érythrocytes) sont des cellules anucléées, en forme de disque biconcave, d'environ 7,5 µm de diamètre.

▶ Comme il est exceptionnel qu'un globule rouge ne soit pas visible dans une préparation histologique (que ce soit en MO ou en ME), parce que la lumière des veines et des capillaires en contient le plus souvent et/ou parce que de petites suffusions hémorragiques liées au prélèvement sont habituellement inévitables, le globule rouge sert de repère dans l'échelle des grandeurs, sachant que son diamètre est d'environ 7,5 µm.

2. Les plaquettes

Les plaquettes sanguines (ou thrombocytes) sont des fragments cellulaires anucléés, donc des fragments de cytoplasme, de 2 à 5 µm de diamètre, provenant de la fragmentation du cytoplasme de leurs précurseurs médullaires, les mégacaryocytes.

3. Les globules blancs

Les globules blancs (ou leucocytes) comprennent les granulocytes (ou polynucléaires), les lymphocytes et les monocytes.

a. Les granulocytes

Les granulocytes possèdent un seul noyau qui présente plusieurs lobes affectant diverses formes, ayant fait croire, à tort, qu'ils étaient multinucléés, d'où le nom de « polynucléaires » qui leur est souvent donné. Selon les affinités tinctoriales en MO après coloration de leurs granulations cytoplasmiques par le May-Grünwald-Giemsa, les granulocytes (ainsi nommés du fait de ces granulations) sont répartis en trois groupes (fig. 10.2) : les granulocytes neutrophiles, les granulocytes éosinophiles et les granulocytes basophiles (voir plus loin, les cellules de l'immunité). Les leucocytes hyalins (sans granulation visible dans le cytoplasme en MO) comprennent les lymphocytes et les monocytes (voir plus loin, les cellules de l'immunité).

Les granulocytes neutrophiles sont les plus nombreux des granulocytes. Leur diamètre est de 9 à 12 µm. Leur noyau est fait de 3 à 5 lobes réunis par de fines bandes de chromatine. Leur cytoplasme contient de nombreuses petites granulations de deux types identifiées après coloration de May-Grünwald-Giemsa :

- les *granulations primaires*, azurophiles, de teinte rouge vineux, les plus volumineuses, contiennent entre autres de la myéloperoxydase, des hydrolases acides, de l'élastase, des cathepsines, des protéines cationiques « tueuses », du lysozyme ;
- les *granulations secondaires*, neutrophiles, de teinte marron-beige clair (dites aussi granulations spécifiques), les plus nombreuses, les moins volumineuses, dépourvues d'enzymes lysosomiales et de peroxydases, contiennent principalement du lysozyme, de la lactoferrine, du cytochrome b, de la collagénase, de la gélatinase, de la phosphatase alcaline.

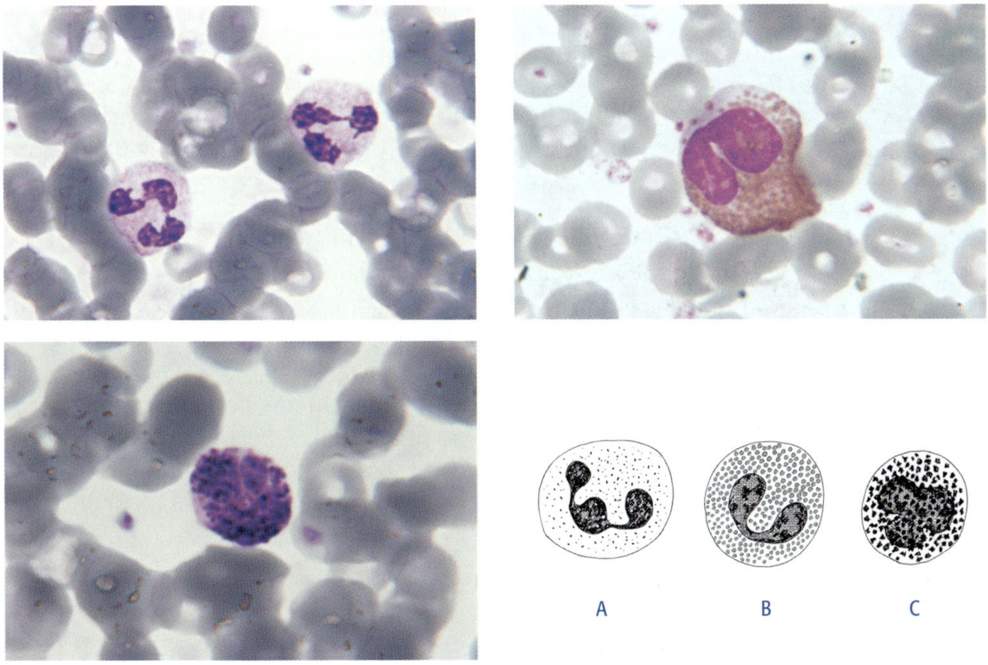

Fig. 10.2

Les trois types de granulocytes. MO.

a. Granulocyte neutrophile. b. Granulocyte éosinophile. c. Granulocyte basophile.
d. Schéma comparatif. A. Granulocyte neutrophile. B. Granulocyte éosinophile. C. Granulocyte basophile.

Le noyau des granulocytes éosinophiles est habituellement fait de deux lobes réunis par un pont chromatinien assez épais et leur cytoplasme contient de grosses *granulations éosinophiles*, arrondies, colorées en rouge orangé. Les granulations des éosinophiles contiennent des eicosanoïdes et de nombreuses protéines « tueuses ».

Les granulocytes basophiles sont observés dans le sang et les tissus ; leur noyau, peu ou pas segmenté, est irrégulier et peut prendre un aspect en trèfle, en brioche ; leurs granulations sont volumineuses, recouvrant en partie le noyau, métachromatiques, et de couleur bleu-noir après coloration au May-Grünwald-Giemsa.

b. Les lymphocytes (fig. 10.3)

L'aspect morphologique des lymphocytes est monomorphe. Ils se caractérisent par :

- leur forme, régulière, arrondie ;
- leur taille, le plus souvent petite (7 à 8 µm de diamètre) ; toutefois, à côté de ces petits lymphocytes, on distingue des moyens et des grands lymphocytes, de taille modérément plus grande ;
- leur noyau, sphérique, foncé, sans nucléole visible, occupant la presque totalité du volume de la cellule ;
- leur cytoplasme, réduit à une mince couronne contenant les organites cellulaires habituels en quantité très restreinte.

c. Les monocytes (fig. 10.4)

Les monocytes passent dans le sang où ils représentent les plus grands des leucocytes normaux (12 à 20 µm). Leur noyau est central ou périphérique, souvent réniforme ou indenté. Leur cytoplasme est caractérisé par des voiles cytoplasmiques ondulants et par la présence de grains azurophiles.

d. La numération-formule sanguine (tableau 10.I)

Les résultats normaux de la numération globulaire, qui consiste à compter le nombre de globules, s'expriment par unité de volume de sang, habituellement par microlitre.

La formule sanguine (ou formule leucocytaire) était classiquement exprimée en pourcentage des différentes variétés de leucocytes (granulocytes neutrophiles : 50 à 70 %, granulocytes éosinophiles : 1 à 3 %, granulocytes basophiles : 0 à 1 %, lymphocytes : 25 à 40 %, monocytes : 2 à 10 %). Actuellement, les résultats s'expriment en nombre absolu.

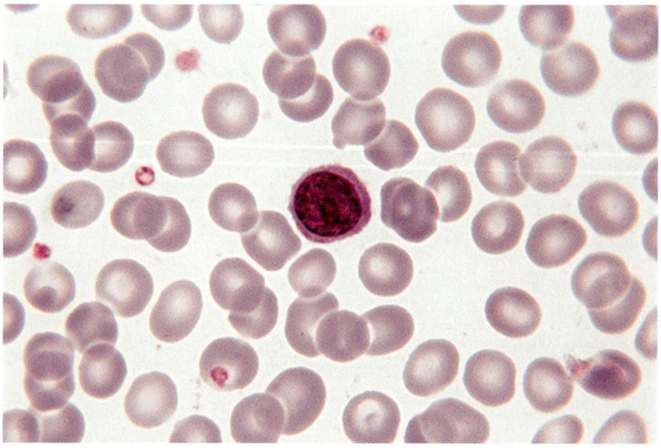

Fig. 10.3
Lymphocytes. MO.

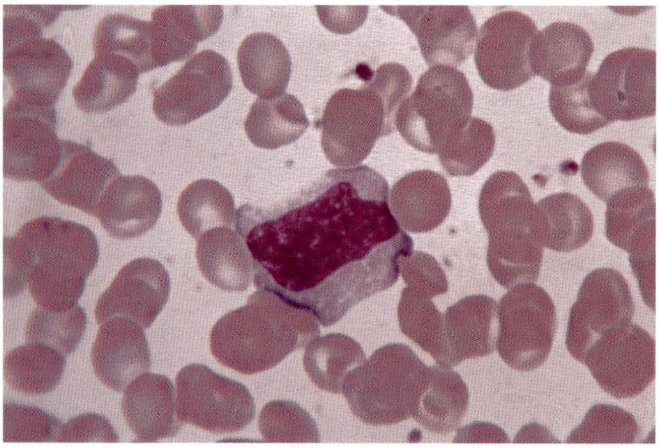

Fig. 10.4
Monocytes. MO.

Tableau 10.I. **La numération-formule sanguine normale de l'adulte.**

Numération-formule sanguine de l'adulte	Éléments figurés du sang	Nombre normal par microlitre
Numération globulaire	Hématies	4 500 000 à 5 500 000 (homme) 4 000 000 à 5 000 000 (femme)
	Leucocytes	4 000 à 8 000
	Plaquettes	150 000 à 400 000
Formule leucocytaire	Granulocytes neutrophiles	2 000 à 7 500
	Granulocytes éosinophiles	40 à 700
	Granulocytes basophiles	3 à 100
	Lymphocytes	1 500 à 4 000
	Monocytes	200 à 1 000

B. Microscopie électronique (ME)

Les apports de la ME sont d'intérêt variable selon les types cellulaires.

1. Les globules rouges

Ils apparaissent en ME comme des sections arrondies, ovalaires ou en disque biconcave. On les reconnaît immédiatement à leur densité élevée aux électrons, à leur aspect homogène, amorphe, dépourvu de noyau et d'organites cytoplasmiques, mais limité par une membrane plasmique.

2. Les plaquettes

Elles contiennent des mitochondries, des vésicules à cœur dense et un cytosquelette riche en protéines contractiles.

3. Les granulocytes (fig. 10.5 à 10.7)

Les granulations des neutrophiles sont de deux types : petites, peu denses aux électrons pour les granulations primaires, plus grandes et plus denses aux électrons pour les granulations secondaires, plus nombreuses. Les granulations des éosinophiles contiennent une matrice finement granulaire, au sein de laquelle siège une formation cristalline présentant un arrangement régulier périodique de bandes claires et de bandes sombres. Les granulations basophiles apparaissent constituées d'un amas de petits grains denses entouré d'une membrane.

4. Les lymphocytes

La ME n'apporte pas grand-chose à la connaissance des lymphocytes.

5. Les monocytes (fig. 10.8)

Les grains azurophiles des monocytes correspondent en ME à des lysosomes primaires.

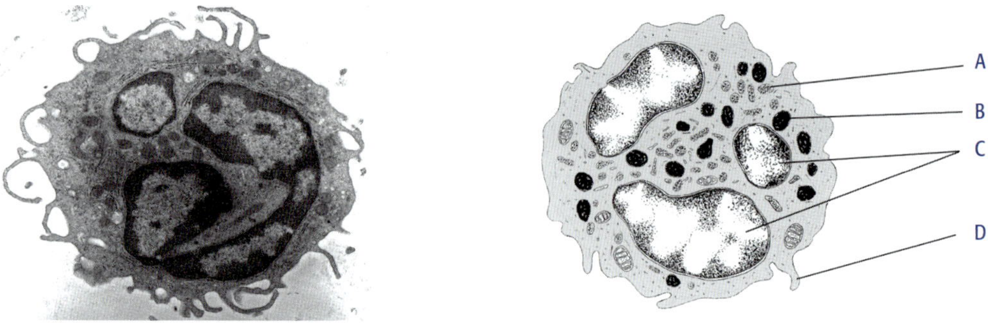

Fig. 10.5

Granulocyte neutrophile. ME.

A. Granulation primaire. B. Granulation secondaire. C. Sections de noyau polylobé. D. Expansion cytoplasmique.

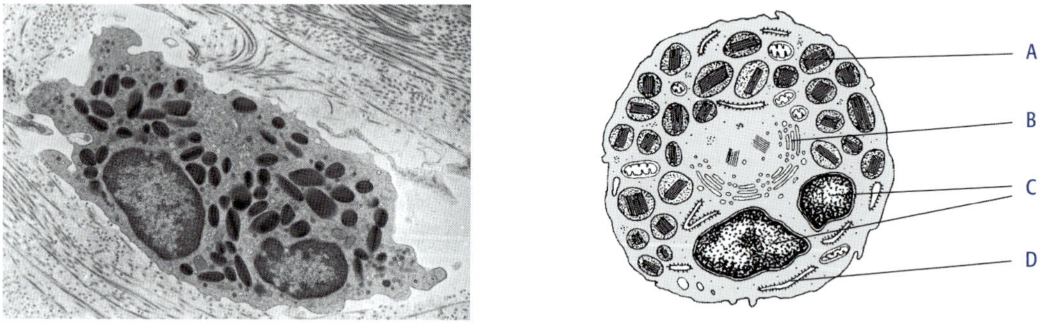

Fig. 10.6

Granulocyte éosinophile. ME.

A. Granulation spécifique. B. Appareil de Golgi. C. Section du noyau polylobé. D. Réticulum endoplasmique granulaire.

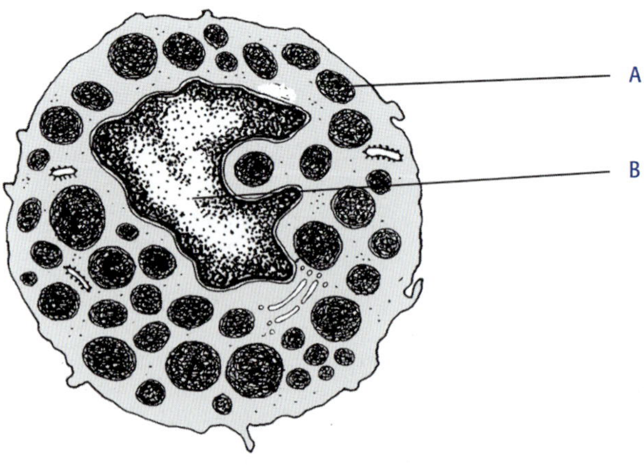

Fig. 10.7

Granulocyte basophile. ME.

A. Granulation basophile. B. Noyau.

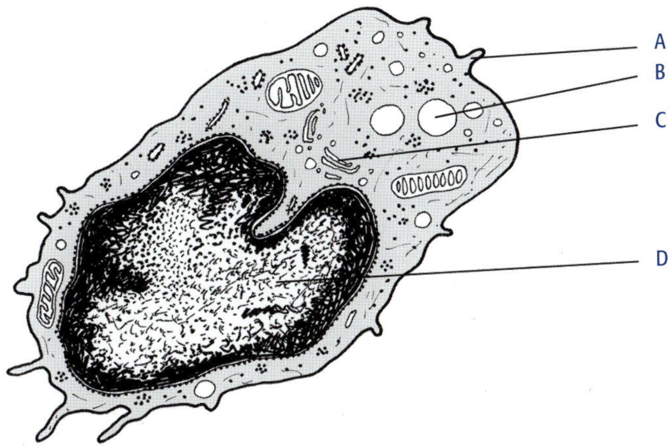

Fig. 10.8
Monocyte. ME.
A. Microvillosité. B. Lysosome.
C. Appareil de Golgi.
D. Noyau indenté.

C. Caractérisations moléculaires *in situ*

1. Typage immunocytochimique des sous-populations lymphocytaires

Les lymphocytes comprennent trois grandes familles fonctionnelles pouvant être reconnues par des antigènes membranaires différents : les lymphocytes B, les lymphocytes T et les lymphocytes ni T ni B ou NK (*Natural Killer*) (tableau 10.II).

a. Les lymphocytes B

(Voir plus loin, p. 178)

b. Les lymphocytes T

(Voir plus loin, p. 177)

c. Les lymphocytes NK (*Natural Killer*)

Il s'agit de lymphocytes non T ($CD2^+$, $CD3^-$) non B, identifiés par des marqueurs NK (CD16, CD56) et par l'expression de molécules impliquées dans la cytotoxicité (perforine, granzyme).

Tableau 10.II. **Les sous-populations lymphocytaires.**

Sous-populations lymphocytaires		Nombre normal par microlitre de sang
Lymphocytes B		200 à 300
Lymphocytes T	Total	1 500
	$CD4^+$	1 000
	$CD8^+$	500
	Rapport $CD4^+/CD8^+$	≥ 1
Lymphocytes NK		200 à 300

D. Données histophysiologiques

1. Le rôle des globules rouges dans la respiration

Le rôle principal des globules rouges est de maintenir à l'état fonctionnel le pigment respiratoire qu'est l'hémoglobine, constituant majeur du globule rouge (environ un tiers de son poids). L'hémoglobine a pour fonction de transporter l'oxygène des poumons aux tissus, de permettre le transfert d'une partie du CO^2 des tissus aux poumons et de tamponner les protons H^+ libérés par les tissus.
Par ailleurs, la membrane plasmique de l'hématie est le siège des antigènes qui déterminent les groupes sanguins.

2. Le rôle des plaquettes dans l'hémostase

Elles jouent un rôle fondamental dans les processus de l'hémostase et de la coagulation. Les plaquettes maintiennent l'intégrité du système circulatoire et sont impliquées dans l'hémostase et la coagulation en cas de brèche vasculaire.

3. L'hématopoïèse

L'hématopoïèse s'effectue dans la moelle osseuse à partir de cellules souches multipotentes communes à toutes les lignées hématopoïétiques. Afin de déterminer le lignage hématopoïétique, il a été nécessaire de reconnaître les étapes intermédiaires de la différenciation hématopoïétique. Ceci a été possible grâce à la mise en évidence de marqueurs membranaires reconnus par des anticorps monoclonaux. Ces marqueurs ont été appelés CD pour « *cluster* de différenciation ». En règle générale, aucun CD n'est spécifique d'un type cellulaire. En revanche, une combinaison de CD permet de spécifier l'étape du lignage.

a. Trois compartiments (tableau 10.III)

L'hématopoïèse s'effectue dans 3 compartiments cellulaires successifs :
- le compartiment des cellules souches multipotentes, capables d'autorenouvellement ;
- le compartiment des progéniteurs (ou cellules déterminées), au potentiel prolifératif élevé, capables de former des colonies différentes ;
- le compartiment de maturation qui précède immédiatement l'arrivée des cellules dans le sang, les cellules qui le constituent sont les seules morphologiquement identifiables.

b. Neuf lignées (tableau 10.III)

Neuf lignées cellulaires différenciées dérivent de la cellule souche multipotente. La cellule souche lymphoïde, CFU-L (CFU, *Colony Forming Unit*), donne naissance aux lymphocytes T, aux lymphocytes B (qui se différencieront en plasmocytes) après le stade de cellules déterminées, respectivement lymphocytes pré-T et pré-B, et aux lymphocytes NK. La cellule souche myéloïde, CFU-GEMM, est à la source de 5 types de cellules déterminées :
- la BFU-E donne les hématies ;

Tableau 10.III. **Les 3 compartiments et les 9 lignées de l'hématopoïèse.**

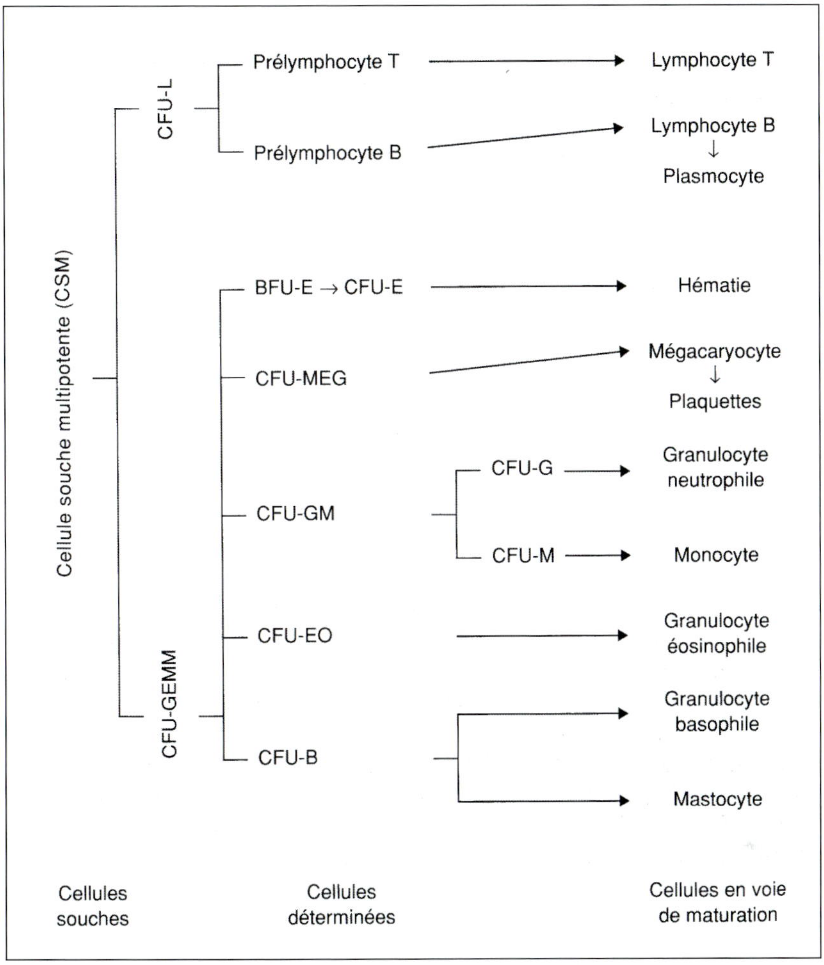

- la CFU-MEG donne les plaquettes (le cytoplasme de chaque mégacaryocyte thrombocytogène se fragmente et donne naissance à environ 1 000 à 8 000 plaquettes) ;
- la CFU-GM donne la CFU-G, à l'origine des granulocytes neutrophiles et la CFU-M, à l'origine des monocytes ;
- la CFU-Eo donne les granulocytes éosinophiles ;
- la CFU-B donne les granulocytes basophiles et les mastocytes.

Qu'il s'agisse de la lignée neutrophile, éosinophile ou basophile, toutes les cellules qui donneront naissance aux granulocytes, passent successivement par les stades de CFU, myéloblaste, promyélocyte, myélocyte, métamyélocyte, granulocyte.

c. Les facteurs de croissance

Il existe des facteurs de régulation nombreux et complexes capables de contrôler le bon déroulement de l'hématopoïèse. Les mieux connus de ces facteurs de croissance (ou cytokines), souvent désignés par le terme de facteurs stimulateurs de colonies (*Colony Stimulating Factors* ou CSF), sont l'érythropoïétine, la thrombopoïétine, les G-CSF, M-CSF et GM-CSF ainsi que de multiples interleukines. Les facteurs de croissance sont produits par l'environnement et agissent sur les cellules en cours de différenciation. Le maintien du caractère pluripotent et indifférencié des cellules souches est assuré par un environnement particulier (la niche) formé par des cellules stromales, qui ont un précurseur commun avec les cellules souches.

II. Les cellules libres dans les tissus (tableau 10.IV)

Les mécanismes de défense de l'organisme vis-à-vis des agents extérieurs, en particulier infectieux, sont soit *non spécifiques*, constituées par les barrières tissulaires et les phagocytes professionnels (granulocytes, monocytes/macrophages), soit *spécifiques*, qui nécessitent un contact préalable avec l'agent infectieux puis sa reconnaissance.

A. Microscopie optique (MO)

La MO permet de reconnaître facilement toutes les cellules impliquées dans les processus de défense de l'organisme.

1. Les granulocytes

(Voir plus haut, p. 162 et 165).

2. Les monocytes/macrophages (fig. 10.9)

Le système des phagocytes mononucléés est constitué par l'ensemble des formes circulantes et tissulaires que peuvent prendre les monocytes/macrophages et les cellules apparentées (tableau 10.V). Les macrophages ne s'observent que dans les tissus.

Après être sortis du sang, les monocytes (voir plus haut) entrent dans les tissus et s'y différencient en macrophages. Ainsi, se trouvent-ils disséminés dans l'ensemble de l'organisme. On distingue les *macrophages résidents*, présents de façon permanente dans les tissus et dont le nom

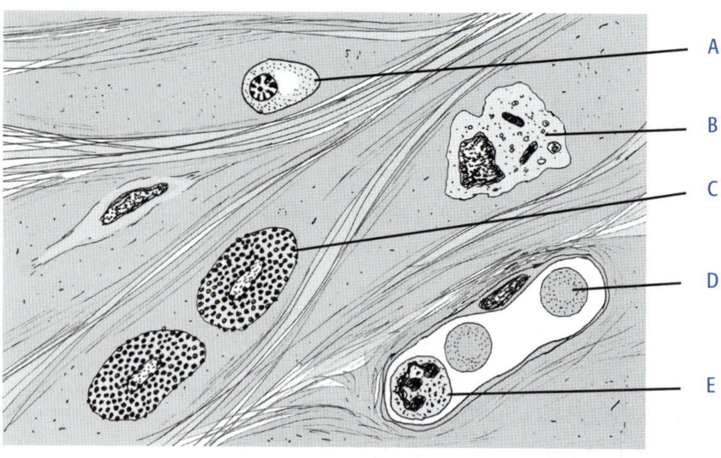

Fig. 10.9
Tissu conjonctif lâche avec mastocyte et macrophage. MO. Fg.
A. Plasmocyte. B. Macrophage. C. Mastocyte. D. Hématie. E. Granulocyte neutrophile.

Tableau 10.IV. **Distribution des cellules libres dans l'organisme.**

Distribution		Cellules									
		GR	Plaquettes	PN	PE	PB	Lymphocytes	Monocytes	Plasmocytes	Macrophages	Mastocytes
Liquides biologiques	Sang	+	+	+	+	+	+	+			
	Lymphe						+				
	LCR						+				
Tissus	Tissu conjonctif			+	+	+	+	+	+	+	+
	Épithéliums de revêtement						+				
Organes lymphoïdes (tissu lymphoïde)	Moelle osseuse	+	+	+	+	+	+	+	+	+	
	Thymus						+			+	
	Ganglions lymphatiques						+		+	+	
	Rate	+	+	+	+	+	+	+	+	+	
	MALT						+		+	+	

Tableau 10.V. **Le système phagocytaire mononucléé (SPM)**

Compartiment médullaire	Cellules-souches multipotentes ↓ Progéniteurs déterminés ↓ Monoblastes ↓ Promonocytes ↓ Monocytes ↓
Compartiment sanguin	Monocytes circulants ↓
Compartiment tissulaire	Macrophages – du tissu conjonctif (histiocytes), – des cavités séreuses (macrophages pleuraux ; macrophages péritonéaux), – des organes hématopoïétiques, – du foie (cellules de Kupffer), – des poumons (macrophages alvéolaires), – du système nerveux central (microglie).

varie d'un tissu à l'autre (cellules de Küpffer dans le foie, microglie dans le système nerveux central, macrophages alvéolaires dans le poumon, etc.), et les *macrophages recrutés* dans le tissu à l'occasion d'une lésion ou d'un conflit immunologique local. Les macrophages se distinguent des monocytes par une plus grande taille (20 à 50 µm), par le développement considérable de l'appareil vacuolaire et par la présence d'expansions cytoplasmiques formant de véritables pseudopodes. Les propriétés fondamentales des macrophages sont leur mobilité, leur pouvoir de phagocytose et leur capacité sécrétrice. Cette capacité sécrétrice est multiple : fractions du complément, nombreuses cytokines, protéases et antiprotéases, prostaglandines, radicaux réactifs dérivés de l'oxygène (NO, H_2O_2, radical OH). Le rôle des macrophages est double : rôle dans les réactions immunes (cellule présentatrice d'antigène et production de cytokines) et rôle de détersion non spécifique (production de molécules toxiques et phagocytose de nettoyage). Les monocytes/macrophages sont activés par différentes cytokines et par l'interféron γ produit par les lymphocytes T.

3. Les cellules dendritiques et leurs précurseurs circulants

Certaines des cellules du système macrophagique se sont spécialisées dans la présentation de l'antigène aux lymphocytes. Ces cellules présentatrices d'antigènes (CPA) « professionnelles » sont les cellules dendritiques. Ce sont les seules cellules de l'organisme capables de faire passer les lymphocytes du stade naïf au stade mémoire au niveau des organes lymphoïdes secondaires. Après avoir pénétré l'organisme, les antigènes sont modifiés et exprimés à la surface de cellules présentatrices d'antigènes. Ces cellules présentatrices d'antigènes peuvent être :

- les macrophages eux-mêmes après activation et expression des molécules d'histocompatibilité de type II (MHC de classe II) ;
- les cellules dendritiques folliculaires des centres germinatifs, interagissant avec les lymphocytes B ;
- les cellules dendritiques interdigitées du cortex paraganglionnaire présentant les antigènes aux lymphocytes T ; à ce groupe appartiennent les cellules de Langerhans, notamment celles de l'épiderme et des muqueuses et les cellules à « voile » de la lymphe ;
- les cellules interdigitées du thymus.

On connaît plusieurs sous-types de cellules dendritiques, pour certaines leur origine commence à être élucidée alors que pour d'autres cette filiation est moins bien connue. Il semble bien que le facteur important soit le rôle de certaines cytokines telles que le GM-CSF, le TNF-α et l'IL-4 agissant sur des cellules précurseurs. Par exemple, les cellules dendritiques des épithéliums ou cellules de Langerhans, issues des cellules progénitrices hématopoïétiques CD34 ou de précurseurs monocytaires sanguins, circulent dans le sang (où elles représentent moins de 1 % des leucocytes circulants) et colonisent les tissus en particulier les épithéliums. À ce niveau, elles sont capables de conditionner de grandes quantités d'antigènes, puis de migrer jusqu'au ganglion lymphatique pour y subir une maturation permettant la présentation optimale des antigènes aux lymphocytes T.

4. Les lymphocytes

Les lymphocytes tissulaires représentent environ 95 % de l'ensemble des lymphocytes de l'organisme. Ils se distribuent notamment dans les organes lymphoïdes, dans le tissu conjonctif lâche, et dans la plupart des épithéliums de revêtement. Les lymphocytes sont les cellules principales de la lymphe. (voir aussi plus haut, p. 163).

5. Les plasmocytes (fig. 10.10)

Ils résultent de l'activation des lymphocytes B. Ils sont répartis dans les organes lymphoïdes et hématopoïétiques et dans le tissu conjonctif lâche. À l'état normal, on n'en trouve pas dans le sang ni dans la lymphe. Morphologiquement, les caractéristiques des plasmocytes les rendent très faciles à reconnaître :

- forme ovalaire ;
- noyau arrondi, situé en position excentrique, avec une chromatine disposée en grosses mottes à la périphérie du noyau (donnant un aspect en rayons de roue) ;
- cytoplasme comportant une petite zone claire périnucléaire alors que le reste du cytoplasme est intensément basophile.

6. Les mastocytes

À l'état normal, les mastocytes sont absents du sang et ne s'observent que dans les tissus où ils sont souvent groupés autour de petits vaisseaux sanguins. Ce sont des cellules arrondies, à noyau central. Leur cytoplasme contient des granulations métachromatiques en MO. Métachromasie est le nom donné au phénomène de changement de couleur : une cellule

exposée à un colorant prend une teinte différente de celle du colorant utilisé. Ce phénomène est essentiellement lié à la présence de charges électronégatives et donc à des substances acides, notamment celles qui ont des groupements sulfatés. Le colorant métachromatique le plus utilisé, le bleu de toluidine, colore en rouge les grains de sécrétion des mastocytes.
L'origine des mastocytes reste discutée, ils pourraient dériver de granulocytes basophiles ou avoir une origine médullaire autonome.

7. Le tissu lymphoïde

Variété très particulière de tissu conjonctif, le tissu lymphoïde se rencontre d'une part au niveau des organes lymphoïdes centraux (moelle osseuse, thymus) et périphériques (rate, ganglions, organes lymphoïdes du tube digestif et de l'appareil respiratoire) et d'autre part de façon diffuse dans les muqueuses (notamment digestives et respiratoires) de l'organisme.
À l'exception du thymus qui constitue un organe lymphoïde très particulier, l'organisation du tissu lymphoïde comporte toujours une trame de tissu réticulaire dans les mailles de laquelle se situent macrophages, cellules dendritiques et cellules lymphoïdes.
Chez un animal nouveau-né à l'abri de tout contact antigénique, le tissu lymphoïde contient des follicules primaires, dépourvus de centre germinatif. Les follicules lymphoïdes secondaires possédant un centre germinatif ne s'observent qu'après stimulation antigénique. Ils contiennent de nombreux lymphocytes B en cours de prolifération (centroblastes), associés à des cellules dendritiques folliculaires présentatrices d'antigène et quelques macrophages associés à des lymphocytes T. Les centres germinatifs sont entourés d'une couronne de petits lymphocytes de type B. Ces structures ont un rôle important dans le développement des réponses immunes impliquant les lymphocytes B, en particulier dans la mémoire de la réponse véhiculée par les lymphocytes B qui paraît être la fonction première des centres germinatifs.

B. Microscopie électronique (ME)

1. Plasmocytes (fig. 10.11)

Dans les plasmocytes, la ME précise que la zone claire, périnucléaire, contient les centrioles entourés par un volumineux appareil de Golgi et que le reste du cytoplasme est occupé par un réticulum endoplasmique granulaire très développé, avec de nombreux ribosomes libres ; les citernes du réticulum granulaire sont parfois distendues par la sécrétion d'immunoglobulines.

2. Mastocytes (fig. 10.12)

Les grains cytoplasmiques des mastocytes apparaissent comme de structure feuilletée et lamellaire en ME.

3. Macrophages (fig. 10.13)

Les macrophages se distinguent par le développement considérable de l'appareil vacuolaire (vésicules d'endocytose, endosomes, lysosomes primaires, phagosomes, phagolysosomes) ainsi que des expansions cytoplasmiques qui forment de véritables pseudopodes.

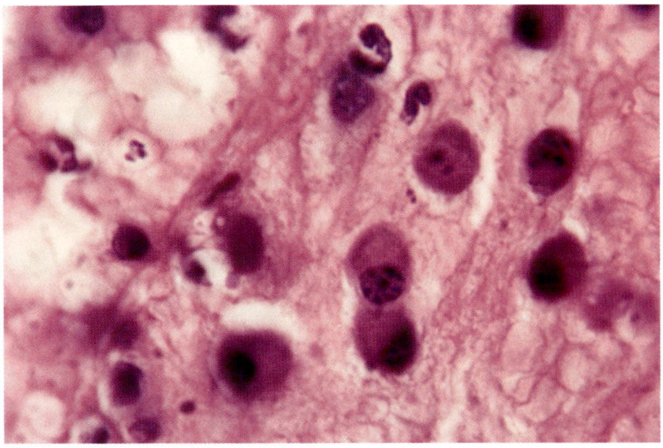

Fig. 10.10
Plasmocytes. MO.

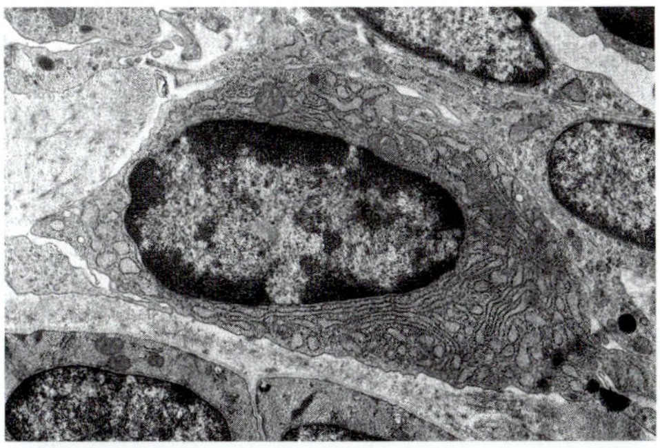

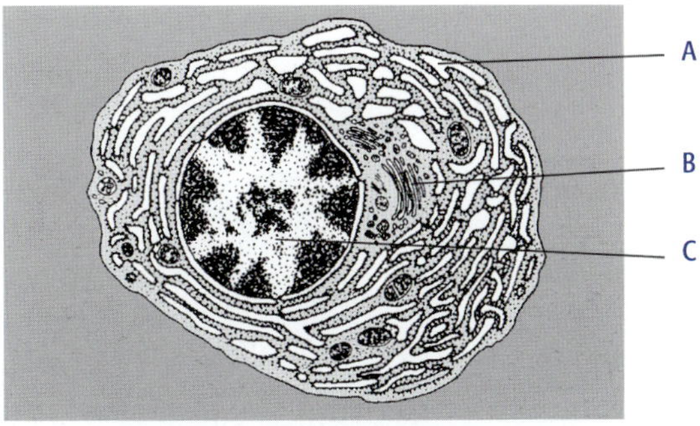

Fig. 10.11
Plasmocyte. ME.
A. Abondant réticulum endoplasmique granulaire. B. Volumineux appareil de Golgi. C. Noyau avec chromatine « en rayons de roue ».

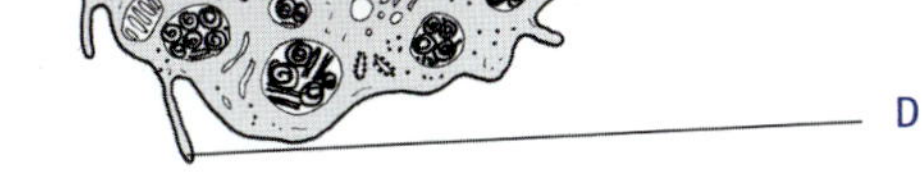

Fig. 10.12
Mastocyte. ME.
A. Grain de sécrétion d'aspect caractéristique. B. Noyau. C. Appareil de Golgi. D. Microvillosité.

4. Cellules de Langerhans (fig. 10.14 et 10.15)

Les cellules de Langerhans se caractérisent par la présence dans leur cytoplasme de petits organites discoïdes quasi spécifiques qui ont l'aspect de bâtonnets centrés par une fermeture Éclair (granules de Birbek).

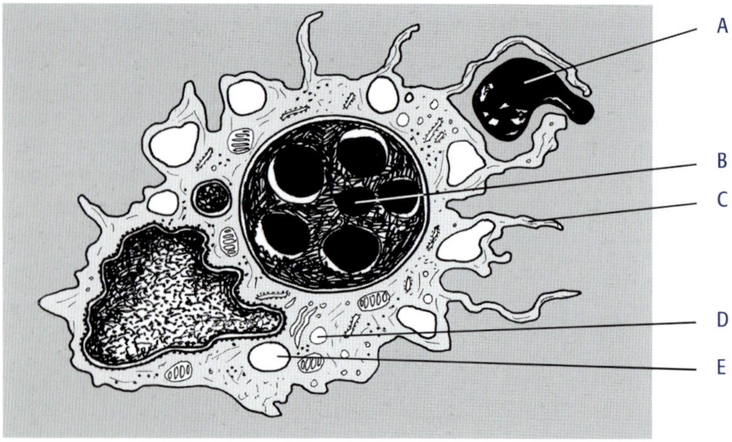

Fig. 10.13
Macrophage. ME.
A. Particule étrangère en voie de phagocytose. B. Phagolysosome. C. Pseudopode. D. Lysosome. E. Vacuole de phagocytose.

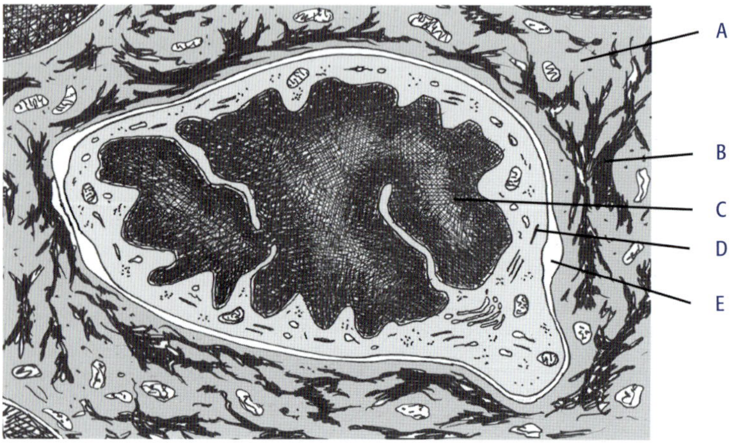

Fig. 10.14
Cellule de Langerhans. ME. fg.
A. Kératinocyte. B. Trousseaux de filaments intermédiaires. C. Noyau indenté. D. Granule de Birbek. E. Espace intercellulaire.

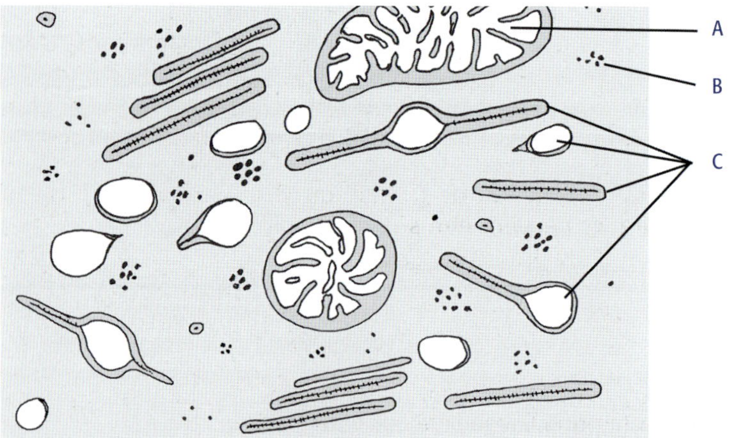

Fig. 10.15
Cellule de Langerhans. ME. Fg.
A. Mitochondrie. B. Ribosomes. C. Sections de granules de Birbek.

C. Caractérisations moléculaires *in situ*

Les macrophages sont immunomarqués par l'anticorps CD68 et les cellules de Langerhans par le CD1a

D. Données histophysiologiques

1. Le rôle des granulocytes

a. Granulocytes neutrophiles

Le rôle principal des neutrophiles est de détruire et d'éliminer les agents pathogènes qui auraient pénétré dans l'organisme ainsi que les cellules ou molécules devenues anormales. Cette fonction s'accomplit en différentes étapes plus ou moins intriquées :
- déplacement des granulocytes neutrophiles ;
- phagocytose (reconnaissance puis englobement de la proie) ;
- dégradation de la proie par les « protéines tueuses » des granulations azurophiles et par les systèmes tueurs dépendants de l'oxygène (H_2O_2, radical OH et HOCl).

b. Granulocytes éosinophiles

Ils interviennent principalement dans l'immunité anti-parasitaire et dans les réactions d'hypersensibilité retardée.

c. Granulocytes basophiles et mastocytes

Certains types d'antigènes (allergènes) ont la propriété de stimuler la production d'anticorps IgE chez des sujets génétiquement prédisposés. Les anticorps IgE se lient par leur fragment Fc aux récepteurs membranaires des basophiles et des mastocytes. La liaison subséquente des antigènes aux fragments Fab des anticorps IgE liés aux cellules entraîne la libération dans le milieu extracellulaire des produits contenus dans les granulations (en particulier l'histamine) et la production de cytokines et de leukotriènes. Ces événements sont responsables de réactions d'hypersensibilité immédiate (allergiques), comme l'urticaire, le rhume des foins, l'asthme, voire des chocs anaphylactiques graves.
Par ailleurs, les mastocytes jouent un rôle dans la maintenance de la MEC des tissus conjonctifs par leur sécrétion d'héparine et d'acide hyaluronique.

2. Les lymphocytes T

Les lymphocytes T ($CD2^+$, $CD3^+$, expression d'un TCR de type $\alpha\beta$ ou $\gamma\delta$) sont impliqués dans l'immunité cellulaire. Ils peuvent être soit naïfs, soit mémoires, ce qui détermine le circuit qu'ils empruntent entre le sang et les tissus.

a. Les lymphocytes T naïfs (CD45RA)

En provenance directe du thymus, les lymphocytes T naïfs n'ont jamais rencontré l'antigène. Ils circulent constamment entre le sang et les ganglions lymphatiques où ils pénètrent au niveau d'une barrière endothéliale spécialisée (veinule à endothélium turgescent). Dans le ganglion, ils sont confrontés aux antigènes présentés par les cellules dendritiques. S'ils ne reconnaissent pas d'antigène, ils recirculent vers le sang. Si l'antigène se fixe spécifiquement sur le récepteur d'un lymphocyte T naïf, ce lymphocyte subit de nombreuses modifications et devient un lymphocyte T mémoire capable d'agir efficacement dans la réponse immune dite « effectrice » destinée à éliminer l'antigène.

b. Les lymphocytes T mémoires (CD45RO)

Au stade de lymphocyte mémoire, le lymphocyte T du sang circulant passe dans les tissus non lymphoïdes sièges d'une réaction inflammatoire locale, à travers les endothéliums vasculaires activés par les médiateurs de l'inflammation, pour y reconnaître l'antigène.

c. La distinction naïf/mémoire

La distinction naïf/mémoire s'applique aux deux principales sous-classes de lymphocytes T : les $CD4^+$ et les $CD8^+$. Les lymphocytes $CD4^+$ (auxiliaires, ou *Helpers*, ou T4) ont un rôle central de modulation de la réponse immune ; ils reconnaissent l'antigène lorsqu'il est présenté par une molécule d'histocompatibilité de type II (CMH II) à la surface d'un macrophage, d'une cellule dendritique ou d'un lymphocyte B. Les lymphocytes $CD8^+$ (cytotoxiques ou T8) sont capables de lyser directement une cellule qui présente l'antigène fixé sur une molécule d'histocompatibilité de type I (CMH I) (potentiellement toute cellule de l'organisme).

d. Modalités de la migration tissulaire

Les lymphocytes T naïfs possèdent à leur surface des molécules de « *homing* », molécules d'adhérence qui interagissent électivement avec des ligands situés au niveau des veinules post-capillaires à cellules endothéliales turgescentes des organes lymphoïdes. Pour cette raison, la sortie de la circulation des lymphocytes T naïfs s'effectue exclusivement au niveau des organes lymphoïdes. Les lymphocytes T mémoires répriment leurs molécules de « *homing* » et expriment des molécules d'adhérence réciproques de celles qui apparaissent électivement au niveau des cellules endothéliales des veinules post-capillaires des tissus inflammatoires ou présentateurs d'antigènes.

La migration tissulaire s'effectue en trois temps :

- ralentissement et roulement leucocytaire le long de l'endothélium par adhérence faible due aux sélectines ;
- adhérence forte sur le site approprié liée à l'expression d'intégrines à la surface du leucocyte ;
- migration trans-endothéliale intercellulaire et transmigration à travers la MEC sous-jacente, par digestion des composants matriciels par les protéases de la MEC : urokinase et métalloprotéases matricielles.

3. Les lymphocytes B

Leur différenciation s'effectue dans la moelle osseuse. Ils sont identifiés par les marqueurs B (CD19, CD20, CD24, CD79). Les plasmocytes, étape finale de la maturation de la lignée B, sont responsables de l'immunité humorale : ils synthétisent les immunoglobulines, principalement IgG, IgA, IgM et IgE.

Dans les lymphocytes B matures (ceux du sang et des organes lymphoïdes), les molécules d'immunoglobulines sont insérées dans la membrane plasmique et ce sont ces molécules d'immunoglobulines de surface (ou immunoglobulines membranaires) qui sont le récepteur pour l'antigène et qui constituent le marqueur phénotypique essentiel de ces cellules. La grande majorité des lymphocytes B du sang humain portent des IgM de surface.

Dans les plasmocytes, l'expression des immunoglobulines de surface a été remplacée par la présence d'immunoglobulines intracytoplasmiques (dans les citernes du réticulum endoplasmique granulaire). Après la commutation, le phénotype majoritaire devient IgG et IgA.

4. Les lymphocytes NK (*Natural Killer*)

Ils sont particuliers par leurs fonctions immunitaires non spécifiques, indépendantes d'une présentation antigénique préalable. Ils exercent une activité cytotoxique vis-à-vis de toute cellule ne présentant pas toutes les molécules d'histocompatibilité d'une cellule normale, comme par exemple les cellules cancéreuses ou les cellules infectées par un virus. Le lymphocyte NK reçoit un double signal : activateur provenant d'une molécule membranaire ubiquitaire et inhibiteur provenant du complexe majeur d'histocompatibilité I (CMH I). Ainsi, une cellule anormale n'exprimant plus le CMH I, conduit à la seule activation de la cellule NK qui sécrète alors des molécules cytotoxiques (perforine et granzyme) entraînant la lyse cellulaire.

5. La réponse immunitaire

La réponse immunitaire est déclenchée par la présentation (par une cellule présentatrice d'antigène) aux lymphocytes T d'un antigène. Pour induire une réaction immunologique, l'antigène doit être présenté couplé à une molécule du CMH. Le récepteur TCR (structurellement associé à une molécule CD3) des lymphocytes T4 reconnaît les antigènes présentés avec les molécules CMH II et les lymphocytes T8 reconnaissent les antigènes présentés avec les molécules CMH I.

a. Antigènes exogènes

Les antigènes exogènes (antigènes microbiens, xénobiotiques) sont présentés aux lymphocytes auxiliaires $CD4^+$ par des cellules présentatrices de l'antigène. L'antigène exogène est internalisé par endocytose dans la cellule puis subit une fragmentation en petits peptides. Ces peptides sont couplés à une molécule MHC II avant d'être présentés à la surface cellulaire. La reconnaissance du complexe peptide exogène-CMH II par les lymphocytes $CD4^+$, déclenche une prolifération clonale de lymphocytes $CD4^+$ spécifiques du peptide antigénique. Ces lymphocytes $CD4^+$ vont stimuler les cellules effectrices de la réponse immunologique dirigée contre l'antigène : les cellules Th1 stimulent les lymphocytes T cytotoxiques spécifiques alors que les cellules Th2 stimulent les lymphocytes B et leur différenciation en plasmocytes sécréteurs d'anticorps spécifiques.

b. Antigènes endogènes

Les antigènes endogènes (protéines synthétisées par la cellule elle-même, soit à partir du génome de la cellule – antigènes des cellules cancéreuses et antigènes de l'auto-immunité –, soit à partir du génome d'un virus intracellulaire) sont présentés, couplés à CMH I, directement aux lymphocytes cytotoxiques $CD8^+$. L'ensemble des cellules nucléées de l'organisme (en dehors du neurone et de la cellule musculaire non stimulés) exprime le CMH I à leur surface. L'antigène protéique synthétisé par la cellule subit une fragmentation dans le protéasome. Des peptides issus de la fragmentation subissent un transport vers le réticulum endoplasmique où ils sont couplés aux molécules du CMH I avant d'être présentés à la surface de la cellule. La reconnaissance du complexe peptide endogène-CMH I par les lymphocytes $CD8^+$ spécifiques de l'antigène, entraîne la lyse apoptotique de la cellule.

POINTS CLÉS

- Le sang est constitué de cellules dispersées dans le plasma.
- Les érythrocytes, les leucocytes et les plaquettes constituent les différents éléments figurés du sang.
- La population des leucocytes (ou globules blancs) est hétérogène : granulocytes (neutrophiles, éosinophiles et basophiles), lymphocytes et monocytes.
- Les lymphocytes peuvent être subdivisés en plusieurs populations : B, T $CD4^+$, T $CD8^+$ et NK.
- Les monocytes traversent l'endothélium pour gagner les tissus où ils forment les macrophages.

ENTRAÎNEMENT

DOC

Inscrire les légendes correspondant aux structures désignées par les lettres portées en légende du schéma.

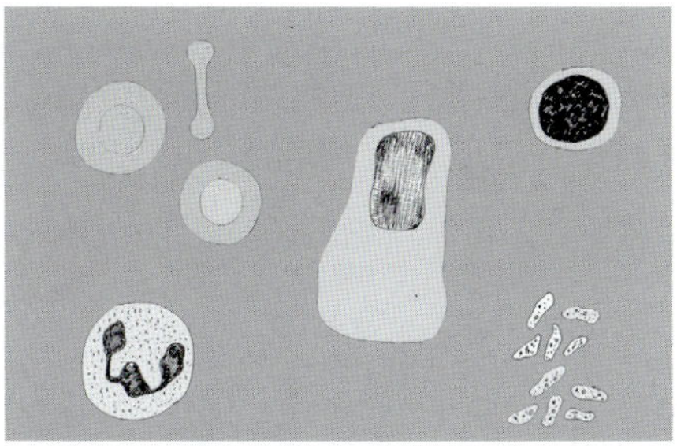

Fig. 10.1. Cellules du sang. MO.

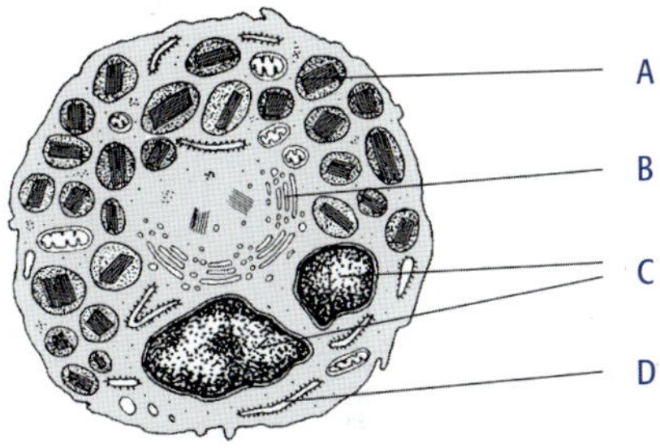

Fig. 10.6. Granulocyte éosinophile. ME.

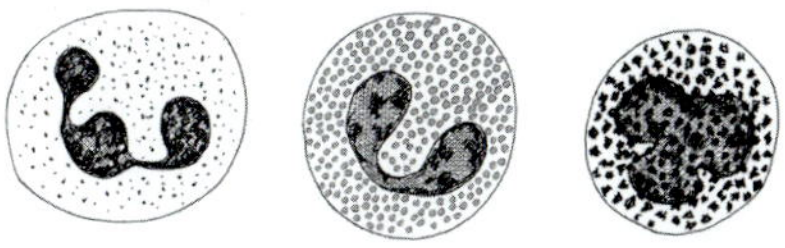

Fig. 10.2. Les trois types de granulocytes. MO.

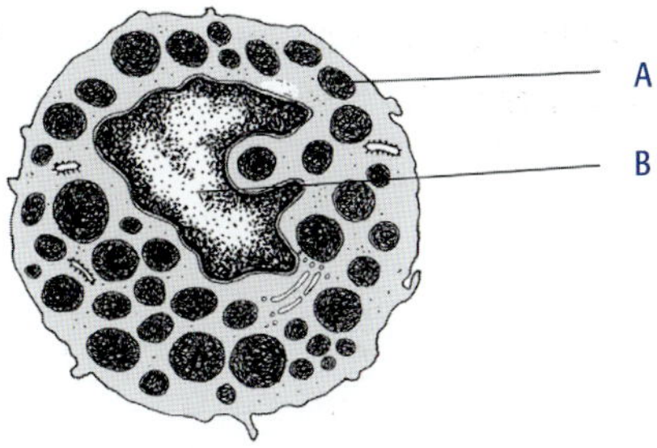

Fig. 10.7. Granulocyte basophile. ME.

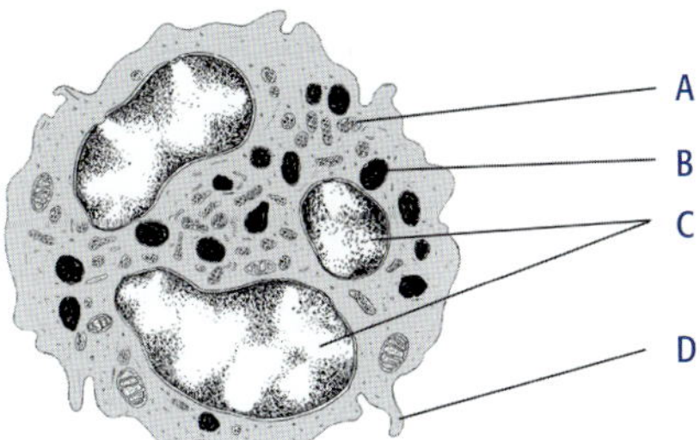

Fig. 10.5. Granulocyte neutrophile. ME.

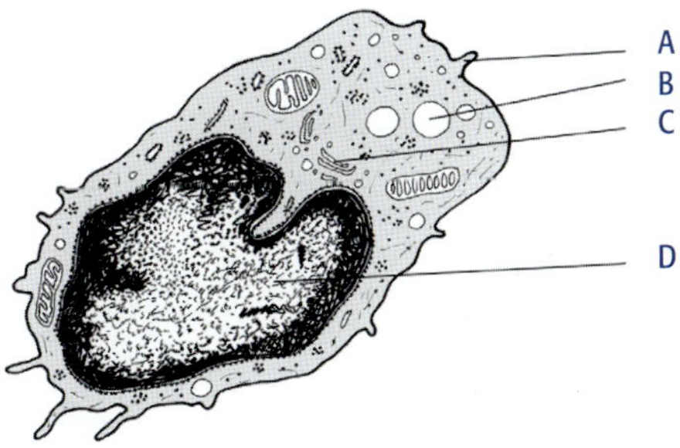

Fig. 10.8. Monocyte. ME.

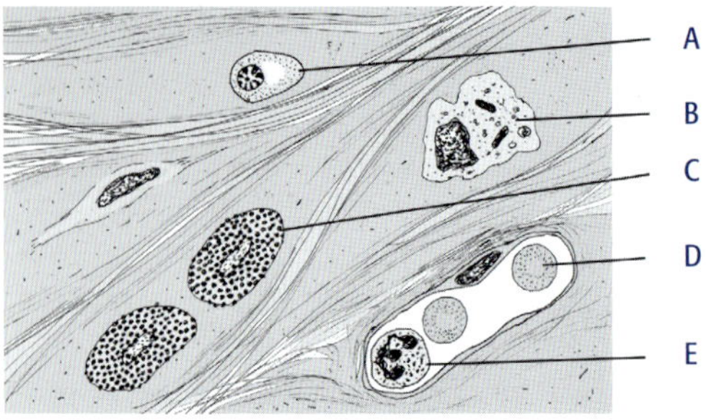

Fig. 10.9. Tissu conjonctif lâche avec mastocyte et macrophage. MO. Fg.

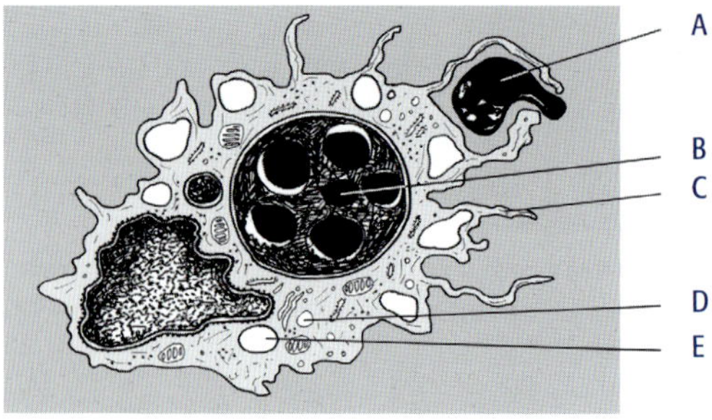

Fig. 10.13. Macrophage. ME.

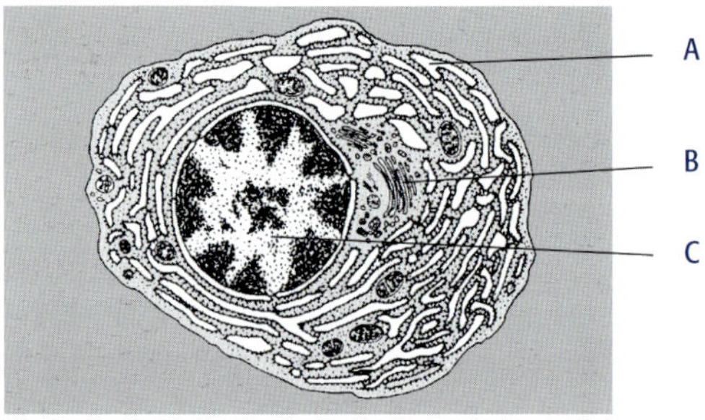

Fig. 10.11. Plasmocyte. ME.

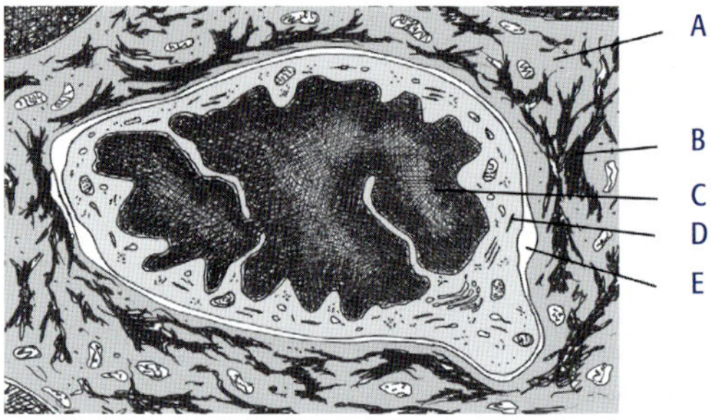

Fig. 10.14. Cellule de Langerhans. ME. fg.

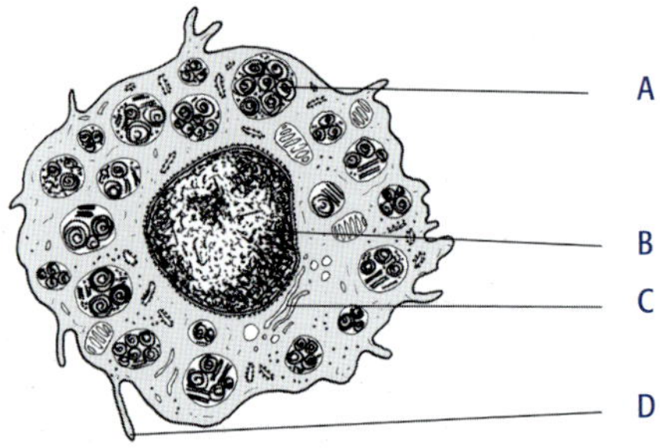

Fig. 10.12. Mastocyte. ME.

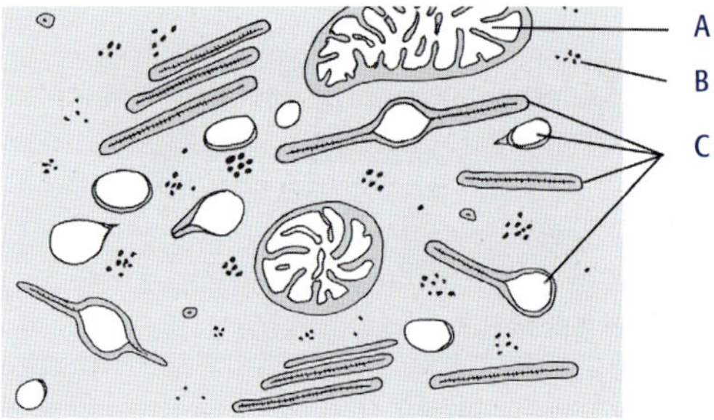

Fig. 10.15. Cellule de Langerhans. ME. Fg.

QCM

1. Parmi les résultats suivants concernant la numération-formule sanguine d'un adulte de sexe masculin, quel(s) est (sont) celui (ceux) qui est (sont) normal(aux) ?

- ❑ **A.** 6 000 leucocytes par µL.
- ❑ **B.** 250 000 plaquettes par µL.
- ❑ **C.** 300 000 thrombocytes par µL.
- ❑ **D.** 2 000 granulocytes basophiles par µL.
- ❑ **E.** 3 000 granulocytes éosinophiles par µL.

2. Parmi les résultats suivants concernant la numération-formule sanguine d'un adulte de sexe féminin, quel(s) est (sont) celui (ceux) qui est (sont) normal(aux) ?

- ❑ **A.** 4 100 000 érythrocytes par µL.
- ❑ **B.** 150 000 hématies par µL.
- ❑ **C.** 30 000 lymphocytes par µL.
- ❑ **D.** 5 000 granulocytes neutrophiles par µL.
- ❑ **E.** 7 000 globules blancs par µL.

3. Parmi les cellules suivantes, quelle(s) est (sont) celle(s) que l'on peut identifier en microscopie optique après coloration par le May-Grünwald-Giemsa ?

- ❑ **A.** Granulocytes neutrophiles.
- ❑ **B.** Granulocytes éosinophiles.
- ❑ **C.** Granulocytes basophiles.
- ❑ **D.** Plasmocytes.
- ❑ **E.** Monocytes.

4. Parmi les cellules suivantes, quelle(s) est (sont) celle(s) susceptible(s) de se trouver dans le sang à l'état normal ?

- ❑ **A.** Granulocytes basophiles.
- ❑ **B.** Macrophages.
- ❑ **C.** Mastocytes.
- ❑ **D.** Plasmocytes.
- ❑ **E.** Monocytes.

5. Parmi les cellules suivantes, quelle(s) est (sont) celle(s) qui, à l'état normal, ne quitte(nt) pas le compartiment vasculaire ?

- ❑ **A.** Hématies.
- ❑ **B.** Lymphocytes.
- ❑ **C.** Monocytes.
- ❑ **D.** Plaquettes.
- ❑ **E.** Granulocytes neutrophiles.

6. Parmi les propositions suivantes relatives à la métachromasie, quelle(s) est (sont) celle(s) qui est (sont) exacte(s) ?

- ❑ **A.** Les granulations des granulocytes neutrophiles sont métachromatiques.
- ❑ **B.** Le bleu de toluidine est un colorant métachromatique.
- ❑ **C.** Les grains de sécrétion des mastocytes sont métachromatiques.
- ❑ **D.** La métachromasie est essentiellement liée à l'absence de charges électronégatives.
- ❑ **E.** Les granulations des granulocytes basophiles sont métachromatiques.

7. Parmi les propositions suivantes relatives aux monocytes, quelle(s) est (sont) celle(s) qui est (sont) exacte(s) ?

- ❑ **A.** Les monocytes sont formés dans la moelle osseuse.
- ❑ **B.** Ce sont les plus grands des leucocytes normaux.
- ❑ **C.** Leur noyau est souvent réniforme ou indenté.
- ❑ **D.** Leur cytoplasme contient des grains azurophiles.
- ❑ **E.** En cas d'agression, ils peuvent se transformer en plasmocytes.

8. Parmi les éléments suivants, quelle(s) est (sont) celui (ceux) susceptible(s) d'être sécrété(s) par les macrophages ?

- ❑ **A.** Cytokines.
- ❑ **B.** Protéases.
- ❑ **C.** Antiprotéases.
- ❑ **D.** Eau oxygénée (H_2O_2).
- ❑ **E.** Prostaglandines.

9. Parmi les cellules suivantes, quelles sont celles susceptibles d'être des cellules présentatrices d'antigènes ?

- ❑ **A.** Les macrophages activés.
- ❑ **B.** Les cellules de Langerhans.
- ❑ **C.** Les cellules à voile de la lymphe.
- ❑ **D.** Les cellules dendritiques folliculaires des centres germinatifs.
- ❑ **E.** Les cellules interdigitées du thymus.

10. Parmi les propositions suivantes relatives aux lymphocytes, quelle(s) est (sont) celle(s) qui est (sont) exacte(s) ?

- ❑ **A.** Leur chromatine a un aspect en rayons de roue.
- ❑ **B.** Leur noyau est polylobé.
- ❑ **C.** Les lymphocytes sont formés dans la moelle osseuse.
- ❑ **D.** On peut en observer dans les épithéliums de revêtement.
- ❑ **E.** Seule la microscopie électronique permet de distinguer les lymphocytes T des lymphocytes B.

11. Parmi les propositions suivantes relatives aux plasmocytes, quelle(s) est (sont) celle(s) qui est (sont) exacte(s) ?

- ❑ **A.** À l'état normal, il n'y en a pas dans la lymphe.
- ❑ **B.** Leur noyau est situé au centre de la cellule.
- ❑ **C.** Leur cytoplasme est intensément éosinophile.
- ❑ **D.** La chromatine forme des corps de Nissl.
- ❑ **E.** Ils sécrètent des immunoglobulines.

12. Parmi les propositions suivantes relatives au tissu lymphoïde, quelle(s) est (sont) celle(s) qui est (sont) exacte(s) ?

- ❑ **A.** Chez un animal nouveau-né à l'abri de tout contact antigénique, le tissu lymphoïde ne contient pas de follicules primaires.
- ❑ **B.** Les follicules primaires ne contiennent pas de centre germinatif.
- ❑ **C.** Les follicules secondaires contiennent de nombreux lymphocytes B.
- ❑ **D.** Les follicules secondaires contiennent des centroblastes.
- ❑ **E.** Le BALT est le tissu lymphoïde associé aux muqueuses digestives.

13. Parmi les données suivantes relatives aux sous-populations lymphocytaires, quelle(s) est (sont) celle(s) qui est (sont) exacte(s) ?

- ❑ **A.** Les lymphocytes *Natural Killer* ne sont ni T ni B.
- ❑ **B.** À l'état normal, les lymphocytes $CD4^+$ sont au nombre d'environ un millier par microlitre de sang.
- ❑ **C.** À l'état normal, les lymphocytes $CD8^+$ sont au nombre d'environ 2 000 par microlitre de sang.
- ❑ **D.** Les lymphocytes T naïfs n'ont jamais rencontré d'antigène.
- ❑ **E.** La distinction entre lymphocyte naïf et lymphocyte mémoire ne s'applique qu'aux lymphocytes T $CD4^+$.

14. Parmi les propositions suivantes relatives à l'hématopoïèse, quelle(s) est (sont) celle(s) qui est (sont) exacte(s) ?

- ❑ **A.** L'hématopoïèse s'effectue dans la moelle osseuse.
- ❑ **B.** Il existe une cellule souche pluripotente commune à toutes les lignées hématopoïétiques.
- ❑ **C.** Les cellules souches multipotentes sont capables de s'autorenouveler.
- ❑ **D.** La cellule souche lymphoïde donne naissance aux lymphocytes et aux mastocytes.
- ❑ **E.** La CFU-GM est à l'origine des granulocytes neutrophiles et des monocytes.

15. Parmi les propositions suivantes relatives aux mastocytes, quelle(s) est (sont) celle(s) qui est (sont) exacte(s) ?

- ❑ **A.** Ils jouent un rôle dans la maintenance de la matrice extracellulaire des tissus conjonctifs.
- ❑ **B.** Ils sécrètent de l'héparine.
- ❑ **C.** Ils sécrètent de l'acide hyaluronique.
- ❑ **D.** Ils interviennent dans les réactions allergiques.
- ❑ **E.** Les anticorps IgE se lient par leur fragment Fc à des récepteurs situés dans leur membrane plasmique.

16. Parmi les propositions suivantes relatives aux réactions immunitaires, quelle(s) est (sont) celle(s) qui est (sont) exacte(s) ?

- ❑ **A.** Les cellules Th1 stimulent les lymphocytes B.
- ❑ **B.** Les cellules Th2 stimulent les lymphocytes auxiliaires.
- ❑ **C.** Le récepteur TCR des lymphocytes T $CD4^+$ reconnaît les molécules présentées avec le complexe majeur d'histocompatibilité de classe II.
- ❑ **D.** Le récepteur TCR des lymphocytes T $CD8^+$ reconnaît les molécules présentées avec le complexe majeur d'histocompatibilité de classe I.
- ❑ **E.** Les lymphocytes $CD4^+$ et les lymphocytes $CD8^+$ sont des lymphocytes auxiliaires.

17. Parmi les propositions suivantes relatives aux cellules nucléées observables sur ce frottis sanguin, quelle(s) est (sont) celle(s) qui est (sont) visible(s) ?

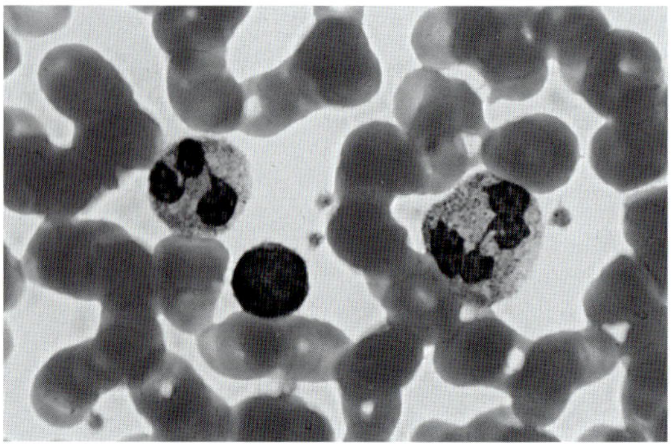

- ❑ **A.** Un monocyte
- ❑ **B.** Un granulocyte neutrophile
- ❑ **C.** Un granulocyte basophile.
- ❑ **D.** Une plaquette.
- ❑ **E.** Un érythrocyte.

18. Parmi les propositions suivantes relatives à la cellule observable, quelle(s) est (sont) celle(s) qui est (sont) compatible(s) avec un tel aspect histologique

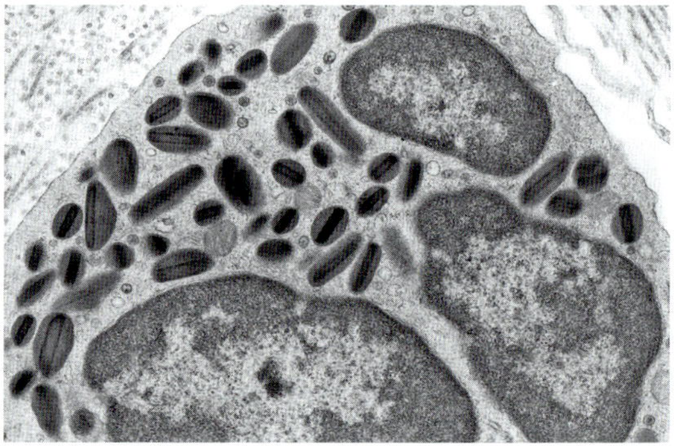

- ❑ **A.** Granulocyte basophile
- ❑ **B.** Monocyte.
- ❑ **C.** Granulocyte neutrophile.
- ❑ **D.** Granulocyte éosinophile.
- ❑ **E.** Mastocyte.

QROC

1. Quel est le diamètre approximatif d'un globule rouge ?

2. Citer un nombre de globules blancs normal pour un adulte, en prenant comme unité de volume le microlitre.

3. Qu'appelle-t-on numération-formule sanguine ?

4. Indiquer le diamètre approximatif d'une plaquette.

5. Définir la métachromasie.

6. Quelles sont les principales caractéristiques ultrastructurales des macrophages ?

7. Citer, dans l'ordre, les trois compartiments dans lesquels s'effectue l'hématopoïèse.

8. Quels sont les principaux rôles des granulocytes neutrophiles ?

9. Quel est le rôle essentiel des lymphocytes Th1 ?

10. Quel est le rôle essentiel des lymphocytes Th2 ?

Pour les corrections, se reporter à la page 201

Réponses

Le concept de tissu – chapitre 1

QCM

1.

A	B	C	D	E
☒	☒	☐	☒	☒

2.

A	B	C	D	E
☐	☐	☒	☒	☐

3.

A	B	C	D	E
☐	☐	☒	☐	☐

QROC

1. Les tissus, premier niveau d'organisation supracellulaire, peuvent être définis comme des ensembles coopératifs de cellules différenciées qui forment une triple association, territoriale, fonctionnelle et biologique.

2. Il s'agit des épithéliums, des tissus conjonctifs, des tissus musculaires et du tissu nerveux.

3. Les viscères ont une définition plus ou moins extensive selon les auteurs. La plus large est celle qui définit les viscères comme les organes logés dans les trois cavités splanchniques de l'organisme, à savoir la tête, le thorax et l'abdomen.

4. La métaplasie se définit comme la transformation d'un type de tissu en un autre type de tissu.

5. Ectoderme de surface, neurectoderme, mésoderme.

6. Épithéliums de revêtement (du tube digestif et des voies aériennes) et épithéliums glandulaires digestifs (glandes digestives, foie, pancréas) et respiratoires (glandes trachéobronchiques) ainsi que leurs cellules neuroendocrines.

7. On appelle parenchyme le tissu propre d'un viscère plein.

8. On appelle stroma le tissu conjonctif contenant les vaisseaux sanguins et les nerfs destinés au parenchyme.

9. On appelle mésenchyme un tissu – quelle que soit son origine embryologique, souvent mésodermique mais pas toujours – dont les cellules sont séparées par une abondante matrice extracellulaire.

Les épithéliums de revêtement – chapitre 2

DOC

Fig. 2.1

A. Lumière d'un capillaire sanguin.
B. Noyau d'une cellule endothéliale du capillaire.
C. Cytoplasme d'une cellule endothéliale du capillaire.
D. Globule rouge.

Fig. 2.2

A. Limites cellulaires visualisées par la nitratation.
B. Noyau.

Fig. 2.3

A. Capillaire sanguin.
B. Tissu conjonctif.
C. Cellule épithéliale du tube collecteur.
D. Lumière du tube collecteur.

Fig. 2.4

A. Boule de mucus au pôle apical des cellules à pôle muqueux fermé.
B. Noyau d'une cellule épithéliale.
C. Crypte gastrique coupée transversalement.
D. Capillaire sanguin.
E. Lymphocyte dans le chorion.

Fig. 2.5

A. Cils vibratiles.
B. Ligne des corpuscules basaux.
C. Cellule muqueuse caliciforme.
D. Noyau d'une cellule de remplacement.
E. Chorion de tissu conjonctif.

Fig. 2.6

A. Couche cornée.
B. Couche granuleuse.
C. Couche à épines.
D. Mitose dans la couche germinative.
E. Tissu conjonctif du derme.

Fig. 2.7

A. Cellules superficielles.
B. Cellules intermédiaires.
C. Cellules basales.
D. Chorion.

Fig. 2.8

A. Cellule sécrétrice de mucus.
B. Lumière du canal excréteur.
C. Épithélium cubique bistratifié.
D. Capillaire sanguin.
E. Fibres de collagène.

Fig. 2.9

A. Cellule épithéliale superficielle prismatique.
B. Noyau d'une cellule épithéliale basale cubique.
C. Veinule.
D. Artériole.
E. Tissu conjonctif.

Fig. 2.10

A. Cellule épithéliale sécrétrice.
B. Cils vibratiles.
C. Cellule ciliée.
D. Capillaire sanguin.
E. Chorion de la muqueuse tubaire.

Fig. 2.11

A. Spermatozoïdes dans la lumière du canal déférent.
B. Stéréocils.
C. Cellules épithéliales.
D. Chorion.

Fig. 2.12

A. Plateau strié.
B. Cellule muqueuse caliciforme.
C. Noyau d'une cellule muqueuse caliciforme.
D. Noyau d'un entérocyte.
E. Lymphocyte intraépithélial.

Fig. 2.13

A. Tissu conjonctif.
B. Bordure en brosse.
C. Cellule épithéliale.
D. Noyau de fibroblaste.

Fig. 2.14

A. Membrane apicale épaissie des cellules superficielles.
B. Cellules épithéliales.
C. Chorion.
D. Cellule musculaire lisse.

Fig. 2.15

A. Zonula occludens.
B. Macula adhaerens.
C. Desmosome.

Fig. 2.16

A. Microvillosité du plateau strié (avec les microfilaments qu'elle contient), en coupe transversale.
B. Microvillosité du plateau strié (avec les microfilaments qu'elle contient), en coupe longitudinale.
C. Plateau terminal.

Fig. 2.17

A. Microvillosité de la bordure en brosse.
B. Zonula occludens.
C. Vésicule apicale.

Fig. 2.18

A. Stéréocil.
B. Vésicule apicale.

Fig. 2.19

A. Corpuscule basal.
B. Racine ciliaire.
C. Paire de microtubules centraux.
D. Cil en coupe transversale.
E. Membrane plasmique apicale de la cellule ciliée.

Fig. 2.20

A. Bâtonnet.
B. Grain de mélanine.
C. Expansion cytoplasmique d'une cellule pigmentaire.
D. Mélanosome.
E. Membrane basale.

QCM

	A	B	C	D	E
1.	☐	☐	☐	☐	☒
2.	☐	☒	☐	☐	☐
3.	☒	☒	☒	☒	☐
4.	☐	☐	☒	☐	☐
5.	☒	☐	☐	☒	☐
6.	☒	☐	☒	☐	☐
7.	☒	☒	☐	☒	☐
8.	☐	☒	☒	☒	☐

	A	B	C	D	E
9.	☒	☐	☒	☐	☒
10.	☒	☒	☒	☒	☒
11.	☒	☒	☒	☒	☐
12.	☒	☒	☐	☐	☐
13.	☐	☐	☐	☐	☒
14.	☒	☒	☒	☐	☒
15.	☐	☐	☐	☒	☐
16.	☐	☐	☒	☐	☐

QROC

1. On donne le nom de mésothélium à l'épithélium pavimenteux simple qui revêt les cavités séreuses de l'organisme.

2. On donne le nom d'endothélium à l'épithélium pavimenteux simple qui revêt les cavités du cœur et des vaisseaux.

3. On appelle muqueuse le revêtement (épithélium + tissu conjonctif sous-jacent) des cavités de l'organisme en continuité avec le monde extérieur.

4. On appelle séreuse le revêtement (épithélium + tissu conjonctif sous-jacent) des cavités cœlomiques de l'organisme.

5. L'épiderme est l'épithélium pavimenteux stratifié kératinisé de la peau.

6. L'épithélium de l'urètre membraneux.

7. L'épithélium de l'estomac.

8. En MO, on peut visualiser la MB par le PAS (*Periodic Acid Schiff)* ou par une technique d'imprégnation argentique.

Les épithéliums glandulaires – chapitre 3

DOC

Fig. 3.1

A. Travée de tissu conjonctif.
B. Capillaire sanguin.
C. Nucléole du noyau d'une cellule glandulaire.

Fig. 3.2

A. Colloïde.
B. Vacuole de résorption.
C. Follicule thyroïdien en coupe tangentielle.
D. Noyau d'un thyréocyte.
E. Capillaire sanguin, au sein du tissu conjonctif.

Fig. 3.3

A. Cellules germinales du tube séminifère.
B. Cellule péritubulaire.
C. Cellule de Leydig.
D. Capillaire sanguin.

Fig. 3.4

A. Cellule séreuse d'un acinus pancréatique.
B. Épithélium d'un canal excréteur.
C. Cellule centro-acineuse.
D. Capillaire sanguin.
E. Lumière d'un acinus.

Fig. 3.5

A. Capillaire sanguin.
B. Épithélium d'un canal excréteur.
C. Tissu conjonctif.
D. Croissant séreux.
E. Cellule muqueuse d'un acinus glandulaire séromuqueux.

Fig. 3.6

A. Canal excréteur.
B. Portion sécrétrice.
C. Capillaire sanguin.
D. Cellule myoépithéliale.

Fig. 3.7

A. Noyau d'une cellule glandulaire.
B. Vacuoles lipidiques intracytoplasmiques.
C. Tissu conjonctif du derme.

Fig. 3.8

A. Cellule myoépithéliale.
B. Cellule sécrétrice.
C. Vaisseau sanguin.
D. Tissu conjonctive intralobulaire.

Fig. 3.9

A. Vaisseaux sanguins.
B. Tubulo-acinus glandulaires.
C. Tissu conjonctive intralobulaire.

Fig. 3.10

A. Hématies dans un sinusoïde hépatique.
B. Lumière d'un capillaire sinusoïde.
C. Noyau d'un hépatocyte.
D. Travée hépatocytaire.
E. Noyau d'une cellule endothéliale d'un capillaire sinusoïde.

Fig. 3.11

A. Cellule muqueuse caliciforme.
B. Noyau d'une cellule épithéliale ciliée.
C. Cellule glandulaire muqueuse d'une glande intra-épithéliale.
D. Capillaire sanguin.
E. Tissu conjonctif (chorion de la muqueuse).

Fig. 3.12

A. Lumière de l'acinus glandulaire exocrine (pancréas).
B. Vésicule de sécrétion.
C. Nucléole volumineux.
D. Appareil de Golgi développé.
E. Réticulum endoplasmique granulaire abondant.

Fig. 3.13

A. Grain de mucus.
B. Appareil de Golgi.
C. Noyau de la cellule caliciforme.
D. Lymphocyte intra-épithélial.
E. Membrane basale.

Fig. 3.14

A. Appareil de Golgi.
B. Canalicule biliaire.
C. Grains de glycogène.
D. Espace de Disse.
E. Cellule endothéliale d'un capillaire sinusoïde.

Fig. 3.15

A. Membrane basale de la cellule glandulaire.
B. Liposome.
C. Mitochondrie à crêtes tubulaires.
D. Réticulum endoplasmique lisse.
E. Cellule endothéliale d'un capillaire sanguin.

Fig. 3.16

A. Cellule endothéliale d'un capillaire sanguin.
B. Membrane basale du capillaire.
C. Vésicule de sécrétion à cœur dense.
D. Pore de la cellule endothéliale du capillaire.
E. Microfibrille de collagène.

Fig. 3.17

A. Réticulum endoplasmique granulaire.
B. Appareil de Golgi.
C. Vésicule de sécrétion à cœur dense.
D. Membrane basale.
E. Cellule endothéliale d'un capillaire sanguin.

QCM

	A	B	C	D	E
1.	☐	☒	☒	☒	☒
2.	☐	☒	☒	☐	☐
3.	☒	☒	☒	☒	☒
4.	☐	☐	☒	☐	☐
5.	☐	☐	☒	☐	☐
6.	☒	☐	☒	☒	☒
7.	☐	☐	☐	☒	☒
8.	☒	☒	☐	☐	☒
9.	☒	☐	☒	☐	☐
10.	☒	☒	☐	☐	☒

QROC

1. Typiquement, dans un acinus muqueux, la lumière est grande, les limites cellulaires sont très bien visibles, les cellules sont plus cubiques que prismatiques, leur noyau est aplati, foncé, refoulé au pôle basal de la cellule, la cellule est claire et presque complètement remplie par des grains de mucus.

2. Typiquement, dans un acinus séreux, la lumière est petite, les limites cellulaires sont mal visibles, les cellules glandulaires sont hautes, leur noyau arrondi, bien structuré se situe au tiers basal de la cellule, la cellule est sombre et sa région apicale est remplie de vésicules de sécrétion.

3. On appelle cellule glandulaire une cellule épithéliale spécialisée dans la sécrétion.

4. Le plasmocyte est effectivement une cellule sécrétrice, mais comme ce n'est pas une cellule épithéliale, elle ne peut pas être appelée glandulaire.

5. C'est la libération ponctuelle de molécules de transmetteur au niveau d'une synapse.

6. En microscopie électronique, les cellules endocrines sécrétrices de stéroïdes se caractérisent essentiellement par trois points : 1) un réticulum endoplasmique lisse extrêmement abondant ; 2) des mitochondries très nombreuses et possédant pour beaucoup d'entre elles des crêtes tubulaires et non lamellaires comme dans la plupart des autres types de cellules ; 3) des vacuoles lipidiques (liposomes) très fréquentes et parfois même très abondantes. De plus, il est fréquent de rencontrer, dans le cytoplasme de ces cellules, des amas de lipofuscine.

7. Les cellules sécrétrices de protéines se caractérisent en microscopie électronique par le développement des organites impliqués dans la synthèse et l'exportation des protéines : noyau bien structuré, nucléole toujours volumineux, réticulum endoplasmique granulaire très développé, appareil de Golgi important, présence de vésicules de sécrétion.

8. On appelle amphicrine une glande qui est à la fois endocrine et exocrine.

9. Une glande est dite mérocrine quand son produit de sécrétion est éliminé sans que l'intégrité des cellules glandulaires soit mise en cause (donc par exocytose).

10. Les glandes holocrines sont celles dont les cellules sont éliminées en même temps que le produit de sécrétion qu'elles contiennent. Le seul exemple connu dans l'espèce humaine est celui des glandes sébacées.

11. La glande mammaire.

12. L'épithélium gastrique.

13. On parle de glande intraépithéliale pour des groupements d'un petit nombre de cellules glandulaires exocrines à certains emplacements au sein d'un épithélium de revêtement.

14. On appelle cellule sécrétrice, une cellule spécialisée qui synthétise et rejette en dehors d'elle des molécules, donc qui exporte son produit de sécrétion.

15. Fibroblaste, chondrocyte, ostéoblaste, plasmocyte, neurone.

16. Ce nom est dû à l'aspect spongieux que prennent souvent en microscopie optique les cellules sécrétrices de stéroïdes. Cet aspect est lié à l'utilisation de solvants des graisses dans la préparation des coupes, ce qui vide leurs vacuoles cytoplasmiques de leur contenu lipidique.

17. Une glande exocrine est dite simple si son canal excréteur est unique.

18. Une glande exocrine est dite composée si son canal excréteur est ramifié.

19. Une glande exocrine est dite tubuleuse si sa portion sécrétrice a la forme d'un tube allongé.

20. On appelle glande acineuse une glande exocrine dont la portion sécrétrice a la forme d'une petite sphère à lumière réduite.

21. Une glande exocrine est dite alvéolaire si sa portion sécrétrice a la forme d'un sac arrondi à lumière importante.

22. L'acinus pancréatique.

23. 1) phase de mise en charge, 2) phase d'excrétion, 3) phase de repos.

Le tissu conjonctif – chapitre 4

DOC

Fig. 4.1

A. Trousseau de fibres collagènes.
B. Fibre élastique.
C. Noyau d'un fibroblaste.

Fig. 4.2

A. Artériole.
B. Veinule.
C. Noyau de fibroblaste.
D. Trousseaux de fibres collagènes.

Fig. 4.3

A. Noyau des fibroblastes.
B. Vaisseau sanguin.
C. Tissu conjonctif lâche interfasciculaire.
D. Faisceau de fibres de collagène coupées en travers.

Fig. 4.4

A. Fibres de collagène.
B. Noyau d'un kératocyte.
C. Membrane de Descemet.
D. Épithélium postérieur de la cornée.

Fig. 4.5

A. Microfibrille de collagène en coupe transversale.
B. Réticulum endoplasmique granulaire.
C. Appareil de Golgi.
D. Microfibrille de collagène en coupe longitudinale.

Fig. 4.6

A. Prolongement cytoplasmique effilé d'un fibroblaste.
B. Microfibrille collagène.
C. Fibroblaste.

QCM

	A	B	C	D	E
1.	☐	☒	☐	☐	☐
2.	☒	☒	☒	☒	☒
3.	☐	☒	☒	☒	☐
4.	☒	☒	☐	☒	☐
5.	☐	☐	☒	☒	☒
6.	☒	☒	☒	☒	☒
7.	☒	☒	☒	☒	☒
8.	☐	☒	☒	☒	☐
9.	☐	☒	☐	☒	☐
10.	☒	☐	☐	☐	☒
11.	☒	☒	☒	☒	☐
12.	☐	☐	☒	☐	☒
13.	☐	☐	☐	☒	☒
14.	☒	☒	☒	☐	☒

QROC

1. Fibroblaste, mastocyte, lymphocyte, macrophage, granulocyte neutrophile.

2. Ligament, tendon.

3. Aponévrose, stroma de la cornée.

4. 1) absence de vascularisation, 2) régularité de calibre et d'orientation des microfibrilles de collagène.

5. C'est un fibroblaste qui a subi une différenciation musculaire lisse.

6. C'est le tissu conjonctif formant le stroma des organes hématopoïétiques et lymphoïdes (ganglions lymphatiques, rate, moelle osseuse) et du foie. Il doit son nom au fait que son constituant principal et majoritaire est représenté par des fibres de réticuline.

Le tissu adipeux – chapitre 5

DOC

Fig. 5.1

A. Noyau d'un adipocyte.
B. Vacuole lipidique d'un adipocyte (vidée de son contenu par la technique).
C. Capillaire sanguin.
D. Tissu conjonctif.

Fig. 5.2

A. Vacuoles lipidiques dans un adipocyte.
B. Capillaire sanguin.
C. Noyau d'un adipocyte.

Fig. 5.3

A. Noyau de l'adipocyte.
B. Membrane basale.
C. Vacuole lipidique.
D. Mitochondrie.

QCM

	A	B	C	D	E
1.	☐	☐	☒	☐	☐
2.	☐	☐	☒	☐	☐

3. A B C D E
☒ ☐ ☐ ☒ ☐

4. A B C D E
☒ ☐ ☐ ☐ ☒

5. A B C D E
☐ ☒ ☒ ☒ ☐

QROC

1. La leptine.

2. Le tissu adipeux blanc représente une des plus importantes réserves énergétiques de l'organisme (concernant environ 95 % des triglycérides stockés dans l'organisme). C'est à cette réserve que l'organisme fait appel lorsque les réserves de glucides sont épuisées (jeûne, efforts physiques, lutte contre le froid, etc.) ou inutilisables (diabète grave).

3. La graisse brune est impliquée dans la thermogenèse sans frisson et celle induite par l'alimentation. Sa localisation habituelle au contact immédiat des principaux vaisseaux sanguins facilite la diffusion dans tout l'organisme de la chaleur qu'elle produit (calorifère naturel, source de chaleur).

4. Chez le nouveau-né humain, la graisse brune se répartit dans la région interscapulaire, autour des gros vaisseaux (aisselles, cou), autour des reins et du cœur.

5. Ce terme provient du fait que les techniques histochimiques d'identification générale des lipides font appel notamment à des colorations par le Soudan III et le Soudan IV qui colorent les vacuoles des adipocytes en rouge ainsi que par le noir Soudan qui les colore en bleu-noir intense. La « soudanophilie » de ces lipides ne permet pas de conclusion spécifique quant à la nature triglycéridique des lipides colorés.

6. La microscopie électronique n'apporte pas grand-chose à la connaissance des adipocytes, si ce n'est de préciser que son cytoplasme, bien que réduit à une mince couronne entourant la vacuole lipidique centrale, contient les organites habituels de la cellule (appareil de Golgi, réticulum endoplasmique granulaire, réticulum endoplasmique lisse, mitochondries) et de mettre en évidence la fine membrane basale qui entoure la cellule.

Le cartilage – chapitre 6

DOC

Fig. 6.1

A. Matrice cartilagineuse.
B. Chondroplaste.
C. Chondrocyte.

Fig. 6.2

A. Matrice cartilagineuse.
B. Chondroplaste.
C. Fibre de collagène.
D. Chondrocyte.

Fig. 6.3

A. Fibres élastiques dans la matrice extracellulaire.
B. Chondroplaste.
C. Chondrocyte.

Fig. 6.4

A. Matrice extracellulaire cartilagineuse.
B. Chondroplaste.
C. Nucléole du chondrocyte.
D. Cytoplasme du chondrocyte.
E. Réticulum endoplasmique granulaire.

QCM

1. A B C D E
☐ ☐ ☐ ☒ ☒

2. A B C D E
☐ ☒ ☐ ☐ ☒

3. A B C D E
☒ ☒ ☐ ☐ ☐

4. A B C D E
☐ ☐ ☒ ☐ ☐

5. A B C D E
☒ ☒ ☐ ☐ ☐

6. A B C D E
☐ ☐ ☒ ☐ ☐

7. A B C D E
☐ ☒ ☐ ☐ ☒

8. A B C D E
☒ ☐ ☐ ☐ ☒

9. A B C D E
☒ ☒ ☒ ☐ ☐

QROC

1. Les chondroplastes.

2. Les disques intervertébraux sont constitués de cartilage fibreux.

3. Les ménisques des genoux sont constitués de cartilage fibreux.

4. La nutrition des cartilages articulaires s'effectue par le liquide synovial.

5. Cartilage articulaire, cartilage thyroïde, cartilages costaux.

6. Ménisques du genou, disques intervertébraux, symphyse pubienne.

7. Épiglotte, pavillon de l'oreille.

Le tissu osseux – chapitre 7

DOC

Fig. 7.1

A. Cellules hématopoïétiques.
B. Adipocytes.
C. Capillaire sanguin.
D. Travée osseuse.

Fig. 7.2

A. Ostéoclaste.
B. Ostéoblastes.
C. Ostéocyte.
D. Lamelle osseuse.
E. Capillaire sanguin.

Fig. 7.3

A. Canal de Havers.
B. Ostéoplaste.
C. Canalicule.
D. Matrice osseuse.

Fig. 7.4

A. Appareil de Golgi.
B. Noyau d'un ostéoblaste.
C. Réticulum endoplasmique granulaire.
D. Canalicule (dans la matrice osseuse).
E. Matrice osseuse.

Fig. 7.5

A. Matrice osseuse.
B. Jonction communicante entre deux prolongements cytoplasmiques d'ostéocytes.
C. Ostéoplaste.
D. Corps cellulaire d'un ostéocyte.

Fig. 7.6

A. Matrice osseuse calcifiée.
B. Chambre de digestion.
C. Microvillosité de la bordure en brosse.
D. Lysosome.
E. Un des multiples noyaux de l'ostéoclaste.

Fig. 7.7

A. Travée osseuse.
B. Cartilage hypertrophique.
C. Noyau d'ostéoblaste.
D. Capillaire sanguin.
E. Ostéocyte.

QCM

	A	B	C	D	E
1.	☒	☒	☐	☒	☐
2.	☐	☒	☒	☐	☒
3.	☐	☐	☒	☐	☐
4.	☒	☒	☐	☒	☐
5.	☐	☐	☒	☒	☐
6.	☐	☒	☒	☐	☐
7.	☒	☐	☐	☐	☒
8.	☐	☐	☒	☐	☐
9.	☐	☒	☒	☐	☒

QROC

1. Situé en bordure du tissu osseux en y creusant les lacunes de Howship, l'ostéoclaste est une très volumineuse cellule possédant de nombreux noyaux et présentant à sa face apicale une bordure en brosse.

2. L'ostéocyte est un ostéoblaste qui s'est entièrement entouré de matrice extracellulaire et qui, de ce fait, devient une cellule bien moins active possédant beaucoup moins d'organites cytoplasmiques.

3. Des jonctions communicantes.

4. L'ostéone (ou système de Havers) est l'unité élémentaire du tissu osseux compact. C'est un cylindre fait de lamelles osseuses concentriques dans lesquelles les fibres de collagène sont orientées différemment de l'une à l'autre. Au centre, se trouve le canal de Havers contenant un vaisseau sanguin.

Le tissu musculaire – chapitre 8

DOC

Fig. 8.1

A. Cellule musculaire striée squelettique.
B. Hématies dans un capillaire sanguin.
C. Noyau d'un rhabdomyocyte.
D. Tissu conjonctif de l'endomysium.

Fig. 8.2

A. Disque A.
B. Disque I.
C. Strie Z.
D. Disque H.
E. Noyau du myocyte.

Fig. 8.3

A. Épimysium.
B. Périmysium.
C. Capillaire sanguin.
D. Myofibrilles en coupe transversale.
E. Adipocytes.

Fig. 8.4

A. Noyau d'une cellule satellite.
B. Noyau d'une cellule musculaire striée squelettique.
C. Myofibrilles en coupe transversale.
D. Capillaire sanguin.
E. Tissu conjonctif.

Fig. 8.5

A. Cellules musculaires striées squelettiques.
B. Terminaison axonale.
C. Plaque motrice.

Fig. 8.6

A. Mitochondrie.
B. Grains de glycogène.
C. Strie Z.
D. Filament épais.
E. Membrane basale du myocyte.

Fig. 8.7

A. Tubule du système T.
B. Filament épais.
C. Filament fin.

Fig. 8.9

A. Membrane basale.
B. Cytoplasme schwannien.
C. Terminaison axonale.
D. Fente synaptique (primaire et secondaire, avec lame basale).
E. Cytoplasme de la cellule musculaire striée squelettique.

Fig. 8.10

A. Strie scalariforme.
B. Noyau d'un cardiomyocyte.
C. Lumière d'un capillaire sanguin.
D. Tissu conjonctif.

Fig. 8.11

A. Noyau d'un cardiomyocyte.
B. Strie scalariforme.
C. Capillaire sanguin.

Fig. 8.12

A. Noyau d'un cardiomyocyte.
B. Capillaire sanguin.
C. Tissu conjonctif.
D. Myofibrilles en coupe transversale.

Fig. 8.13

A. Vaisseau sanguin.
B. Filet nerveux.
C. Cellule de Purkinje.
D. Noyau de fibroblaste.

Fig. 8.14

A. Jonction communicante.
B. Desmosome.
C. Tubule du système T.
D. Jonction adhaerens.
E. Desmosome.

Fig. 8.15

A. Léiomyocyte.
B. Capillaire sanguin.
C. Tissu conjonctif.
D. Noyau d'un léiomyocyte.

Fig. 8.16
A. Noyau d'un léiomyocyte.
B. Lumière d'un capillaire sanguin.
C. Section transversale d'un léiomyocyte (passant en dehors du noyau).
D. Tissu conjonctif.

Fig. 8.18

A. Zones denses.
B. Cavéole.
C. Membrane basale d'une cellule musculaire lisse.
D. Jonction communicante (nexus).

QCM

	A	B	C	D	E
1.	☒	☒	☒	☒	☐
2.	☒	☒	☐	☐	☒
3.	☒	☒	☒	☒	☐
4.	☒	☐	☒	☐	☐
6.	☐	☐	☐	☐	☒
7.	☐	☒	☒	☐	☐
8.	☒	☒	☐	☐	☒
9.	☒	☒	☒	☒	☐
10.	☐	☒	☐	☐	☐
11.	☒	☒	☐	☐	☒
12.	☒	☒	☒	☒	☒
13.	☒	☒	☒	☒	☒
14.	☐	☐	☒	☒	☐
15.	☒	☒	☒	☒	☐
16.	☐	☒	☐	☒	☐
17.	☐	☐	☐	☐	☒
18.	☒	☐	☒	☐	☐

QROC

1. Les cellules musculaires lisses apparaissent en coupe transversale sous la forme de sections grossièrement circulaires, de diamètre variable et comportant ou non – selon le niveau de coupe – un noyau central de forme arrondie (car le noyau ovalaire très allongé est coupé transversalement).

2. Une unité motrice est formée par un motoneurone α de la corne antérieure de la moelle épinière et l'ensemble des cellules musculaires striées squelettiques qu'il innerve.

3. Dans la cellule musculaire lisse comme dans la cellule myocardique, il n'y a qu'un noyau situé au milieu de la cellule.

4. Filaments d'actine, de tropomyosine, de troponine, de titine.

5. Les cellules satellites, cellules quiescentes possédant un seul noyau et un cytoplasme très réduit, sont situées entre la membrane plasmique et la membrane basale du rhabdomyocyte. En cas de lésion musculaire, elles sont activées, prolifèrent, fusionnent et permettent la réparation des myocytes lésés.

6. Les fuseaux neuromusculaires sont des récepteurs sensoriels encapsulés, répondant au degré de tension et à la vitesse d'étirement du muscle strié squelettique.

7. Facteur natriurétique auriculaire (ou cardionatrine, ou cardiodilatine).

8. Beaucoup plus volumineuses que les cardiomyocytes banals, les cellules de Purkinje possèdent un ou deux noyaux situés au centre d'une masse de cytoplasme abondant, clair, riche en glycogène et en mitochondries, pauvre en myofibrilles.

9. Ce sont des cellules musculaires lisses de forme étoilée qui se moulent sur les acinus de certaines glandes exocrines (glandes sudoripares, glandes lacrymales, glandes salivaires, glandes mammaires, glandes bronchiques). Leur contraction entraîne l'expulsion du produit de sécrétion hors des acinus glandulaires.

10. La rénine.

11. Les péricytes sont des cellules contractiles analogues à des cellules musculaires lisses, qui sont incluses dans un dédoublement de la membrane basale de certains capillaires continus.

12. Dans les portions longitudinales des disques intercalaires, ce sont des jonctions communicantes et des desmosomes ; dans leurs portions transversales, ce sont des desmosomes et des jonctions adhaerens.

13. Il sert à amarrer l'appareil contractile des trois types de myocytes (squelettiques, cardiaques et lisses) à la matrice extracellulaire.

Le tissu nerveux – chapitre 9

DOC

Fig. 9.1

A. Racine postérieure.
B. Corne postérieure.
C. Cordon latéral.
D. Corne antérieure.
E. Racine antérieure.

Fig. 9.2

A. Cordon latéral.
B. Capillaire sanguin.
C. Motoneurone de la corne antérieure.

Fig. 9.3

A. Corps de Nissl.
B. Noyau.
C. Axone.
D. Nucléole.
E. Noyau d'astrocyte.

Fig. 9.4

A. Dendrite.
B. Noyau.
C. Réseau neurofibrillaire.
D. Axone.

Fig. 9.5

A. Dendrite apicale recouverte d'épines dendritiques.
B. Corps cellulaire.
C. Dendrite basolatérale.
D. Axone.

Fig. 9.6

A. Dendrites.
B. Noyau.
C. Début de l'axone.

Fig. 9.7

A. Début de l'axone.
B. Corps cellulaire.
C. Dendrites couvertes d'épines dendritiques.

Fig. 9.8

A. Noyau d'un astrocyte.
B. Substance grise périépendymaire.
C. Lumière du canal de l'épendyme.
D. Noyau d'un épendymocyte.

Fig. 9.9

A. Axones de la racine antérieure (colorés en noir par l'argent).
B. Axone myélinisé coupé en travers.
C. Vaisseau sanguin.
D. Axone myélinisé coupé en biais.

Fig. 9.10

A. Fibres nerveuses myélinisées.
B. Corps cellulaire d'un neurone en T.
C. Coupe tangentielle d'un corps cellulaire de neurone en T.
D. Tissu conjonctif.
E. Noyau d'une cellule capsulaire.

Fig. 9.11

A. Capillaire sanguin.
B. Noyau d'une cellule capsulaire.
C. Corps de Nissl dans le cytoplasme du corps cellulaire d'un neurone en T.
D. Noyau d'un neurone en T.
E. Tissu conjonctif.

Fig. 9.12

A. Épinèvre.
B. Périnèvre.
C. Capillaire sanguin endoneural.
D. Fibre nerveuse myélinisée.
E. Endonèvre.

Fig. 9.13

A. Oligodendrocyte.
B. Noyau du neurone.
C. Synapse.
D. Corps de Nissl (réticulum endoplasmique granulaire).
E. Axone.

Fig. 9.15

A. Axones.
B. Microtubule (en coupe transversale).
C. Prolongement astrocytaire.
D. Ligne dense périodique de la myéline.

Fig. 9.16

A. Lumière d'un capillaire sanguin.
B. Cellule endothéliale du capillaire sanguin.
C. Membrane basale du capillaire sanguin.
D. Gliofilaments dans un « pied vasculaire » d'astrocyte.
E. Grains de glycogène dans un prolongement cytoplasmique d'un astrocyte.

Fig. 9.17

A. Synapse.
B. Lumière d'un capillaire sanguin.
C. Corps cellulaire d'un neurone.
D. Astrocyte.
E. Dendrite.

Fig. 9.18

A. Cil.
B. Corpuscule basal.
C. Prolongement cytoplasmique basal d'un épendymocyte.
D. Grains de glycogène dans un prolongement cytoplasmique astrocytaire.

Fig. 9.20

A. Axone myélinisé.
B. Oligodendrocyte.
C. Astrocyte.
D. Lumière d'un capillaire sanguin.

Fig. 9.21

A. Axone myélinisé.
B. Microfibrille de collagène.
C. Fibre nerveuse amyélinique.
D. Noyau de la cellule endothéliale d'un capillaire sanguin.

Fig. 9.22

A. Membrane basale de la cellule de Schwann.
B. Axone.
C. Noyau de la cellule de Schwann.
D. Mésaxone.
E. Cytoplasme de la cellule de Schwann.

Fig. 9.23

A. Membrane basale de la cellule de Schwann.
B. Axone myélinisé.
C. Noyau de la cellule de Schwann.
D. Mésaxone externe.
E. Cytoplasme de la cellule de Schwann.

Fig. 9.24

A. Pied vasculaire d'astrocyte.
B. Lumière d'un capillaire cérébral.
C. Noyau de l'astrocyte.
D. Cytoplasme astrocytaire immunomarqué.

QCM

	A	B	C	D	E
1.	☒	☐	☐	☐	☐
2.	☒	☒	☒	☒	☐
3.	☒	☐	☒	☒	☒
4.	☐	☒	☐	☐	☐
5.	☒	☒	☒	☐	☐
6.	☒	☒	☐	☐	☐
7.	☐	☒	☐	☒	☒
8.	☐	☐	☒	☒	☐
9.	☒	☒	☒	☐	☐
10.	☒	☐	☒	☐	☒
11.	☒	☒	☒	☒	☒
12.	☐	☒	☒	☒	☒
13.	☒	☒	☒	☐	☒
14.	☒	☐	☒	☐	☒
15.	☐	☐	☐	☒	☒
16.	☐	☐	☐	☒	☐
17.	☐	☒	☐	☒	☐
18.	☒	☐	☐	☒	☒

QROC

1. Mitochondrie.

2. Corps de Nissl (réticulum endoplasmique granulaire).

3. Microtubules et microfilaments.

4. C'est un neurone dont le prolongement unique bifurque à distance du corps cellulaire en un prolongement afférent et un prolongement efférent.

5. C'est un neurone dont les dendrites et les ramifications dendritiques divergent dans toutes les directions.

6. Les cellules microgliales sont des monocytes sanguins ayant pénétré dans le parenchyme du système nerveux central et pouvant, lors de lésions du tissu nerveux, se transformer en macrophages.

7. Les épendymocytes sont les cellules gliales qui revêtent les cavités ventriculaires du système nerveux central (ventricules latéraux, 3e ventricule, aqueduc de Sylvius, 4e ventricule, canal de l'épendyme).

8. Les oligodendrocytes de la substance grise siègent préférentiellement contre les corps cellulaires des neurones (oligodendrocytes satellites).

9. Les oligodendrocytes de la substance blanche siègent entre les fibres nerveuses dont ils assurent la myélinisation.

10. La surface du névraxe est formée par la juxtaposition de prolongements cytoplasmiques astrocytaires réalisant un revêtement astrocytaire marginal dont la face externe est en contact, par l'intermédiaire d'une membrane basale continue, avec le liquide céphalorachidien.

11. La GFAP (protéine gliofibrillaire acide).

12. Ils se distinguent morphologiquement des capillaires continus banals par deux points essentiels : la rareté des vésicules de pinocytose et la présence de jonctions intercellulaires de type zonula occludens.

13. Le terme de « fibre nerveuse périphérique » désigne l'ensemble d'une succession de cellules de Schwann et de l'axone (ou des axones) qui lui est (ou sont) associé(s).

14. Le périnèvre (ou gaine lamelleuse de Ranvier).

Les populations cellulaires libres – chapitre 10

DOC

Fig. 10.1

A. Hématie.
B. Granulocyte.
C. Monocyte.
D. Lymphocyte.
E. Plaquettes.

Fig. 10.2

A. Granulocyte neutrophile.
B. Granulocyte éosinophile.
C. Granulocyte basophile.

Fig. 10.5

A. Granulation primaire.
B. Granulation secondaire.
C. Sections de noyau polylobé.
D. Expansion cytoplasmique.

Fig. 10.6

A. Granulation spécifique.
B. Appareil de Golgi.
C. Section du noyau polylobé.
D. Réticulum endoplasmique granulaire.

Fig. 10.7

A. Granulation basophile.
B. Noyau.

Fig. 10.8

A. Microvillosité.
B. Lysosome.
C. Appareil de Golgi.
D. Noyau indenté.

Fig. 10.9

A. Plasmocyte.
B. Macrophage.
C. Mastocyte.
D. Hématie.
E. Granulocyte neutrophile.

Fig. 10.11

A. Abondant réticulum endoplasmique granulaire.
B. Volumineux appareil de Golgi.
C. Noyau avec chromatine « en rayons de roue ».

Fig. 10.12

A. Grain de sécrétion d'aspect caractéristique.
B. Noyau.
C. Appareil de Golgi.
D. Microvillosité.

Fig. 10.13

A. Particule étrangère en voie de phagocytose.
B. Phagolysosome.
C. Pseudopode.
D. Lysosome.
E. Vacuole de phagocytose.

Fig. 10.14

A. Kératinocyte.
B. Trousseaux de filaments intermédiaires.
C. Noyau indenté.
D. Granule de Birbek.
E. Espace intercellulaire.

Fig. 10.15

A. Mitochondrie.
B. Ribosomes.
C. Sections de granules de Birbek.

QCM

	A	B	C	D	E
1.	☒	☒	☐	☐	☐
2.	☒	☐	☐	☒	☒
3.	☒	☒	☒	☒	☒
4.	☒	☐	☐	☐	☒
5.	☒	☐	☐	☒	☐
6.	☐	☒	☒	☐	☒
7.	☒	☒	☒	☒	☐
8.	☒	☒	☒	☒	☒
9.	☒	☒	☒	☒	☒
10.	☐	☐	☒	☒	☐
11.	☒	☐	☐	☐	☒
12.	☐	☒	☒	☒	☐
13.	☒	☒	☐	☒	☐
14.	☒	☒	☒	☐	☒
15.	☒	☒	☒	☒	☒
16.	☐	☐	☒	☒	☐
17.	☐	☒	☐	☐	☐
18.	☐	☐	☒	☐	☐

QROC

1. 7,5 µm.

2. 6 000 (par exemple).

3. Cet examen consiste à compter le nombre des globules et de chaque variété de leucocytes par unité de volume dans le sang.

4. 2 à 5 µm.

5. Métachromasie est le nom donné au phénomène de changement de couleur : une cellule exposée à un colorant prend une teinte différente de celle du colorant utilisé. Ce phénomène est essentiellement lié à la présence de charges électronégatives et donc à des substances acides, notamment celles qui ont des groupements sulfatés.

6. Les macrophages se distinguent par le développement considérable de l'appareil vacuolaire (vésicules d'endocytose, endosomes, lysosomes primaires, phagosomes, phagolysosomes) ainsi que par des expansions cytoplasmiques qui forment de véritables pseudopodes.

7. L'hématopoïèse s'effectue dans trois compartiments cellulaires successifs : 1) le compartiment des cellules souches multipotentes, 2) le compartiment des progéniteurs (ou cellules déterminées), 3) le compartiment de maturation.

8. Le rôle principal des neutrophiles est de détruire et d'éliminer les agents pathogènes qui auraient pénétré dans l'organisme ainsi que les cellules ou molécules devenues anormales.

9. Les lymphocytes Th1 stimulent les lymphocytes T cytotoxiques spécifiques.

10. Les lymphocytes Th2 stimulent les lymphocytes B et leur différenciation en plasmocytes sécréteurs d'anticorps spécifiques.

Glossaire

A

Acinus
Unité sécrétoire en forme de grain de raisin, dans une glande exocrine.

Adipocyte
Cellule spécialisée dans le stockage des lipides.

Adipocyte blanc
Variété d'adipocyte dont le stock lipidique sert principalement de réserves énergétiques.

Adipocyte brun
Variété d'adipocyte impliquée dans la production de chaleur et dans la régulation thermique.

Amphicrine (glande)
Glande à la fois exocrine et endocrine, comme le foie et le pancréas.

Apocrine (sécrétion)
Modalité d'excrétion du produit de sécrétion d'une cellule glandulaire, dans laquelle le pôle apical de la cellule est éliminé avec le produit de sécrétion.

Aquaporines
Les aquaporines sont une famille de glycoprotéines transmembranaires impliquées dans le transfert de l'eau.

Astrocyte
Cellule gliale du système nerveux central.

Autocrinie
Modalité de signalisation dans laquelle les molécules informatives agissent de façon locorégionale sur la cellule qui les a produites ou sur les cellules voisines de même type.

Axone
Prolongement centrifuge unique de la cellule nerveuse.

B

Bichat
Médecin des hôpitaux de Paris (1771-1802), promoteur de la méthode anatomoclinique et fondateur du concept anatomique, physiologique et pathologique de tissu.

Birbek (granules de)
Petits organites visibles en ME dans le cytoplasme des cellules de Langerhans.

Bodian-Luxol (coloration de)
Coloration des axones en noir par le protéinate d'argent et de leur gaine de myéline en bleu-vert par le *luxol-fast-blue*.

Bordure en brosse
Différenciation apicale des cellules épithéliales du tube contourné proximal du rein, formant un ensemble de longues microvillosités irrégulières.

Bourgeons du goût
Structures situées dans l'épithélium de la langue et contenant les cellules sensorielles réceptrices du goût.

Bowman (capsule de)
Revêtement épithélial de la chambre urinaire des glomérules du rein.

Bowman (membrane de)
Lame de matrice extracellulaire limitant en avant le stroma conjonctif de la cornée.

Brüch (membrane de)
Mince couche de microfibrilles collagènes et élastiques recouverte d'un côté par la membrane basale des capillaires de la couche choriocapillaire de la choroïde et de l'autre par la membrane basale de l'épithélium pigmentaire de la rétine.

Brücke (muscle de)
Cellules musculaires lisses situées au centre des villosités intestinales.

C

Cadhérines
Famille de glycoprotéines transmembranaires servant de molécules d'adhérence dans les jonctions intercellulaires.

Cadre épicellulaire
Terme de microscopie optique désignant le point dense visible à l'emplacement du complexe de jonctions situé près de l'extrémité apicale des cellules de certains épithéliums de revêtement.

Cajal
Santiago Ramón y Cajal (1852-1934), célèbre neurohistologiste espagnol, professeur à l'université de Madrid. Prix Nobel en 1906, conjointement avec Golgi.

Cajal (colorations de)
Imprégnations métalliques (par l'argent ou par l'or) colorant les neurones et/ou certaines cellules gliales.

Caliciformes (cellules)
Cellules glandulaires sécrétrices de mucus, dispersées, en plus ou moins grand nombre, dans certains épithéliums de revêtement, notamment dans l'épithélium intestinal, l'épithélium des voies respiratoires, la conjonctive.

Canal déférent
Conduit faisant partie des voies spermatiques extratesticulaires et reliant la queue de l'épididyme au canal éjaculateur.

Canal épididymaire
Conduit faisant partie des voies spermatiques extratesticulaires, reliant les canaux efférents au canal déférent.

Cardiodilatine
Hormone sécrétée par les cellules myoendocrines du cœur.

Cardionatrine
Synonyme de cardiodilatine.

Caténines
Protéines cytoplasmiques interagissant avec les cadhérines d'une part et les microfilaments d'actine du cytosquelette d'autre part, au niveau des jonctions de type *adhaerens.*

Cell coat
Synonyme de revêtement cellulaire et de glycocalyx.

Cérumen
Produit de sécrétion des glandes sébacées et sudoripares du conduit auditif externe, associé à des cellules épidermiques desquamées.

Chondrocyte
Cellule du tissu cartilagineux.

Chondroplaste
Logette du tissu cartilagineux dans laquelle est situé un chondrocyte.

Chorion
Tissu conjonctif lâche des muqueuses.

Cils
Expansions cytoplasmiques mobiles dans la structure desquelles interviennent les microtubules et la dynéine.

Collagénases
Enzymes protéolytiques de la famille des métalloprotéinases matricielles.

Connexines
Molécules protéiques formant les connexons constitutifs des *gap junctions*. Les plus fréquentes dans l'espèce humaine sont les connexines 43, 32 et 26.

Contacts focaux
Dispositifs de jonction entre cellules et matrice extracellulaire.

Cornée
Lentille convexe située au pôle antérieur du globe oculaire et constituée d'une lame de tissu conjonctif revêtue sur ses deux faces par un épithélium.

Cornéocytes
Cellules les plus superficielles de l'épiderme, entièrement kératinisées.

Corpuscule basal
Organite cytoplasmique situé à la base des cils vibratiles et de structure semblable à celle d'un centriole.

Corti (organe de)
Région du labyrinthe membraneux de l'oreille interne dévolue à la réception sensorielle auditive.

Cristallin
Massif épithélial transparent, en forme de lentille biconvexe, situé dans le globe oculaire, entre l'iris en avant et le corps vitré en arrière.

Cytokératines
Famille de protéines de filaments intermédiaires, présentes dans tous les épithéliums et

particulièrement abondantes dans les épithéliums dits kératinisés, comme l'épiderme.

Cytokines
Vaste famille de médiateurs protéiques extracellulaires sécrétés principalement, mais pas seulement, par les lymphocytes (on parle alors de lymphokines) et/ou les monocytes/macrophages (on parle alors de monokines).

Cytosquelette
Ensemble des microfilaments, filaments intermédiaires et microtubules présents dans le cytoplasme de toutes les cellules.

D

Déciduales (cellules)
Cellules du chorion de la muqueuse utérine, provenant de la transformation des fibroblastes au moment de l'implantation du blastocyste.

Dendrites
Prolongements cytoplasmiques centripètes, habituellement multiples, du corps cellulaire des neurones.

Dendritiques (cellules)
Cellules présentatrices d'antigènes, comprenant les cellules de Langerhans de l'épiderme, les cellules à voile de la lymphe et les cellules dendritiques folliculaires des follicules lymphoïdes.

Descemet (membrane de)
Membrane basale épaisse de l'épithélium postérieur de la cornée.

Desmosome
Dispositif de jonction intercellulaire, de morphologie ultrastructurale et de composition moléculaire caractéristiques.

Dynéine
Famille de protéines motrices intervenant notamment dans la motilité des cils et dans le flux axonal.

E

Eicosanoïdes
Molécules lipidiques synthétisées par les membranes plasmiques à partir de dérivés d'acides gras (principalement l'acide arachidonique, acide gras essentiel à 20 atomes de carbone). Ils comprennent les prostaglandines, les thromboxanes, les prostacyclines, les leucotriènes et les lipoxines. Ils agissent essentiellement par voie auto/paracrine et ont des effets biologiques très divers.

Endocrine (sécrétion)
Modalité de sécrétion dans laquelle le produit de sécrétion est directement déversé dans le sang.

Endolymphe
Liquide contenu dans le labyrinthe membraneux de l'oreille interne.

Endothélium
Épithélium pavimenteux simple revêtant les cavités du cœur et des vaisseaux sanguins (artères, artérioles, veines, veinules, capillaires) et lymphatiques.

Entérique (système nerveux)
Système nerveux intrinsèque situé dans la paroi du tube digestif.

Entérocyte
Cellule à plateau strié de l'épithélium intestinal.

Épendyme
Épithélium de nature gliale revêtant les cavités ventriculaires du système nerveux central.

Épithélium
Tissu fait de cellules étroitement juxtaposées et jointives.

Épithélium sécrétoire
Épithélium de revêtement entièrement constitué de cellules glandulaires, comme l'épithélium gastrique.

Exocrine (sécrétion)
Modalité de sécrétion dans laquelle le produit de sécrétion est déversé dans le milieu extérieur (ou dans une cavité de l'organisme en continuité avec le milieu extérieur), le plus souvent par l'intermédiaire d'un canal excréteur.

Exocytose
Mécanisme général d'extrusion des vésicules de sécrétion. Les vésicules s'accolent à la membrane plasmique de la cellule puis fusionnent avec elle, permettant au contenu vésiculaire d'être déversé à l'extérieur de la cellule.

F

Feed-back
Mécanisme de régulation par rétroaction.

Fibroblaste
Cellule principale du tissu conjonctif.

Fibronectine
Molécule d'adhérence présente dans la matrice extracellulaire et constituant le principal ligand des intégrines des contacts focaux.

Filaments intermédiaires
Filaments de 10 nm de diamètre faisant partie, avec les microfilaments et les microtubules, du cytosquelette des cellules.

Formol
Solution aqueuse de formaldéhyde, couramment utilisée comme fixateur de routine pour la microscopie optique.

Fundiques (glandes)
Glandes tubuleuses droites situées dans le chorion de la muqueuse du fundus gastrique, sécrétant du pepsinogène et de l'acide chlorhydrique.

G

Ganglion nerveux
Amas de corps cellulaires de neurones du système nerveux périphérique.

Gap junctions
Jonctions communicantes, faites de molécules de connexine groupées en petits canaux intercellulaires appelés connexons.

Gélatinases
Enzymes protéolytiques de la famille des métalloprotéinases matricielles.

Glande
Formation macroscopique ou microscopique faite de cellules glandulaires.

Glycocalyx
Revêtement cellulaire polysaccharidique tapissant la surface extérieure de la membrane plasmique.

Glycosaminoglycanes
Polysaccharides de la matrice extracellulaire.

Golgi
Camillo Golgi (1843-1926), célèbre neurohistologiste italien, professeur à l'université de Pavie. Prix Nobel en 1906, conjointement avec Cajal.

Golgi (appareil de)
Organite cytoplasmique fait d'un ou de plusieurs ensembles de saccules et de vésicules intervenant dans la sécrétion des protéines et des glycoprotéines.

Golgi (coloration de)
Imprégnation argentique colorant globalement en noir la totalité du corps cellulaire et des dendrites des neurones, ainsi que le début de leur axone.

Golgi (neurones de)
Les neurones de Golgi type I sont des neurones de projection possédant un long axone ; les neurones de Golgi type II sont des neurones d'association dont l'axone, court, ne s'éloigne guère du corps cellulaire.

H

Havers (canal de)
Canal centrant un système de Havers et contenant des vaisseaux sanguins et des nerfs.

Havers (système de)
Formation cylindrique faite de lamelles concentriques de tissu osseux et représentant l'élément constitutif de base du tissu osseux compact. Synonyme d'ostéone.

Hématéine-éosine
Coloration histologique de routine associant un colorant nucléaire (l'hématéine qui colore en violet les noyaux) et un colorant cytoplasmique (l'éosine qui colore en rose les cytoplasmes et la matrice extracellulaire).

Hématopoïèse
Lignage des cellules du sang.

Hémidesmosome
Jonction d'ancrage reliant une cellule à la MEC adjacente.

Hépatocyte
Cellule principale du foie.

Holocrine (sécrétion)
Modalité d'excrétion du produit de sécrétion des glandes sébacées (les cellules sont éliminées avec le sébum qu'elles contiennent).

Hormone
Molécule de signalisation sécrétée par des cellules endocrines et véhiculée par le sang pour agir sur des récepteurs cellulaires situés à distance.

I

Immunoglobulines
Famille de protéines principalement représentée par les anticorps sécrétés par les plasmocytes.

Indice de masse corporelle
Indice servant à estimer le degré d'obésité d'un individu. Il est égal au rapport de son poids (en kg) au carré de sa taille (en mètres).

Intégrines
Famille de glycoprotéines transmembranaires, récepteurs de nombreuses molécules de la matrice extracellulaire.

Intima
Revêtement interne des vaisseaux sanguins artériels et veineux, comprenant l'endothélium et le tissu conjonctif immédiatement sous-jacent.

Intracrinie
Modalité de signalisation dans laquelle la molécule informative ne sort pas de la cellule qui l'a produite et se lie à son récepteur à l'intérieur même de celle-ci.

J

Jonctions adhérentes
Dispositifs de jonction intercellulaires ou entre cellules et matrice extracellulaire, caractérisés par la présence de cadhérines et leur lien avec les filaments d'actine intracytoplasmiques.

Jonctions communicantes
Synonyme de *gap junctions*.

Jonctions d'ancrage
Dispositifs de jonction servant à solidariser 2 cellules entre elles (*zonula adhaerens* et desmosomes) ou une cellule à la matrice extracellulaire (contacts focaux et hémidesmosomes).

Jonctions serrées
Dispositifs de jonction intercellulaires ne laissant pas d'espace extracellulaire entre les membranes plasmiques. Synonyme de jonctions de type *occludens*, de *tight junctions* et de jonctions étanches.

Juxtacrinie
Mécanisme de stimulation cellulaire non diffusible. Ainsi, par exemple, une cytokine accrochée à la membrane cellulaire se lie directement sur place à un récepteur membranaire d'une cellule adjacente.

K

Kératinocytes
Cellules de l'épiderme, spécialisées dans la kératinisation.

Kératocytes
Cellules de l'épithélium antérieur de la cornée.

Kölliker (Albert von)
Histologiste suisse (1817-1905), professeur à Zurich, auteur d'un célèbre *Traité d'histologie.*

L

Lame basale
Région de la matrice extracellulaire bordant étroitement de nombreux types cellulaires (cellules épithéliales, cellules adipeuses, cellules musculaires, cellules de Schwann, etc.). Synonyme de membrane basale.

Laminine
Famille de molécules protéiques de la matrice extracellulaire, particulièrement abondante dans les membranes basales.

Langerhans (cellules de)
Cellules présentatrices d'antigènes principalement situées dans l'épiderme et dans les autres épithéliums malpighiens.

Langerhans (îlots de)
Petites plages arrondies faites de cellules endocrines (sécrétant en particulier l'insuline et le glucagon) situées au sein du pancréas entre les acinus glandulaires exocrines.

Leptine
Hormone sécrétée par les adipocytes, agissant sur l'hypothalamus pour modérer l'appétit.

Leucotriènes
Molécules de signalisation appartenant à la famille des eicosanoïdes.

Leydig (cellules de)
Cellules endocrines du testicule. Sécrètent la testotérone.

Ligament
Structure conjonctive, fibreuse dense, reliant certains os entre eux.

Lipofuscine
Pigment jaune-brun présent dans le cytoplasme des neurones et des astrocytes et s'accumulant avec l'âge.

Liposomes
Réserves d'esters de cholestérol.

Lipoxines
Molécules de signalisation appartenant à la famille des eicosanoïdes.

Liquide céphalorachidien
Liquide clair, eau de roche, remplissant les cavités ventriculaires de l'encéphale et les mailles des leptoméninges.

Liquide cérébrospinal
Synonyme de liquide céphalorachidien dans la nomenclature internationale.

Loyez (coloration de)
Coloration de la myéline en noir par la laque ferrique d'hématoxyline.

M

Mastocyte
Cellule libre des tissus, notamment conjonctif, sécrétant de l'héparine (dont le pouvoir anticoagulant et l'action sur le métabolisme des lipides sont connus), de l'acide hyaluronique et de l'histamine (rendant compte du rôle des mastocytes dans les réactions allergiques).

May-Grünwald-Giemsa
Triple coloration utilisée en microscopie optique pour colorer les étalements de cellules du sang et de la moelle osseuse.

Meibomius (glandes de)
Glandes sébacées situées dans les paupières.

Membrane basale
Synonyme de lame basale.

Mérocrine (sécrétion)
Modalité d'extrusion du produit de sécrétion hors d'une cellule sécrétrice, faisant appel au phénomène d'exocytose.

Mésenchyme
Tissu dont les cellules sont séparées par une abondante matrice extracellulaire.

Métachromasie
Lorsqu'une cellule exposée à un colorant prend une teinte différente de celle du colorant utilisé, le phénomène du changement de couleur porte le nom de métachromasie, la cellule est dite métachromatique et le colorant également. Ce phénomène est essentiellement lié à la présence de charges électronégatives et donc à des substances acides, notamment celles qui ont des groupements sulfatés.

Métalloprotéinases matricielles
Famille d'enzymes qui dégradent les composants de la matrice extracellulaire. Les trois sous-familles principales sont les collagénases de type I, les gélatinases et les stromélysines.

Microfilaments
Constituants du cytosquelette faits de longs filaments d'actine.

Microglie
Cellules gliales du système nerveux central appartenant à la famille des monocytes/macrophages.

Microlitre
10^{-6} litre (un millième de millilitre).

Micromètre
10^{-6} mètre (un millième de millimètre).

Microtubules
Constituants du cytosquelette réalisant de longs cylindres creux faits de tubulines.

Microvillosités
Petites expansions cytoplasmiques situées à la surface de beaucoup de cellules libres et à la face apicale de nombreuses cellules épithéliales.

Mitochondrie
Organite cytoplasmique spécialisé dans le stockage de l'énergie sous la forme d'ATP.

Mucines
Glycoprotéines de haut poids moléculaire, composant majeur des mucus. Neuf gènes de mucines ont été identifiés à ce jour.

Mucopolysaccharides
Appellation ancienne des glycosaminoglycanes.

Mucus
Gels viscoélastiques impliqués dans la protection, l'hydratation et la lubrification des voies respiratoires, du tube digestif et du tractus génital.

Muqueuse (cellule)
Cellule sécrétrice de mucus.

Muqueuse (glande)
Glande sécrétrice de mucus.

Muqueuse (membrane)
Revêtement interne des cavités de l'organisme en continuité avec le monde extérieur, fait d'un épithélium et du chorion de tissu conjonctif sous-jacent.

Myéline (gaine de)
Substance protéolipidique entourant certains axones et servant d'isolant.

Myomètre
Tunique musculaire lisse de l'utérus.

N

Nanomètre
10^{-9} mètre (un millième de micromètre).

Neuromélanine
Pigment noir synthétisé par certains neurones du tronc cérébral.

Neuropile
Régions du système nerveux central, principalement de la substance grise, situées entre les capillaires et les noyaux des cellules neuronales et gliales.

Neurosensorielles (cellules)
Cellules sensorielles de nature neuronale : cellules olfactives et photorécepteurs, par exemple.

Nexus
Synonyme de *gap junction.*

Nissl
Franz Nissl (1860-1919). Professeur de psychiatrie à Heidelberg puis à Munich.

Nissl (coloration de)
Coloration par le bleu de toluidine des corps de Nissl contenus dans le cytoplasme du corps cellulaire et des dendrites des neurones.

Nissl (corps de)
L'examen en microscopie optique de préparations colorées par des bleus basiques montre que le cytoplasme du corps cellulaire neuronal et des dendrites contient un matériel intensément basophile réparti de façon variable et se présentant sous forme de blocs assez volumineux ou au contraire d'un fin semis de granulations. Ces corps de Nissl correspondent, en microscopie électronique, à des amas de citernes de réticulum endoplasmique granulaire.

O

Obésité
Augmentation du poids corporel due à un excès de masse grasse de l'organisme, donc de tissu adipeux.

Oil Red O
Colorant des graisses neutres (en rouge).

Oligodendrocyte
Cellule gliale responsable de l'élaboration de la myéline du système nerveux central.

Orcéine
Substance qui colore en brun foncé les fibres élastiques observées en MO.

Ostéoblaste
Cellule élaborant la matrice extracellulaire du tissu osseux.

Ostéoclaste
Cellule ostéorésorbante.

Ostéocyte
Cellule principale du tissu osseux.

Ostéone
Synonyme de système de Havers.

Ostéoplaste
Logette du tissu osseux dans laquelle se situe un ostéocyte.

P

Paracrinie
Modalité de signalisation dans laquelle les molécules informatives agissent de façon locorégionale sur les cellules voisines de celles qui les sécrètent.

Parenchyme
Tissu propre d'un viscère plein.

PAS (réaction du)
Réaction à l'acide périodique-Schiff, colorant en rouge les groupements glycols.

Péricyte
Cellule contractile située dans un dédoublement de la membrane basale de certains capillaires sanguins.

Périnèvre
Tissu conjonctif entourant chaque fascicule dans les nerfs périphériques.

Plateau strié
Différenciation apicale des entérocytes, faite de microvillosités régulièrement disposées.

Plateau terminal
Partie apicale du cytoplasme des entérocytes, dans laquelle se trouvent de nombreux microfilaments d'actine.

Podocyte
Cellule épithéliale du feuillet interne de la capsule de Bowman du rein.

Prostacyclines
Molécules de signalisation lipidiques de la famille des eicosanoïdes.

Prostaglandines
Molécules de signalisation lipidiques de la famille des eicosanoïdes.

Purkinje (cellule de)
Neurone effecteur du cortex cérébelleux. Le terme de cellule de Purkinje désigne également certaines cellules cardionectrices du cœur.

R

Ranvier (gaine lamelleuse de)
Synonyme de périnèvre.

Rénine
Hormone sécrétée par les cellules myoépithélioïdes de la paroi de l'artériole afférente du glomérule rénal.

Réticuline (fibres de)
Terme de microscopie optique désignant les fines fibres du tissu conjonctif formant un réseau coloré en noir par l'argent.

Revêtement cellulaire
Synonyme de glycocalyx.

Rouge Sirius
Substance qui colore en rouge les fibres de collagène observées en MO.

S

Schwann
Theodor Schwann (1810-1882). Coauteur avec Schleiden de la théorie cellulaire (1838). Découvreur de la cellule des nerfs périphériques qui porte son nom.

Schwann (cellules de)
Cellules du système nerveux périphérique étroitement associées avec les axones pour former les fibres nerveuses amyéliniques et les fibres nerveuses myélinisées.

Sélectines
Molécules d'adhérence principalement impliquées dans les rapports entre l'endothélium des vaisseaux sanguins et les cellules circulantes.

Séreuses
Cavités closes de l'organisme, dérivées du cœlome interne (péricarde, plèvres, péritoine, vaginale testiculaire).

Signalisation (molécules de)
Les cellules communiquent entre elles principalement grâce à des molécules de signalisation ou médiateurs sécrétés par certaines cellules et produisant une réponse spécifique au niveau de cellules cibles possédant des récepteurs pour ces médiateurs.

Soudan (rouge ou noir)
Colorant des graisses neutres, respectivement en rouge et en noir.

Spongiocytes
Appellation générique donnée aux cellules sécrétrices de stéroïdes des corticosurrénales.

Stéréocils
Variété de microvillosités, longues et flexueuses. Présents dans l'épithélium du canal épididymaire et du canal déférent.

Strie vasculaire
Région du canal cochléaire sécrétant l'endolymphe. Son épithélium a la particularité exceptionnelle d'être vascularisé.

Stroma
Tissu conjonctif contenant les vaisseaux sanguins et les nerfs destinés au parenchyme d'un organe.

Stromélysines
Enzymes protéolytiques de la famille des métalloprotéinases matricielles.

Synapse
Région où les neurones sont connectés pour transmettre le signal nerveux d'un neurone à l'autre.

Synapse chimique
Variété de synapse dans laquelle la transmission de l'influx nerveux se fait par l'intermédiaire de neurotransmetteurs chimiques.

Synapse électrique
Jonction communicante entre deux neurones.

Synapse mixte
Synapse dans laquelle on trouve côte à côte une synapse chimique et une synapse électrique et où transmission chimique et couplage électrotonique interagissent pour moduler l'efficacité de la synapse.

T

Teasing
Dissociation des fibres nerveuses d'un nerf périphérique.

Tendon
Structure conjonctive, fibreuse dense, reliant les muscles aux os.

Théorie cellulaire
Théorie due à Schleiden et Schwann (1838), selon laquelle l'organisme n'est fait que de cellules (et de substances élaborées par elles), et complétée par Virchow (1859), affirmant que toute cellule provient d'une cellule préexistante. La théorie cellulaire est toujours acceptée aujourd'hui.

Thermogénine
Enzyme mitochondriale des cellules adipeuses brunes, permettant la production de chaleur.

Thromboxanes
Molécules de signalisation appartenant à la famille des eicosanoïdes.

Thyréocyte
Cellule principale de la glande thyroïde, sécrétant les hormones thyroïdiennes T3 et T4.

Tight junction
Synonyme de jonction serrée ou *zonula occludens.*

Trachée
Conduit faisant partie des voies respiratoires supérieures, faisant suite au larynx et se terminant par bifurcation en deux bronches souches.

Trichromes
Colorations histologiques de microscopie optique utilisant trois colorants et permettant, dans ses variantes les plus courantes, de colorer les noyaux en violet (par l'hématéine), les cytoplasmes en rose (par l'éosine) et les faisceaux de fibres de collagène en bleu ou en vert.

Trompes utérines
Conduits reliant chez la femme les ovaires à l'utérus.

Tubulines
Molécules constitutives des microtubules du cytosquelette.

U

Unité motrice
Ensemble d'un motoneurone de la corne antérieure de la moelle épinière et des cellules musculaires striées squelettiques qu'il innerve.

Uretère
Conduit pair reliant chaque rein à la vessie.

Urètre
Canal constituant la portion terminale des voies urinaires. Il conduit l'urine de la vessie à l'extérieur.

Uroplakines
Protéines du feuillet externe de la membrane apicale des cellules de l'urothélium impliquées dans l'étirement et la stabilisation de la surface cellulaire.

Urothélium
Épithélium des voies urinaires (bassinet, uretères, vessie, partie initiale de l'urètre).

V

Viscères
Organes logés dans les trois cavités splanchniques de l'organisme, à savoir la tête, le thorax et l'abdomen.

Volkmann (canaux de)
Canaux situés dans le tissu osseux compact et reliant entre eux les canaux de Havers.

W

Wharton (gelée de)
Tissu conjonctif du cordon ombilical. Très pauvre en cellules et très riche en MEC.

Z

Zonula adhaerens
Voir Jonctions d'ancrage.

Zonula occludens
Voir Jonctions serrées.

Index

P

T

MASSON
62, rue Camille-Desmoulins
92442 Issy-les-Moulineaux Cedex
Dépôt légal : juin 2011

Achevé d'imprimer par
L.E.G.O. S.p.A.
via Galileo Galilei 11, Lavis (TN)

410257-(I)-(1,5)-CSB-115°-EXEGRAPH

Imprimé en Italie